高等学校电子信息类系列教材

暨南大学本科教材资助项目

多媒体信号处理

杜慧勤 编著

西安电子科技大学出版社

内容简介

本书从多媒体信号处理的层面出发，将理论知识与实践技术紧密结合，深入浅出地介绍了多媒体信号处理领域的基本概念、基本原理、关键技术和典型应用。全书共分为8章，第1章介绍多媒体信号处理基础；第2～4章介绍数字音频信号处理基础、数字图像增强和形态学图像处理理论等多媒体信号初级处理知识；第5～7章介绍图像分割、图像目标检测以及图像复原等多媒体信号中级处理知识；第8章介绍数字水印技术及应用。

本书精选多媒体信息处理领域所涉及的经典方法与关键技术，介绍了当前多媒体信号处理国际顶级会议最新成果，如数字隐藏技术、去雾算法等。本书在强化基本概念、原理的同时，注重理论与实际应用结合，列举了大量具有实用价值的Matlab实例，使读者可以学以致用。

本书适合高等院校电子信息类、计算机类专业的学生使用，也可以供相关科研和开发人员参考，还可以作为多媒体信号处理爱好者的自学教程。

图书在版编目（CIP）数据

多媒体信号处理／杜慧勤编著. -- 西安：西安电子科技大学出版社，2024.10. -- ISBN 978-7-5606-7374-5

Ⅰ. TN911.72

中国国家版本馆CIP数据核字第2024BE1625号

策　　划　李惠萍
责任编辑　李惠萍
出版发行　西安电子科技大学出版社（西安市太白南路2号）
电　　话　(029) 88202421　88201467　　邮　　编　710071
网　　址　www.xduph.com　　电子邮箱　xdupfxb001@163.com
经　　销　新华书店
印刷单位　陕西日报印务有限公司
版　　次　2024年10月第1版　2024年10月第1次印刷
开　　本　787毫米×1092毫米　1/16　印张　12.5
字　　数　292千字
定　　价　34.00元

ISBN 978-7-5606-7374-5

XDUP 7675001-1

＊＊＊如有印装问题可调换＊＊＊

前　言

Preface

多媒体信号处理是当今数字时代不可或缺的一项技术。随着数字媒体的广泛应用，人们生活中每天都会接触到各种各样的多媒体内容，如图片、音频、视频和交互式应用。这些多媒体数据的采集、处理和传输离不开多媒体信号处理技术的支持。通过多媒体信号处理技术，可以实现高清视频的流畅传输、音频的高保真播放、图像的精确识别和分析、虚拟现实的沉浸式体验等，还可以实现艺术作品的数字化保存和展示、在线教育的远程教学和互动学习、医学图像的分析和诊断、智能交通系统的智能监控和自动驾驶等。多媒体信号处理技术正逐渐渗透到我们日常生活的方方面面，为我们的生活带来了便利、创新和乐趣。

本书中的“多媒体”指的是将不同类型的媒体元素（如文本、图像、音频和视频）结合起来，以交互和综合的方式呈现给用户的技术。理解这一定义对于后续理解多媒体信号处理至关重要。本书将介绍多媒体信号处理的重要性和应用领域，通过生动有趣的故事和实际应用示例，向读者展示多媒体信号处理技术在现实生活中的应用和潜力。本书注重解释多媒体的定义和内涵，解读多媒体信号处理的基本概念和目标，更注重读者对多媒体技术基本原理和新技术设计底层逻辑的理解。通过深入了解多媒体信号处理的基础知识和核心概念，能够培养读者对多媒体技术的深入思考和创新能力。

多媒体信号处理是一门复杂而广泛、实践性较强的课程，为了帮助读者更好地利用本书，深入学习和理解多媒体信号处理，建议读者在学习信号处理、数字信号处理等理论知识的基础上进行实践操作，加深对理论知识的理解，提升技能，并要保持耐心，坚持定期安排本书的学习时间，逐步阅读和消化书中的内容，不要急于求成。此外，本书虽然提供了基础知识和技术，但多媒体信号处理的应用领域十分广泛，新的理论和技术不断涌现，读者可以通过参考文献深入研究感兴趣的领域，并在实践中应用和拓展所学的知识。

衷心感谢所有为本书编写与出版付出努力的人士，无论是课程团队成员还是出版社编辑，他们的专业知识和辛勤工作为本书增添了许多亮点。同时也要感谢所有读者，正是因为你们的关注和支持，才能使本书内容不断改进和完善。

希望本书能够为读者提供宝贵的知识和实用的技能，助力读者在多媒体信号处理领域取得更大的成就和突破！

编　者

2024 年 2 月

目　录

CONTENTS

第 1 章　多媒体信号处理基础 ………………………… 1
1.1　多媒体基本概念 ………………………… 1
1.2　音频信号处理基础 ………………………… 2
1.2.1　声音的物理属性 ………………………… 2
1.2.2　声音的感知特性 ………………………… 3
1.2.3　数字音频基础 ………………………… 5
1.2.4　人耳听觉 ………………………… 7
1.2.5　音频信号质量评价 ………………………… 9
1.3　图像信号处理基础 ………………………… 11
1.3.1　图像的获取 ………………………… 12
1.3.2　图像数字化 ………………………… 12
1.3.3　图像数据的表示和存储 ………………………… 14
1.3.4　图像质量评价 ………………………… 16
1.4　视频信号处理基础 ………………………… 18
1.4.1　视频简介 ………………………… 18
1.4.2　视频数字化 ………………………… 19
1.4.3　视频质量评价 ………………………… 21
本章小结 ………………………… 22

第 2 章　数字音频处理 ………………………… 23
2.1　数字音频数字化和预处理 ………………………… 23
2.1.1　预滤波、采样、A/D 转换 ………………………… 24
2.1.2　预加重与去加重 ………………………… 25
2.1.3　分帧加窗 ………………………… 25
2.2　语音信号分析 ………………………… 25
2.2.1　语音特性和人耳感知特性 ………………………… 25
2.2.2　语音信号的时域分析 ………………………… 26
2.2.3　语音信号的频域分析 ………………………… 29
2.3　语音增强 ………………………… 32
2.3.1　噪声特性 ………………………… 33
2.3.2　滤波器法 ………………………… 33
2.3.3　基于相关特性的语音增强 ………………………… 34
2.3.4　减谱法 ………………………… 35
2.3.5　基于维纳滤波的语音增强 ………………………… 37
2.3.6　基于信号子空间分解的语音增强 ………………………… 38
本章小结 ………………………… 41

第 3 章　数字图像增强 ………………………… 42
3.1　图像灰度变换 ………………………… 42
3.1.1　灰度直方图统计 ………………………… 43
3.1.2　灰度线性变换 ………………………… 44
3.1.3　灰度非线性变换 ………………………… 45
3.1.4　图像直方图均衡 ………………………… 46
3.1.5　直方图规定化 ………………………… 49
3.2　图像平滑 ………………………… 51
3.2.1　卷积积分与邻域运算 ………………………… 51
3.2.2　图像平滑 ………………………… 53
3.2.3　频域低通滤波器 ………………………… 61
3.3　图像锐化 ………………………… 62
3.3.1　梯度运算 ………………………… 63
3.3.2　Prewitt 算子 ………………………… 65
3.3.3　Sobel 算子 ………………………… 66
3.3.4　Laplace 算子 ………………………… 67
3.3.5　频域高通滤波器 ………………………… 70
3.4　图像的同态滤波 ………………………… 70
本章小结 ………………………… 72

第 4 章　形态学图像处理 ………………………… 73
4.1　数学形态学及其基本概念 ………………………… 73
4.1.1　数学形态学的定义和分类 ………………………… 73
4.1.2　数学形态学的逻辑运算和基本概念 ………………………… 74
4.2　二值形态学基本运算 ………………………… 77
4.2.1　腐蚀与膨胀 ………………………… 77
4.2.2　开运算与闭运算 ………………………… 81

4.2.3 形态学滤波 …………………………… 84
4.3 二值图像的形态学应用 …………………… 85
4.3.1 边缘提取 …………………………… 85
4.3.2 区域填充 …………………………… 86
4.3.3 骨架抽取 …………………………… 87
4.3.4 击中/击不中运算 …………………… 88
4.4 灰度形态学基本运算 ……………………… 89
4.4.1 灰度腐蚀与灰度膨胀 ………………… 90
4.4.2 灰度开运算与灰度闭运算 …………… 92
4.4.3 形态学梯度 ………………………… 94
4.4.4 形态学平滑滤波 …………………… 95
4.4.5 顶帽变换和底帽变换 ………………… 95
本章小结 ………………………………………… 98

第5章 图像分割 …………………………… 99
5.1 图像分割的概念和分类 …………………… 99
5.1.1 图像分割的概念 …………………… 99
5.1.2 图像分割的分类 …………………… 100
5.2 基于边界的边缘检测 ……………………… 100
5.2.1 带有方向信息的边缘检测 ………… 101
5.2.2 基于 LoG 和 DoG 的边缘检测 …… 103
5.2.3 Canny 边缘检测 …………………… 105
5.2.4 边缘跟踪 ………………………… 107
5.3 基于形状的图像分割 ……………………… 109
5.3.1 霍夫变换基本原理 ………………… 109
5.3.2 直线的霍夫变换 …………………… 111
5.3.3 圆的霍夫变换 ……………………… 114
5.4 基于灰度阈值的图像分割 ………………… 115
5.4.1 阈值化分割原理 …………………… 115
5.4.2 基于灰度值统计特征的图像分割法 ……………………… 116
5.5 基于区域的图像分割 ……………………… 120
5.5.1、区域生长法 ……………………… 120
5.5.2 区域的分裂与合并 ………………… 123
本章小结 ………………………………………… 126

第6章 图像目标检测 ……………………… 128
6.1 目标检测的基本概念与分类 ……………… 128
6.1.1 目标检测的基本概念 ……………… 128
6.1.2 目标检测的分类 …………………… 129
6.2 运动目标检测 …………………………… 129
6.2.1 运动图像序列背景建模 …………… 129
6.2.2 静止背景下的运动目标检测 ……… 131
6.2.3 动态背景下的运动目标检测 ……… 132
6.3 有形目标检测 …………………………… 135
6.3.1 基于图像分割的目标检测 ………… 135
6.3.2 基于模板匹配的目标检测 ………… 136
6.4 弱小目标检测 …………………………… 138
6.4.1 弱小目标检测的基本原理 ………… 138
6.4.2 弱小目标检测的背景抑制 ………… 139
6.4.3 基于单帧的弱小目标检测 ………… 141
6.5 目标检测的性能评价 ……………………… 143
6.5.1 通用性能指标评价 ………………… 143
6.5.2 其他指标评价 ……………………… 144
本章小结 ………………………………………… 148

第7章 图像复原 …………………………… 149
7.1 图像退化 ………………………………… 149
7.1.1 图像退化与复原的过程 …………… 149
7.1.2 离散退化模型 ……………………… 151
7.1.3 循环矩阵对角化 …………………… 152
7.1.4 图像复原的基本步骤 ……………… 153
7.2 常用图像退化模型 ………………………… 153
7.3 退化模型的参数估计 ……………………… 154
7.3.1 基于频域特征的参数估计 ………… 154
7.3.2 基于空域特征的参数估计 ………… 158
7.4 图像复原的典型方法 ……………………… 159
7.4.1 逆滤波法 ………………………… 159
7.4.2 维纳滤波 ………………………… 161
7.4.3 露西-理查德森算法 ……………… 163
7.5 暗通道优先的图像去雾算法 ……………… 164
7.5.1 暗通道的概念与意义 ……………… 164
7.5.2 暗通道去雾霾的原理 ……………… 164
7.6 图像复原的质量评价 ……………………… 166
7.6.1 有参考的图像质量评价 …………… 166
7.6.2 无参考的图像质量评价 …………… 167
本章小结 ………………………………………… 168

第8章 数字水印 …………………………… 169
8.1 数字水印概述 …………………………… 169

8.1.1 数字水印技术的产生背景和应用 …… 169
8.1.2 数字水印的概念、原理及基本特征 …… 170
8.1.3 数字水印的通用模型 …… 171
8.1.4 数字水印的分类 …… 173
8.1.5 数字水印的应用 …… 173
8.2 图像数字水印技术 …… 174
8.2.1 最低有效位法 …… 174
8.2.2 基于 DCT 的数字水印 …… 177
8.2.3 基于小波变换的数字水印 …… 181
8.3 音频数字水印技术 …… 184
8.3.1 人类听觉特性 …… 184
8.3.2 时域音频水印算法 …… 184
8.3.3 变换域音频水印算法 …… 185
8.3.4 基于量化的隐藏算法 …… 186
8.4 视频数字水印技术 …… 187
8.5 常见攻击类型 …… 188
8.6 数字水印性能评估方法 …… 189
8.6.1 主观评价 …… 189
8.6.2 客观评价 …… 190
本章小结 …… 191

参考文献 …… 192

第 1 章

多媒体信号处理基础

多媒体信号处理技术对音频、图像、视频等多种媒体信息的数字化处理和分析起着重要的作用。本章将系统地介绍多媒体信号处理的基础知识和关键技术。通过对音频、图像和视频的特性与数字化过程的介绍，使读者能够全面了解多媒体信号处理的重要性和具体应用。

本章先简要介绍多媒体的概念，然后从音频、图像和视频三个方面展开讨论。对于音频信号，重点介绍其物理和感知特性，包括音频信号的频率、振幅及声音强度等，同时阐述音频信号的数字化过程以及人耳听觉特性和衡量指标，让读者了解音频信号的传输和处理的基本原理。对于图像信号，通过介绍其采集方式和数字化过程，使读者理解图像信号是如何被转换为数字数据的，同时简要介绍图像的表示和存储方法，并阐述图像质量评价的基本原理，以使读者对图像的感知和评估有更系统的理解。对于视频信号，将其与数字图像信号进行对比，引入视频信号的特性和数字化过程，探讨视频信号的时域和空域特性，介绍视频质量评价指标的概念和应用，帮助读者了解视频信号的质量分析和处理方法。

通过本章内容的学习，读者将深入了解多媒体信号处理的基础知识和技术。多媒体信号处理在数字娱乐、通信和媒体产业中有诸多应用，希望本章内容能激发读者对多媒体信号处理的兴趣，并为他们进一步研究和应用相关技术打下坚实的基础。

1.1 多媒体基本概念

要想弄清楚什么是多媒体，首先要知道什么是媒体。按照传统的说法，媒体是指信息的载体，如日常生活中的报纸、电视、广播、广告、杂志等，信息借助于这些载体得以交流传播。如果对这些媒体的本质进行详细分析，就可以得到媒体传递信息的基本元素，如声音、图形、视频、图像、动画、文字等，它们都是信息的载体。另外，在计算机、通信领域中，“Medium”曾被广泛译为“介质”“媒介”，指的是信息的存储实体和传输实体。

根据信息被人们感知、加以表示，使之呈现、实现存储或者进行传送的载体不同，原国际电报电话咨询委员会将媒体定义为以下 5 种。

1. 感知媒体

感知媒体能够直接作用于人的感官，使人产生感觉。人类利用视觉、听觉、触觉、嗅觉和味觉来感受各种信息，因此感知媒体可以分为视觉媒体、听觉媒体、触觉媒体、嗅觉媒体和味觉媒体。

2. 表示媒体

表示媒体是为加工、处理和传输感知媒体所获得的信息而人为构造出来的一种媒体，其目的是更有效地加工、处理和传输感知媒体所获得的信息。表示媒体包括各种编码方式，如语音编码、视频编码、图像编码等。

3. 呈现媒体

呈现媒体的作用是将媒体信息的内容呈现出来，一般可分为输入类呈现媒体和输出类呈现媒体。输入类呈现媒体是指获取信息的工具和设备，如键盘、鼠标、扫描仪、摄像机等；输出类呈现媒体是指再现信息的物理工具和设备，如显示器、扬声器、打印机等。

4. 存储媒体

存储媒体是用于存储表示媒体信息的物理介质，以方便计算机处理、加工和调用。这类媒体主要是指与计算机相关的外部存储介质，如磁盘、光盘、磁带等。

5. 传输媒体

传输媒体是用来将表示媒体从一处传输到另一处的物理媒介，如双绞线、同轴电缆、光纤、微波等。

多媒体译自英文“Multimedia”，由“Multiple”和“Media”复合而成。在多媒体技术中所说的“多媒体”，主要是指多种形式的感知媒体。顾名思义，多媒体意味着非单一媒体，是两种或两种以上单一媒体的有机组合，指的是文本、图形、图像、动画、视频、语音、音乐或数据等多重形态信息的处理和集成呈现。目前，在多媒体系统中通常处理的感知媒体是视觉媒体和听觉媒体，触觉媒体也开始被引入到虚拟现实系统中，嗅觉媒体和味觉媒体尚不能在计算机中处理。

1.2 音频信号处理基础

1.2.1 声音的物理属性

声音是由于物体的振动通过介质传播并能被人的听觉器官所感知的波动现象。在振动时，周围的空气分子随着振动而产生疏密变化，形成疏密波，也就是声波。当声波到达人耳的时候，会刺激人的听觉神经末梢，产生神经冲动，当神经冲动传给大脑时，人就听到了声音。

声音是通过空气传播的一种连续波，所以声波具有普通波的传播特性，如反射、折射、干涉、衍射等。声波传播时有一定的速度，在传播途中也会有不同程度的传播衰减和吸收衰减。为了便于后面的学习，下面先对振幅、频率、波长等几个重要概念及其关系进行简单说明。

1. 振幅

声波的振幅(Amplitude)定义为振动过程中振动的物质偏离平衡位置的最大绝对值。

振幅表示声音的大小，也体现声波能量的大小。同一发声的物体，作用力越大，产生的振动能量就越大，发出的声音音量与对应的声波振幅也就越大。

2. 频率

声波的频率(Frequency)定义为单位时间内振动的次数，单位为赫兹(Hz)。人类可以分辨的声波频率范围为 20 Hz～20 kHz，这一段频率内的声音称为音频信号(Audio)。语音信号就属于音频范围，其频率范围为 300～3000 Hz。对于频率高于 20 kHz 或低于 20 Hz 的声音，无论强度多大，人耳都是听不到的。频率高于 20 kHz 的声音叫超声波，频率低于 20 Hz 的声音叫次声波。地震、火山喷发、台风等都伴有次声波产生，一些机器也会产生次声波。

声音频率的高低，与声源物体的共振频率有关。一般情况下，发声的物体越粗大松软，所发声音的频率就越低；反之，物体越细小坚硬，所发声音的频率就越高。

具有单一频率的声音称为纯音(Pure Tone)，具有多种频率成分的声音称为复音(Complex Tone)。普通声音一般都是复音。声波往往由各种不同频率的许多简谐振动组成，把其中最低频率的声音称为基音(Fundamental Tone)，通常其振幅也是最大的。基音的频率称为基频(Fundamental Frequency)，比基音高的各种频率的声音称为泛音，如果泛音的频率是基音频率的整数倍，那么这种泛音就称为谐音(Harmonic Tone)，基音和各次谐音组成的复合声音就称为乐音。乐音的波形是规律地随时间变化的，具有周期性的振动，这种声音听起来和谐悦耳。如果物体的复杂振动由许多不同的频率组成，而各频率之间彼此不呈简单的整数比，则这样的声音就不够悦耳。这种频率和强度都不同的各种声音杂乱无章地组合在一起而产生的声音就是噪声，噪声具有非周期性的特点。

3. 波长

波长可以用来代替频率来刻画声音的物理特性。声音的波长(Wave Length)定义为声音每振动一次所走过的距离，单位为米(m)。声波的波长(λ)与频率(f)的关系为$\lambda=c/f$，其中 c 为声速(340 m/s)。可见声波的波长与频率成反比，频率越高，波长越短；反之相反。

1.2.2　声音的感知特性

除了振幅和频率两个物理属性外，声音还有若干感知特性，它们是人对声音的主观感觉。通常用音强、音调和音色 3 个参数来表示人对声音的主观感觉，这就是人耳听觉特性三要素，也称为声音的三要素，反映在声波的物理特征上就是振幅、频率和频谱分布。

1. 音强

音强又称为响度或声强，也就是人们常说的音量，是人耳对声音强弱的感觉程度。响度是听觉的基础，主要取决于声波振幅的大小。在物理上，使用客观测量单位来度量声音的大小，如声压用帕(Pa)或牛顿/平方米(N/m^2)，声强用瓦/平方米(W/m^2)，声功率用瓦(W)，声级用分贝(dB)表示。由于声压级、声强级和声功率级的值是一致的，因此可以统称为声级(Sound Level)。

声压变化 10 倍，声压级变化 20 dB。声强和声功率变化 10 倍，声强级和声功率级变化 10 dB。声压增加 1 倍，声压级增加 6 dB 左右。声强和声功率增加 1 倍，声强级和声功率级增加 3 dB 左右。

在心理上，主观感觉的声音强弱使用响度(Loudness)或响度级(Loudness Level)来度量。响度的单位为宋(sone)，响度级的单位为方(phon)。响度 S 和响度级 P 之间有如下关系式：

$$S = 2^{0.1(P-40)},\ 40\ \text{phon} \leqslant P \leqslant 105\ \text{phon} \tag{1-1}$$

$$P = 40 + 10\ \text{lb}S = 40 + 33.219\,281\ \text{lg}S,\ 1\ \text{sone} \leqslant S \leqslant 91\ \text{sone} \tag{1-2}$$

其中：lb 为 $\log_2$，lg 为 $\log_{10}$。

当声音弱到人耳刚刚能听见时，称此时的声音强度为听阈(Hearing Threshold 或 Audibility Threshold)。另一种极端情况是声音强到人耳感到疼痛，这个阈值成为痛阈(Pain Threshold)。人耳听觉的动态范围很宽广，约为 0～140 dB。一般正常年轻人在中频附近的听阈为 0 dB，人耳能忍受的强噪声极限约为 125 dB。

此外，人耳对不同频率的敏感程度差别很大，其中对 1～5 kHz 范围的信号最为敏感，幅度很低的信号都能被人耳听到。而在低频区和高频区，能被人耳听到的信号幅度要高很多。

与此同时，人的听觉品相还随声压级变化而变化。声音的响度级还与声音的持续时间有关，对振幅一定的连续声音，开始听到的响度并不是立即达到其响度级，而是较急速地增大，经过一段时间后才达到最大值，随后逐渐减小。对于持续时间在 1 s 以下的声音，人耳会感到响度下降，频率越高的声音，响度下降得越多。持续时间越短的声音，听起来的响度也会下降很多。

人耳对音强差别的感知与声压级有关，而与频率关系不大。当声压级在 50 dB 以上时，人耳能辨别的最小声压级差大约为 1 dB；如果声压级小于 40 dB，则声压级需变化 2 dB 左右才能被察觉出来。所以分挡调节的音量控制器的挡位应该小于 1 dB，以免人耳感觉音量突变。

2. 音调

人耳对声音调子高低的感觉称为音调(Tone)，也称为音高。它主要取决于声波频率的高低，频率越低，音调越低；频率越高，音调越高。通常，女生的音调高，男生的音调低；小孩的音调高，大人的音调低。音调虽然与声音的频率有关，但不是简单的线性关系，而是对数关系。除了频率以外，影响音调的因素还有声音的声压级和声音的持续时间。

客观上用频率来表示声音的音高，其单位是赫兹(Hz)。而主观感觉的音高(音调)单位则是美尔(mel)和巴克(bark)。通常定义响度为 40 phon 的 1 kHz 纯音的音高为 1000 mel。

主观音高与客观音高的关系是：

$$\text{mel} = 1000\ \text{lb}(1 + f) \tag{1-3}$$

$$\text{bark} = 13\ \cot\frac{0.76f}{1000} + 3.5\ \cot\frac{f^2}{7500^2} \tag{1-4}$$

其中：f 的单位为 Hz，mel 与 bark 也是两个既不相同又有联系的单位。

人耳对响度的感觉有一个范围，即从听阈到痛阈。同样，人耳对频率的感觉也有一个范围。人耳可以听到的最低频率约为 20 Hz，最高频率约为 20 kHz。响度的测量以 1 kHz 纯音为基准，音高的测量以 40 dB 声强为基准。

除了频率这个主要因素外，影响音调的因素还有声音的响度和持续时间。对于低频的纯音，声压级升高时人会感到音调变低；对于 1～5 kHz 的中频纯音，音调与声压级几乎没有什么关系；对于高频的纯音，声压级升高时人会感到音调变高。复音的音调由其基音决定，复音声压级的高低对音调的影响比纯音要小得多。

持续时间在 0.5 s 以下的声音的音调要比在 1 s 以上所感觉到的低。持续时间太短(如 10 ms 左右)的声音，人耳感觉不出它的音调。使人耳能明确感知音调所需的声音持续时间随声音频率而不同，低频声音所需要的持续时间要比高频声音的长。

人对声音频率的微小变化的分辨能力，称为人耳对频率的分辨阈。根据实验结果，人耳对中等强度的中频声音(500 Hz～6 kHz，50 dB)最敏感，分辨阈为 0.3%左右。频率为 3 kHz 的声音，变化 3000×0.3%＝9 Hz，人耳就能感觉出来。

3. 音色

音色又称为音品，表示人耳对声音音质的感觉，是人们区分不同发声体所发出的具有相同响度和音调的两种声音的主观感受。例如，每个人都有自己的音色；每种乐器都有各自的音色，即使它们演奏相同的曲调，人耳还能将其区分开来。

一定频率的纯音不存在音色的问题，音色主要是由复音不同谐音的分布和组成所决定的。基频决定声音的高低(音调)。声调、基频相同的钢琴音和手风琴音的音调是一致的，但因为它们包含的谐波成分不同，所以人耳感觉到它们的音色不同。也就是声音的频谱结构不同，表现为谐波的种类(谐波频率种数)、振幅各不相同，因此给听众的主观感受就有差别。所以，音色主要取决于声音的频谱结构，如果改变谐音的数量及它们的幅度，则声音的性质也会随之改变。因此，谐音决定声音的音品(音色)。

总之，音强(响度)与声源振动的幅度有关；音调与声源振动的基波频率有关；音色与声源发出声音中的谐音数量及其幅度，即声源的频谱结构(波形)有关。

1.2.3　数字音频基础

1. 声音信号的获取

实现声音从模拟信号到数字信号的转换，需要借助一定的硬件设备。从声音的拾取、录制到编辑处理，都涉及不同的硬件设备，常见的有话筒、调音台、监听设备、数字音频工作站、录音棚等。

话筒(Microphone)也叫作传声器，它是在录音中拾取声音信号，并将声音信号转化成电信号的基本设备，可以说是最重要的录音设备。话筒将声音的压力变化信号转换成电压信号，电压信号是一种模拟信号，如果在计算机中存储还需要进行数字化。

调音台(Audio Mixing Console)又称为调音控制台，是现代电台广播、舞台扩音、音响节目制作等系统中播送和录制节目经常使用的重要设备，相当于声音制作的调控中心。在工作时，调音台可以同时对多路输入信号进行放大，对音质进行修饰，对特殊音响效果进行处理，然后按照不同音量将其进行混合，产生一路或多路输出。

2. 声音信号的数字化

为了将连续的模拟音频信号转换成离散的数字信号，普遍采用脉冲编码调制(Pulse Code Modulation，PCM)方式。PCM 方式是由采样、量化和编码 3 个基本环节完成的。

1）采样

采样是指将时间连续的模拟信号转换成时间离散、幅度连续的信号。在采样过程中，一般每隔相等的一小段时间采样一次，其时间间隔称为采样周期，其倒数称为采样频率。采样频率的选择需要遵循采样定理，即采样频率不应低于声音信号最高频率的两倍。例如，对于语音信号，其采样频率一般为 8 kHz，而对于音乐信号，其采样频率则应在 40 kHz 以上。采样频率越高，可恢复的声音信号越丰富，其声音的保真度也越好。

2）量化

量化处理是指将幅度上连续取值的每一个样本转换为离散值(数字值)表示。这个过程也称为 A/D 转换(模/数转换)。量化后的样本是用若干位二进制数来表示的，位数的多少反映了度量声音波形幅度的精度，称为量化精度，也称为量化分辨率。例如，16 比特的二进制信号表示声音的一个量化，其取值范围为－32 768～32 767，一共有 65 536 个值。在 PCM 中，通常使用二进制或更多位的数字来表示每个采样点的幅度值。量化精度越高，可以表示的幅度值就越多，从而恢复出的信号就越接近原始信号。

3）编码

将采样、量化后的声音转换为二进制数码的过程称为编码(Coding)。在数字音响中，通常采用 16 位数码表示一个量值，即量化位数。经上述采样，量化和编码所得的数字信号称为 PCM 编码信号，或 PCM 数字信号。

编码的另一个作用是采用一定的算法压缩数字数据以减少存储空间和提高传输效率。压缩编码算法包括有损压缩和无损压缩。其中，有损压缩是指解压后数据不能完成复原，要丢失一部分信息。压缩编码算法的基本指标之一就是压缩比，它通常小于 1。压缩的越多，信息丢失的越多，信号还原后失真越大。根据不同的应用，应该选用不同的压缩编码算法。

音频信号数字化后，其数据传输率与信号在计算机中的实时传输有着直接关系，而且总数据量又与计算机的存储空间有直接关系。因此，数据传输率是计算机数据处理中要掌握的一个基本技术参数。对于无压缩的数字音频，数据传输率可以按照式(1-5)计算，即

$$\text{数据传输率} = \text{采样频率} \times \text{量化位数} \times \text{声道数} \tag{1-5}$$

其中：数据传输率以比特每秒(b/s，b 指 bit)为单位；采样频率以赫兹(Hz)为单位；量化位数以比特(b)为单位；对于声道数，单声道为 1，双声道(立体声)为 2。

采用 PCM 编码，音频数字化所占用的空间(音频数据量，单位为 B，B 为 Byte 的简写)可以用式(1-6)计算，即

$$\text{音频数据量} = \frac{1}{8} \times \text{数据传输量} \times \text{持续时间} \tag{1-6}$$

例如，以 22.05 kHz 的采样频率、8 b 的量化位数对单声道音频信号进行采样，则该音频的数据传输率为 22.05 kHz×8 b×1＝176.4 kb/s，1 分钟的数字音频的音频数据量为 $176.4\ \text{kb/s} \times \frac{60\ \text{s}}{8} = 1\ 323\ 000\ \text{B} \approx 1.26\ \text{MB}$。

对于 CD 音质，即 44.1 kHz 的采样频率，16 b 的量化位数，立体声标准的数字音频，1

分钟的音频数据量为 $44.1\ \text{kHz}\times 16\ \text{b}\times 2\times \frac{60\ \text{s}}{8}=10\ 584\ 000\ \text{B}\approx 10.09\ \text{MB}$。

1.2.4 人耳听觉

1. 人耳的听觉系统

声波通过人耳转化成传到听觉神经的神经脉冲信号，传到人脑中的听觉中驱，引起听觉。因此，人们对声音的判别主要是由人耳感官的结构和特性造成的。具体形成的机理过程是由声源振动发出声波，通过外耳道、鼓膜和听小骨传导，引起耳蜗中淋巴液和基底膜的振动，并转换成电信号，由神经元编码形成脉冲序列，通过神经系统传递到大脑皮层中的听觉中驱，产生听觉，从而使人感受到声音。

此外，声音还可以通过颅骨的振动使内耳液体运动，这一传导途径称为骨传导。颅骨的振动可由振源直接引起，也可由极强声压级的声波引起，还可由身体组织和骨骼结构把身体其他部分受到的振动传至颅骨。在以空气为介质时，声压级超过听阈 60 dB 以上，就能由骨传导途径听到。

2. 人耳的听觉特性

人耳的听觉特性主要包括掩蔽效应、双耳效应、颅骨效应、鸡尾酒会效应、回音壁效应、多普勒效应和哈斯效应。

1) 掩蔽效应

人们在安静环境中能够分辨出轻微的声音，也就是人耳对这个声音的听阈很低，但在嘈杂的环境中轻微的声音就会被淹没掉，这时要将轻微的声音增强才能听到。这种在聆听时，一个声音的听阈因另一个声音的出现而提高的现象，称为掩蔽效应。

2) 双耳效应

双耳效应首先表现在接收纯音信号的阈值比单耳阈值约低 3 dB，这可以理解为双耳综合作用的结果。实际上，人耳对声音响度的感知是按照对数比例变化的，因此 3 dB 的增加大约相当于响度的两倍感知。双耳接收白噪声和语音信号时，也表现出类似的效果。在响度级测量中对一定声压级的纯音，双耳听起来比单耳响两倍。响度平衡的实验证明，在阈值附近，双耳的响度和单耳相等，而效益随着声级逐渐增加。对于强度和频率的辨别，双耳的辨别力高于单耳。对比声压级 70 dB 的 250 Hz、1000 Hz 和 4000 Hz 这 3 种纯音实验的结果，双耳的差别感受性都低于单耳。

在日常生活中双耳接收信号，无论时间、强度或频谱，都是互不相同的，但是听到的却是一个单一的声像，这个过程称为双耳融合。双耳听觉大都是在立体声条件的声场中，听到的声音近乎位于周围的环境中，但从一对耳机听到的声音位置则在其内。为了区分上述不同的感觉，称前者为定向，后者为定位。低频信号的定向是以双耳的时间差为依据的，高频信号的定向取决于两耳间的强度差。当波长大于声音从近耳到远耳的距离时，两耳间的相位差也是声源定向的线索。绕经头部的路程约为 22～23 cm，所以声音由近耳传到远耳约需 660 μs，相当于频率 1.5 kHz。因此，对于更长的波长而言，两耳间将有一个显著的相位差，可作为有效的定向线索。

声源定位的方法是让听音者两只耳朵检查不同的信号，由此确定耳间差对定位的影响，即耳间差对 1.3 kHz 以下的频率最重要，而耳间强度差是高频定位的主要线索。

3）颅骨效应

颅骨效应就是通过颅骨传导声音的现象。一个声音从音源传入人耳有两种途径，一个是音源通过空间传入人耳，再由听觉器官将感受到的声音信息送入大脑的听觉脑区；另一个是音源通过人体的组织、颅骨传到听觉器官，送入大脑。

一般来说，当只有一个传播渠道时，频带就不会很宽，声音就不那么好听；而通过两个传播渠道传输声音时，频带就会很宽，人耳听觉感觉音色就比较好，这就是颅骨传导效应。

4）鸡尾酒会效应

人耳对不同声源有选择功能。在嘈杂的声音中，听力集中在一个人的谈话上，而把其他的声音都推到背景中，这是因为大脑会分辨出声音到达两耳的时间差，以及不同距离声源的音质和音量，还能辨别声源方向。而用话筒录音就不同了，它把在接收范围内的声音，包括反射声都接收进来，而人耳却能单独选取一个声音，这就是鸡尾酒会效应。

如果用话筒录音后放音，就没有这种效果了，因为此时人感觉声音都是从扬声器这一个点中发出的。

人耳可以调整听觉神经选择不同方位的声源。不同方位的声音传入人耳时，两耳的感觉是不一样的，有距离上的差异、时间上的差异和频率上的差异。人耳通过两耳拾取的声音的 3 个不同差别可以辨别出不同方位的声音，可以通过调节听觉神经来选择不同方位的声源，这就是人耳的选择功能。

5）回音壁效应

在生活环境中，在某一个声场中，视觉看不到声源，而听觉却能听到声音，这种现象就是回音壁效应。这是声音的特殊反射现象，当反射表面是强反射的硬质材料时，声音反射会很强，声音损失很少，多次的反射使音色结构产生某些畸变，所以产生回音壁效应。

6）多普勒效应

人耳听到的声音的频率应与声源振动的频率一致，但有时人耳听到的声音的频率不等于声源振动的频率，此时，人耳听到的声音和声源发出的声音音高不同，这一现象就是多普勒效应。具体而言，如果声源移动靠近观察者或者观察者移动靠近声源，使两者距离相近，这时听到的声音比实际声源发出的频率要高；相反，声源与观察者距离增大时，则表面音高低于实际音源的音高。

7）哈斯效应

哈斯效应(Haas Effect)又称为优先效应或先声夺人效应，主要描述了在特定条件下，当两个声源发出相同音频信号时，人耳对声源的定位感知现象。它通常被描述为以下两种主要情况。

哈斯效应的第一种情况(直接到达)：当两个声源发出相同的声音，且到达人耳的时间差非常小(通常小于 10 ms)时，人耳倾向于将声音定位在先到达的声源方向。这种情况下，即使第二个声源稍后到达，人耳也会感觉到声音是从第一个声源传来的。

哈斯效应的第二种情况(反射声或回声)：当声音的反射或延迟到达人耳(时间差在10～50 ms 之间)时，人耳会感觉到声音的深度和空间感增加，但仍然将声音定位在直接声源的方向。这种效应有助于提高声音的清晰度和丰满度。

根据不同的声源和听者之间的相对位置和时间延迟，可以描述出以下四种不同的听觉感知现象。

(1) 直接声和反射声：这是哈斯效应的经典描述，其中一个声源(直接声)到达听者的时间比另一个声源(反射声或回声)早。

(2) 两个延迟声源：当两个声源发出的声音几乎同时到达，但存在微小的时间差异时，听者可能会感觉到声音来自先到达声源的方向。

(3) 声源距离差异：当一个声源比另一个声源更接近听者时，即使两者发出的声音时间上同步，听者也仍可能感觉到声音主要来自较近的声源。

(4) 声源时间延迟控制：通过技术手段(如延时器)人为地调整声源到达听者的时间，可以改变听者的定位感知。

拓展与讨论

在剧场演出时，主扬声器一般都装在舞台口两侧，观众席的前排观众和后排观众听到舞台上演员演唱的声音的强度是不一样的。前区声音响度大，后排声音响度小，所以产生了较大的声场不均衡。为了减小声压级之间的差异，有些剧场会增加顶部扬声器或中区侧部扬声器，使前区和后区的观众都能听到很强的响度。但是，这样就会出现新的情况。因为顶部扬声器和侧部扬声器距离观众较近，根据哈斯效应，后区观众会觉得所有声音都是从顶部扬声器或侧面扬声器传来的，产生演员在台上演唱，而声音都是从顶部和侧面传过来的听觉和视觉不统一的现象。想一想剧场应如何设计扬声器来弥补哈斯效应产生的听视觉不统一的现象。

答案 为了弥补哈斯效应产生的听觉和视觉不统一的现象，在大剧院中对顶部扬声器系统和侧部扬声器系统都进行延时处理，使舞台两侧主扬声器的声音与顶部扬声器和侧面扬声器的声音同时传入人耳，使得听觉达到统一协调。

1.2.5　音频信号质量评价

根据音频信号的特征，信号质量的度量首先从信号的频率和强度上考虑。

1. 频带宽度

声音信号是由许多频率不同的分量信号组成的复合信号。描述信号特性的一个重要参数是频带宽度，简称为带宽。带宽是指组成复合信号的频率范围。音频信号的带宽越宽，意味着它包含的音频分量越丰富，能够提供的声音细节和信息越多。

在广播通信和数字音响系统中，通常以声音信号的带宽来衡量声音的质量。根据声音的频带宽度，通常把声音的质量分成 5 个等级，由低到高分别是数字电话、调幅广播(AM)、调频广播(FM)、激光唱盘(CD)和数字录音带(DAT)。这 5 个等级使用的采样频率、样本精度、声道数、数据率、频率范围和频宽如表 1-1 所示。

表 1-1 声音质量和数据率

质量	采样频率/kHz	样本精度/(b/s)	声道数	数据率/(kb/s)	频率范围/Hz	频宽/kHz
数字电话	8	8	单声道	64	200～3400	3.2
AM	11.025	8	单声道	88.2	50～7000	7
FM	22.05	16	立体声	705.6	20～15 000	15
CD	44.1	16	立体声	1411.2	20～20 000	20
DAT	48	16	立体声	1536.0	20～20 000	20

2. 动态范围

声音的动态范围是最大音量与最小音量之间的声音级差。动态范围越大，信号强度的相对变化范围越大，音响效果越好。几种音频业务的动态范围如表 1-2 所示。

表 1-2 几种音频业务的动态范围

音频效果	AM	FM	数字电话	CD、DAT
动态范围/dB	40	60	50	100

3. 信噪比

由于直流稳压电源一般都是由交流电源经过稳压等环节形成的，因此会不可避免地在直流稳定量中产生一些交流成分，这种叠加在直流稳定量上的交流分量称为纹波。电源电压中的纹波对电路会造成一些不良影响。

信噪比(Signal to Noise Ratio，SNR)是正确信号能量与噪声能量之比，单位为分贝(dB)。其数学表达式为

$$\mathrm{SNR}=10\ \lg\frac{V_{\mathrm{signal}}^2}{V_{\max}^2}=20\ \lg\frac{V_{\mathrm{signal}}}{V_{\max}} \tag{1-7}$$

其中：V_{signal} 表示正确信号的电压有效值，$V_{\max}$ 表示噪声的电压有效值。信噪比是衡量信号质量的标准之一，也是一个最常用的技术指标。对音频设备而言，信噪比越大，声音质量越好。设计任何一个声音编码系统都要使信噪比尽可能大些，从而得到尽可能好的声音质量。

4. 主观度量法

人的感觉机理对声音的度量最有决定意义。感觉上的、主观上的测试是评价声音质量不可缺少的部分。当然，可靠的主观度量值是难以获得的。

声音质量的评价涉及心理学。一般来说，评价语音质量时，可以同时采用客观质量和主观质量度量，也可以只采用主观质量度量。主观平均判分法是主观度量声音质量的主要方法，即召集若干实验者，由他们对声音质量的好坏进行评分，求出平均值作为对声音质量的评价。这种方法所得的分数称为主观平均分(Mean Opinion Score，MOS)。比较通用的声音质量评分标准是 5 分制，如表 1-3 所示。

表 1－3　声音质量评分标准

分数	质量级别	失真级别
5	优(Excellent)	无察觉
4	良(Good)	(刚)察觉但不讨厌
3	中(Fair)	(察觉)有点讨厌
2	差(Poor)	讨厌但不反感
1	劣(Bad)	极讨厌(令人反感)

1.3　图像信号处理基础

根据图像记录方式的不同，可以将图像分为模拟图像和数字图像。模拟图像是指通过某种物理量(光或者电)的强弱变化来记录的亮度信息，数字图像则是由模拟图像数字化或离散化得到的。随着人类社会的进步和计算机科学技术的发展，人们对信息处理和信息交流的要求越来越高，对数字图像处理技术的研究和应用也成为必然趋势。

根据图像处理的主要流程和目标，大致可以将图像处理的主要研究内容分为图像获取、图像变换、图像编码、图像增强和复原、图像分割、图像匹配、图像融合、图像识别、运动目标检测和跟踪等几个方面。对于一个图像处理系统，由于处理的目的不同，所用到的图像步骤可能是以上内容中的一种，也可能是几种，我们会在后续章节中对这些内容进行介绍。

与采用光学照相处理和光学透镜滤波处理等模拟处理方法相比，数字图像处理具有如下特点：

(1) 再现性好。只要图像在数字化时准确地表现了原稿，则在数字图像处理过程中就能始终保持图像的再现，而不会因图像的存储、传输或复制等一系列变换操作导致图像质量退化。

(2) 处理精度高。按目前的技术，几乎可以将任意一幅模拟图像数字化为任意大小的二维数组。对于计算机而言，不论图像精度有多高，数字图像处理总能实现。

(3) 适用面宽。不论数字图像种类、大小，数字图像处理技术均可采取相应的图像信息采集措施，对其进行处理。

(4) 灵活性高。数字图像处理不仅能完成线性运算，而且能实现非线性处理，也就是说凡是可以用数学公式或逻辑关系表达的一切运算均可用数字图像实现。

目前，数字图像处理技术已发展成为一门独立的、有强大生命力的学科，其应用领域十分广泛。在航天和航空技术方面，除了对月球、火星照片的处理外，遥感图像处理可应用在陆地水资源调查、土地资源调查、植被资源调查、地质调查、考古调查等近 30 个领域。利用计算机对遥感图像目标进行自动识别，成为当前遥感图像信息处理的重要发展方向。在生物医学方面，利用数字图像技术可对医学显微图像和不可见波谱图像(如 X 射线图像、超声波图像等)进行处理，可实现检验结果定量化，大幅度提高图像精度。在通信工程方面，可利用数字图像处理技术使图像高速、低损耗地在多媒体通信网中传输。在工程和工业方面，除了数字识别技术在无损探伤、检测分类等方面的应用外，在先进的设计和制造技术中工业机器人视觉的应用受到了广泛关注。

1.3.1 图像的获取

图像的获取主要分为成像设备和计算机合成两种方式。常见的数字图像是用成像设备产生的电磁能量谱图像。不同范围的光谱记录依赖于不同特性的成像传感器。下面介绍三种常见的传感器。

(1) CCD 图像传感器。这种图像传感器即电荷耦合元件(Charge-coupled Device，CCD)是一种半导体成像的传感器，组成它的感光基元是离散硅成像元素，利用电荷注入、转移和读取方式实现场景信息的获得。

(2) CMOS 图像传感器。这种图像传感器即互补金属氧化物半导体(Complementary Metal Oxide Semiconductor，CMOS)传感器也是一种半导体材料制作的图像传感器件。与 CCD 不同的是，CMOS 将光敏元件、放大器、A/D 转换器、存储器、数字信号处理都集成在一块硅片上，从而降低了功耗和成本，有广泛的应用前景。

(3) 其他场景成像设备。随着成像目的的不同，针对特定场景信息源可以采用特殊成像方式的设备。例如，遥感多光谱成像扫描仪可充分利用地物对不同光的不同反射特性来增加获取目标的信息量；合成孔径成像雷达利用雷达对地物进行扫描，然后通过计算回传特性获得地物的物理特性。

随着人工智能的迅猛发展，人工智能合成图片的技术越来越普及，利用计算机生成图像的技术可以将两个或更多的图像合并成一个单一的图像。

1.3.2 图像数字化

由于计算机只能处理离散数据，因此图像数字化包含采样和量化两个过程。

第一步，采样。对于图像信号而言，采样就是把位置空间上连续的模拟图像转换为离散点集合的操作。也就是，对模拟图像按等间距网格均匀采样，得到 M 行 N 列的二维数组(矩阵)，如图 1-1(a)所示。

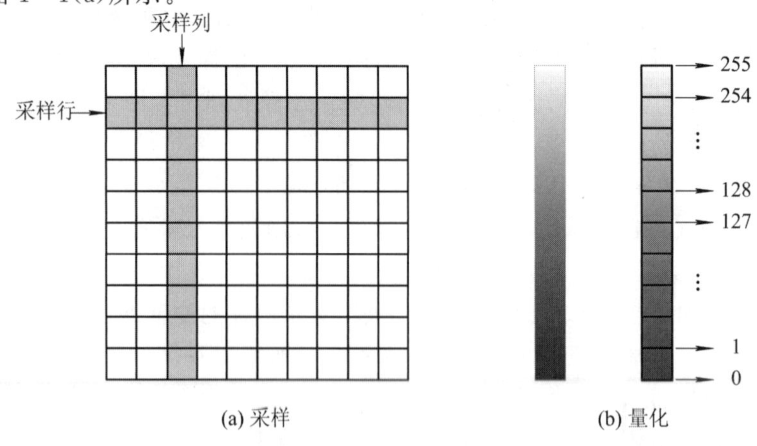

图 1-1 图像采样和量化

第二步，量化。量化是把图像在各个采样点上连续的值变换成为离散值或者整数值的操作。量化得到的整数值就是像素的灰度值，量化所允许的整数值总数称为灰度级或者灰度级数。假设一幅灰度图像量化为256个灰度级，且0代表黑色，1代表白色，则量化过程如图1-1(b)所示。图1-1(b)中将图像灰度值平均分成256等份，这种量化叫作均匀量化。由于像素灰度值在黑白范围内较均匀分布，因此这种量化方法可以得到较小的量化误差。

除均匀量化外，非均匀量化则依据图像具体的灰度值分布概率密度函数，以总的量化误差最小的原则进行量化。具体做法是：对图像中像素灰度值分布频繁出现的灰度值范围，量化间隔取小一些，而对那些像素灰度值较少出现的范围，则量化间隔取大一些。

下面通过一个例子来理解图像的采样和量化。假设一幅模拟图像 $f(x, y)$ 经过采样和量化两个过程，被转换为 M 行 N 列、灰度级为 L 的离散图像，则图像空间位置坐标 (x, y) 被离散化为 (i, j)（其中 $i=0, 1, \cdots, M-1$；$j=0, 1, \cdots, N-1$），各离散点即采样点，采样点对应数字图像像素的行和列，采样点处的函数数值被量化为 $f(i, j)$（其中 $f(i, j)=0, 1, \cdots, L-1$）。

由图1-2可见，随着采样点数的减少，图像的细节减少。当采样率过少，如为 8×8 时，采样后图像出现马赛克效应。值得注意的是，数字图像的分辨率是图像数字化精度的衡量标准之一。图像的空间分辨率是在图像采样过程中选择和产生的，它用来衡量数字图像对模拟图像空间坐标数字化的精度。

(a) 原始图像(512×512)

(b) 采样图像(126×126)

(c) 采样图像(64×64)

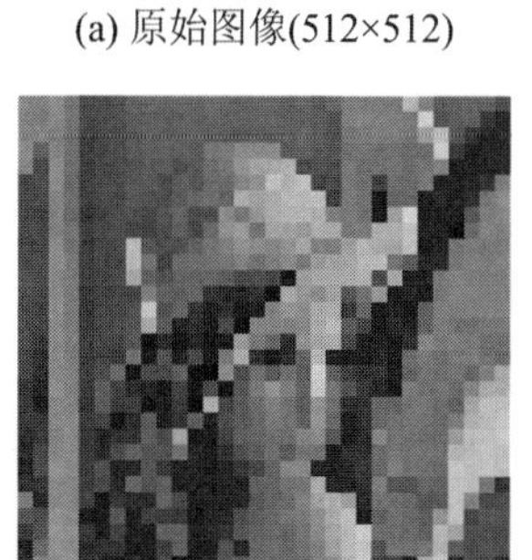
(d) 采样图像(32×32)

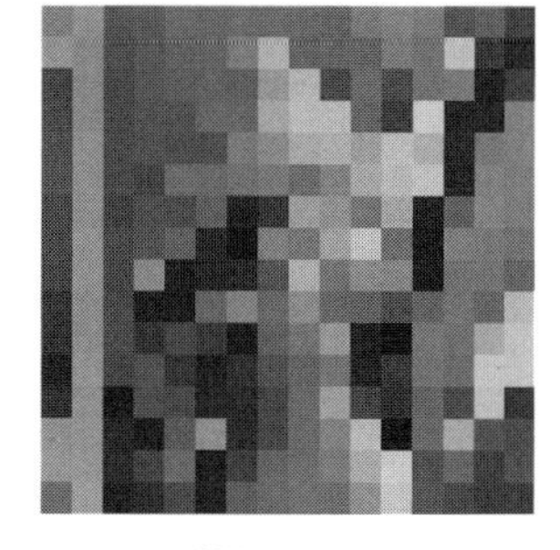
(e) 采样图像(16×16)

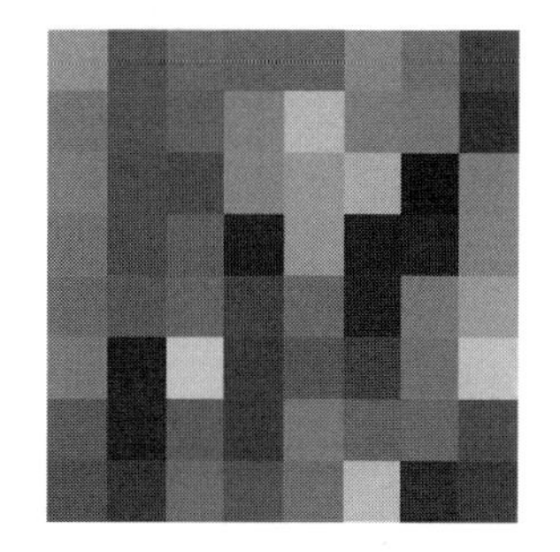
(f) 采样图像(8×8)

图1-2　图像采样

另一方面，图像的亮度分辨率是在图像量化过程中选择和产生的，是指对应同一模拟图像的亮度分布进行量化产生的不同量化级数。如图1-3所示，随着量化级数的减少，层次越单一，越有可能出现假轮廓现象，颜色跨度大，但数据量小。

(a) 原始图像

(b) 量化图像(64色)

(c) 量化图像(32色)

(d) 量化图像(16色)

(e) 量化图像(4色)

(f) 量化图像(2色)

图 1-3 图像量化

总的来说，采样间隔越小，量化级数越多，图像空间分辨率和亮度分辨率也会越高，图像的细节质量就会越好，但需要的成像设备、传输信道和存储容量的开销也越大。所以工程上需要根据不同的应用，折中选择合理的图像数字化采样和量化间隔，使得既能保证应用所需要的足够高的分辨率，又能保证各种开销不超出可接受的范围。

1.3.3 图像数据的表示和存储

计算机上显示的常见图像有二值图像、灰度图像、彩色图像等。

二值图像即只有黑白两种颜色。二值图像的像素值只能为 0 或者 1，图像中的每个像素值用 1 位存储。在文字识别、图纸识别等应用中，灰度图像一般要经过二值化处理得到二值图像，二值图像中的黑或白分别用来表示不需要进一步处理的背景和需要进一步处理的前景目标，以便对目标进行识别。

灰度图像只表达图像亮度信息而没有颜色信息。灰度图像的每一个像素点上只包含一个量化的灰度值，用来表示该点的亮度水平。通常用一个字节(8 位二进制)来存储灰度值，可以表示的正整数范围是 0～255，灰度级数为 256 级。

彩色图像不仅包含亮度信息，还包含颜色信息。彩色的表示是多种多样的，最常见的是三基色模型。如果每个颜色分量使用一个字节(8 位)来表示，则每个像素的数据量为 3 个字节，即 24 位。这种表示方式能够提供较高的颜色精度，通常被称为 24 位真彩色。

在多媒体系统中，通常用几种不同的颜色空间模型表示图形和图像颜色。在图像生成、存储、处理及显示时对应不同的颜色空间，需要做不同的处理和转换。下面详细介绍几种典型的颜色空间模型及其转换关系。

1. RGB 彩色空间模型

几乎所有的彩色成像设备和彩色设备显示都采用 RGB 三基色。不仅如此，数字图像文件的常用存储形式也以 RGB 三基色为主。在 RGB 彩色空间模型中，对于任意颜色，其配

色方程可写为

$$F = r[R] + g[G] + b[B]$$

其中：r、g、b 为三色系数，$r[R]$、$g[G]$、$b[B]$为 F 色的三色分量。如图 1-4 所示，RGB 颜色空间模型可以用笛卡尔坐标系中的立方体来表示，3 个坐标轴的正方向分别是 R、G、B 即表示三基色，用三维空间中的一个点来表示一种颜色。

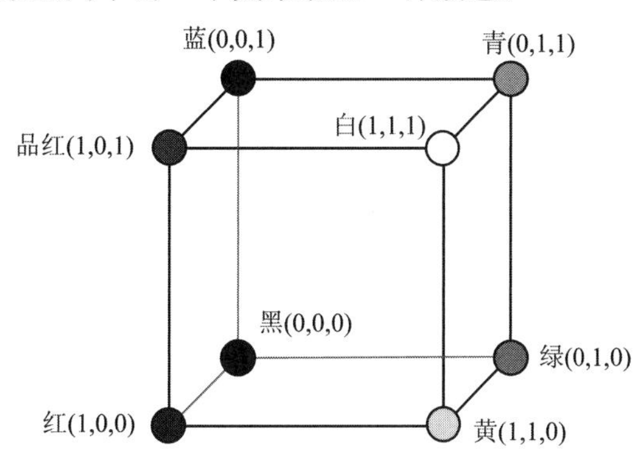

图 1-4　RGB 颜色空间

2. CMY(Yellow)彩色空间模型

CMY 彩色空间模型通常用于无源物体的色彩表示，如彩色印刷机或彩色打印机。由于纸张不能发射光线而只能反射其他光波的油墨和颜料，因此彩色打印机采用 CMY 彩色空间模型。理论上，等量的 CMY 可以合成黑色，但实际上纯黑色很难合成，所以彩色打印机要提供黑色油墨，即采用 CMYK 彩色空间模型。

3. YUV 和 YIQ 彩色空间模型

在现代彩色电视系统中，通常采用三管彩色摄像机或彩色 CCD 摄像机把得到的彩色图像信号经过分色分别放大矫正得到 R、G、B 三色，再经过矩阵变换电路得到亮度信号 Y 和 2 个色差信号 $R-Y$、$B-Y$，最后发送端将亮度和 2 个色差信号分别进行编码，用同一信道发送出去。

采用 YUV 彩色空间模型可以将亮度信号 Y 和色差信号 U、V 分离开。如果只有 Y 信号分量而没有 U、V 分量，那么表示的图就是黑白灰度图。彩色电视采用 YUV 彩色空间模型是为了用亮度信号 Y 解决彩色电视机与黑白电视机的兼容问题，使黑白电视机也能接受彩色信号。

另外，人眼对彩色图像细节的分辨能力比对黑白图像低，因此对于色度信号 U 和 V，可以采用大面积涂色原理，而亮度信号 Y 用于传送细节。

当白光的亮度用 Y 来表示时，它和红、绿、蓝三色光的关系可以描述为

$$Y = 0.299R + 0.587G + 0.114B \tag{1-8}$$

这就是常用的亮度公式。色差信号 U、V 是由 $B-Y$、$R-Y$ 按不同比例压缩而成的。

YUV 彩色空间模型与 RGB 彩色空间模型的转换关系为

$$\begin{bmatrix} Y \\ U \\ V \end{bmatrix} - \begin{bmatrix} 0.299 & 0.587 & 0.114 \\ -0.147 & -0.289 & 0.436 \\ 0.615 & -0.515 & -0.100 \end{bmatrix} \begin{bmatrix} R \\ G \\ B \end{bmatrix} \tag{1-9}$$

如果要由 YUV 转换成 RGB，则只需进行相应的逆运算，即

$$\begin{bmatrix} R \\ G \\ B \end{bmatrix} = \begin{bmatrix} 0.299 & 0.587 & 0.114 \\ -0.147 & -0.289 & 0.436 \\ 0.615 & -0.515 & -0.100 \end{bmatrix} \begin{bmatrix} Y \\ U \\ V \end{bmatrix} \tag{1-10}$$

在 NTSC 制式下，选用的是 YIQ 彩色空间模型。Y 仍为亮度信号，I、Q 仍为色差信号，但它们与 U、V 不同，其区别是色度矢量图中的位置不同，I、Q 为互相正交的坐标轴，它们和 U、V 正交轴的夹角为 33°。

I、Q 与 V、U 之间的关系可以表示为

$$\begin{cases} I = V\cos 33^\circ - U\sin 33^\circ \\ Q = V\sin 33^\circ + U\cos 33^\circ \end{cases} \tag{1-11}$$

YIQ 彩色空间模型与 RGB 彩色空间模型的转换关系为

$$\begin{bmatrix} Y \\ I \\ Q \end{bmatrix} = \begin{bmatrix} 0.299 & 0.587 & 0.114 \\ 0.596 & -0.275 & -0.321 \\ 0.212 & -0.523 & 0.311 \end{bmatrix} \begin{bmatrix} R \\ G \\ B \end{bmatrix} \tag{1-12}$$

由人眼彩色视觉的特性表明，人眼分辨红、黄之间颜色变化的能力最强，而分辨蓝、紫之间颜色变化的能力最弱。通过一定的变化，I 对应于人眼最敏感的色度，而 Q 对应于人眼最不敏感的色度。这样，传送 Q 信号时可以用较窄的频带，而传送分辨率较强的 I 信号时，可以用较宽的频带。对应用于数字化的处理则可以用不同的比特数来记录这些分量。这就是采用 YIQ 彩色空间模型的优势。

4. HIS 彩色空间模型

HIS(Hue/Intensity/Saturation)彩色空间模型是从人类视觉机理的角度出发，用色调、强度、饱和度来描述颜色的。其中，色调(Hue)表示颜色，将颜色按照顺序排列定义色调值，并且用角度值(0°～360°)来表示。例如，红、黄、绿、青、蓝和洋红的角度值分别是 0°、60°、120°、180°、240°和 300°。强度(Intensity)表示人眼感受到彩色光颜色的强弱程度，与彩色光的能量大小有关。饱和度(Saturation)表示色的纯度，即掺杂白光的程度。白光越多则饱和度越低，白光越少则饱和度越高且颜色越纯。饱和度取值采用百分制，0%表示灰色光或白光，100%表示纯色光。较 RGB 彩色空间模型而言，HIS 彩色空间模型中各颜色特征相互独立，在图像处理时，可以将亮度分量剔除，减少处理结果受到光线变化的影响。因此，在计算机视觉领域，常将 RGB 彩色空间模型转换到 HIS 彩色空间模型进行处理，以得到更好的效果。

1.3.4 图像质量评价

图像质量评价(Image Quality Assessment，IQA)是图像处理中的基本技术之一，主要通过对图像进行特性分析研究，评估图像的优劣。从有无人参与的角度出发，图像质量评价的方法分为主观评价和客观评价。

1. 主观评价

主观评价只涉及由人作出的定性评价，它以人为观察者，对图像的优劣作出主观的定性评价。主观评价是建立在统计意义上的，为了保证图像主观评价在统计上有含义，参加

评价的观察者应该足够多。主观评价方法可以分为绝对评价和相对评价。

1）绝对评价

绝对评价是指由观察者根据自己的知识和理解，按照某些特定评价性能对图像的绝对好坏进行评价。通常，图像质量的绝对评价都是由观察者参照原始图像对待评图像采用双刺激连续质量分级法，给出一个直接的质量评价值。具体做法是将待评价图像和原始图像按一定规则给观察者交替播放并持续一定时间，然后在播放后留出一定的时间间隔供观察者打分，最后将所有给出的分数取平均值作为该序列的评价值。

2）相对评价

相对评价是指由观察者对一批待评价图像进行相互比较，从而判断出每个图像的优劣顺序，并给出相应的评价值。通常，相对评价采用单刺激连续质量评价方法。具体做法是将一批待评价图像按照一定的序列播放，此时观察者在观看图像的同时给出待评价图像相对应的评价分值。

2. 客观评价

图像质量客观评价是通过定量分析评估图像的质量。从是否有理想图像作为参考图像角度出发，可以将客观评价分为全参考、部分参考和无参考三种类型。

1）全参考

全参考图像质量评价是指在选择理想图像作为参考图像的情况下，比较待评价图像与参考图像之间的差异，分析待评价图像的失真程度，从而得到待评价图像的质量评估。基于图像像素统计基础，峰值信噪比(Peak Signal to Noise Ratio，PSNR)和均方误差(Mean Square Error，MSE)通过计算待评价图像和参考图像对应像素点灰度值之间的差异，从统计角度来衡量待评价图像的质量优劣。假设待评价图像为 A，参考图像为 R，图像大小都为 $M\times N$，则 PSNR 和 MSE 可分别表示为

$$\mathrm{PSNR}=10\lg\frac{255^2}{\dfrac{1}{MN}\sum_{i=1}^{M}\sum_{j=1}^{N}|R(i,j)-A(i,j)|^2} \tag{1-13}$$

$$\mathrm{MSE}=\frac{1}{MN}\sum_{i=1}^{M}\sum_{j=1}^{N}|R(i,j)-A(i,j)|^2 \tag{1-14}$$

PSNR 与 MSE 都是通过计算待评价图像与参考图像之间像素误差的全局大小来衡量图像质量好坏的。PSNR 值越大，表明待评价图像与参考图像之间像素误差的失真越小，图像质量越好。而 MSE 的值越小，表明图像质量越好。这两种算法是从图像像素值的全局统计出发的，未考虑人眼的局部视觉因素，所以对于图像局部质量无从把握。

2）部分参考

部分参考图像质量评价是以理想图像的部分特征信息作为参考，对待评价图像进行比较分析，从而得到图像质量评价结果的。在实施这种评价方法时，首先需要从待评价图像和理想图像中提取相应的特征信息。由于该图像质量评价依赖于图像的部分特征，与图像整体相比而言数据量下降了很多，因此常用于图像传输系统中。

3）无参考

无参考图像质量评价是基于图像统计特性的质量评价，它脱离了对理想参考图像的依

赖。对于图像 $A_{M\times N}$，常见的统计特性有均值 u，标准差 std，平均梯度 ∇G，熵 E，分别可表示为

$$u=\frac{1}{MN}\sum_{i=1}^{M}\sum_{j=1}^{N}A(i,j) \tag{1-15}$$

$$\text{std}=\sqrt{\frac{1}{MN}\sum_{i=1}^{M}\sum_{j=1}^{N}(A(i,j)-u)^2} \tag{1-16}$$

$$\nabla G=\frac{1}{MN}\sum_{i=1}^{M}\sum_{j=1}^{N}\sqrt{\Delta xA(i,j)^2+\Delta yA(i,j)^2} \tag{1-17}$$

$$E=-\sum_{i=0}^{L}P(l)\,\text{lb}P(l) \tag{1-18}$$

其中：$\Delta xA(i,j)$、$\Delta yA(i,j)$分别表示像素点(i,j)在 x 和 y 方向上的一阶微分，$P(l)$为灰度值 l 在图像中出现的概率，L 为图像的灰度级。一般而言，无参考图像质量评价方法首先对理想图像的特性作出某种假设，再为该假设建立相应的数学分析模型，最后通过计算待评价图像在该模型下的表现特征得到图像的质量评价结果。

1.4 视频信号处理基础

1.4.1 视频简介

视频是动态图像，是一组二维图像序列按时间顺序的连续展示，也称为运动图像或序列图像。从视觉角度描述，视频是指随时间变化的图像，或称时变图像。时变图像是一种时-空亮度图案(spatial-temporal intensity pattern)，可以表示为 $s(x,y,t)$，其中(x,y)是空间变量，t 是时间变量。常见的视频有电影、电视、动画。

人眼具有一种视觉暂留的生物现象，即人观察的物体消失后，物体映像在人的视网膜上会保留一个非常短暂的时间(0.1～0.2 s)。利用这一现象，将一系列画面中物体移动或形状改变很小的图像，以足够快的速度(24～30 fps，fps 指每秒传输的画面帧数)连续播放，人就会感觉画面变成了连续活动的场景。人类获取的信息大约 75%来自视觉系统，即通过图像信息获取。这里的图像包括了静态图像和动态图像。动态图像就是指视频，目前在计算机中处理的主要是数字视频。

视频信号有如下特点：

(1) 直观性。利用人的视觉获取的视频信息，具有直观性。

(2) 确定性。视频信息直观具体，不容易与其他信息混淆，可保证信息的准确性。

(3) 高效性。利用视频，人们可以并行地观察一幅图像的所有信息，因此获取信息的效率较高。

(4) 广泛性。人们通过视觉获取的信息约占外界信息总量的 75%左右，所以通过视频信号获取的信息更为广泛。

(5) 视频信号的高带宽性。视频信号包含的信息量大，内容可以多种多样，画面变化也各不相同，所以传输视频信号所需要的带宽高。

1.4.2 视频数字化

本小节讨论的视频是动态图像，不包括伴音。为了对视频信号进行处理与利用，视频信号必须是数字化的。

1. 基本概念

(1) 帧：视频是静态图像的连续播放，这些连续图像的每一幅被称为一帧。

(2) 帧率：每秒传输的帧数，通常用 fps(frame per second，帧每秒)表示。高的帧率可以得到更流畅、更逼真的动画。每秒钟帧数越多，所显示的动作就会越流畅。

(3) 视频分辨率：一帧画面的大小，宽乘以高等于若干像素。垂直分辨率表示垂直方向每英寸内有多少个像素点，水平分辨率表示水平方向每英寸内有多少个像素点。视频质量通常用线分辨率来度量，本质上是表示在显示器上可以显示多少不同的黑白垂直线。

(4) 码流：视频文件在单位时间内使用的数据流量，也叫码率，是视频编码中画面质量控制中最重要的部分。同样分辨率下，视频文件的码流越大，压缩比就越小，画面质量就越高。

(5) 显示器分辨率：显示器上每单位长度显示的像素点的数目，常用点/英寸(dpi)为单位来表示。

(6) 扫描：传送电视图像时，将每幅图像分解成很多像素，按照一个一个像素、一行一行的方式顺序传送或接收。

2. 视频数字化

视频信号的数字化过程包括采样、量化和编码。下面主要讲电视图像的数字化。

1) 数字化方法

在大多数情况下，数字电视系统都希望用彩色分量来表示图像数据，如用 YCbCr、YUV、YIQ 或 RGB 彩色分量。因此，电视图像数字化常用“分量数字化”，表示对彩色空间的每一个分量进行数字化。视频数字化常用的方法有以下两种：

(1) 将模拟视频信号输入到计算机系统中，对彩色视频信号的各个分量进行数字化，经过压缩编码后生成数字化视频信号。

(2) 由数字摄像机从视频源采集视频信号，将得到的数字视频信号输入到计算机中直接通过软件进行编辑处理。

目前，视频数字化主要还是采用将模拟视频信号转换成数字信号的方法来实现。

2) 采样结构的选择

采样结构是指采样点在空间和时间上的相对位置，有正交结构和行交叉结构。在视频数字化中一般采用正交结构，如图 1-5(a)所示。这种结构在图像平面上沿水平方向采样点等间隔排列，沿垂直方向采样点上下对齐排列，这样有利于帧内和帧间的信号处理。行交叉结构是指每行内的采样点数为整数加半个，如图 1-5(b)所示。

为了保证采样结构为正交结构，要求行周期 T_n 必须是采样周期 T_s 的整倍数，及要求采样频率 f_s 等于行频率 f_n 的整倍数，即 $f_s = nf_n$。

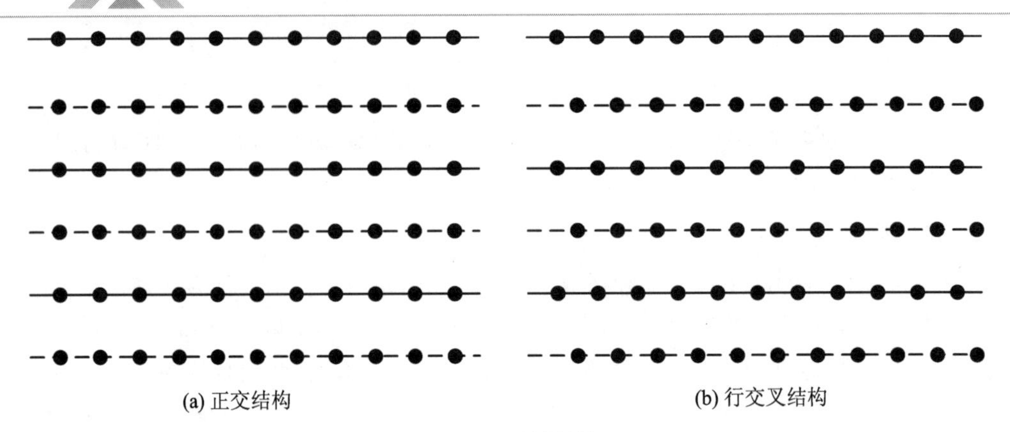

图 1-5 采样结构

3）数字化标准

1982 年，国际无线电咨询委员会(International Radio Consultative Committee，CCIR)制定了彩色视频数字化标准，称为 CCIR601 标准，现改为 ITU-RBT 601 标准。该标准规定了将彩色视频信号的模拟分量转换成数字图像的过程。

4）采样频率

在视频数字化中，亮度信号采样频率的选择应从以下四个方面考虑：

(1) 满足采样定理，采样频率大于视频带宽的两倍。

(2) 采样频率应是行频率的整数倍。

(3) 亮度信号采样频率的选择必须兼顾国际上不同的扫描格式。现行的扫描格式主要是 PAL 和 SECAM 的 625 行/50 场和 NTSC 的 525 行/60 场两种，它们的行频率分别是 15 625 Hz 和 15 734.625 Hz，这两个行频的最小公倍数约为 2.25 MHz，即采样频率应是 2.25 MHz 的整数倍，$f_s=2.25m$ MHz，m 是整数。

(4) 编码后的比特率 $R_b=nf_s$，其中 n 为量化比特率。为了降低码率，f_s 应该接近 $2\Delta f_y$。BT.601 为 NTSC 制、PAL 制和 SECAM 制规定了共同的频率信号采样频率 f_s($f_s=13.5m$ MHz，$m=6$)，这个采样频率也用于远程图像通信网络中的视频信号采样。

5）图像子采样

图像子采样(subsampling)是指对图像的色差信号使用的采样频率比对亮度信号使用的采样频率低，可以达到压缩彩色电视信号的目的。它利用了人眼视觉系统中的两个特性：

(1) 人眼对色度信号的敏感程度比对亮度信号的敏感程度低，利用这个特性可以把图像中表达颜色的信号去掉一些而使人不易察觉。

(2) 人眼对图像细节的分辨能力有限，这意味着人眼对高频信号的敏感度不如低频信号。利用这个特性，可以把图像中的高频信号去掉而不易被察觉。

实验表明，使用子采样格式后，人眼的视觉系统对采样前后的图像质量没有感到有明显的差别。目前使用的子采样格式有：

(1) 4∶4∶4 格式。这种采样格式不是子采样格式，它是指在每条扫描线上每 4 个连续的采样点中包含 4 个亮度 Y 样本、4 个红色差 Cr 样本和 4 个蓝色差 Cb 样本。此格式色差信号的采样频率与亮度信号采样频率相同，即 $f_{Cr}=f_{Cb}=f_Y=13.5$ MHz；亮度采样频率和两个色差信号采样频率之比为 $f_{\mathrm{Y}}:f_{\mathrm{Cr}}:f_{\mathrm{Cb}}=4:4:4$。

(2) 4∶2∶2格式。这种采样格式是指在每条扫描线上每4个连续的采样点中包含4个亮度Y样本、2个红色差Cr样本和2个蓝色差Cb样本，平均每个像素用2个样本表示。此格式色差信号的采样频率是亮度信号采样频率的一半，即 $f_{\mathrm{Cr}}=f_{\mathrm{Cb}}=\frac{1}{2}f_{\mathrm{Y}}=6.75\ \mathrm{MHz}$；亮度采样频率和两个色差信号采样频率之比为 $f_{\mathrm{Y}}:f_{\mathrm{Cr}}:f_{\mathrm{Cb}}=4:2:2$。

(3) 4∶1∶1格式。这种采样格式是指在每条扫描线上每4个连续的采样点有4个亮度Y样本、1个红色差Cr样本和1个蓝色差Cb样本，平均每个像素用1.5个样本表示。此格式色差信号的采样频率是亮度信号采样频率的四分之一，即 $f_{\mathrm{Cr}}=f_{\mathrm{Cb}}=\frac{1}{4}f_{y}=3.375\ \mathrm{MHz}$；亮度采样频率和两个色差信号采样频率之比为 $f_{\mathrm{Y}}:f_{\mathrm{Cr}}:f_{\mathrm{Cb}}=4:1:1$。

(4) 4∶2∶0格式。这种采样格式是指在水平和垂直方向上每2个连续的采样点有2个亮度Y样本、1个红色差Cr样本和1个蓝色差Cb样本，平均每个像素用1.5个样本表示。此格式色差信号的采样频率是亮度信号采样频率的四分之一，即 $f_{\mathrm{Cr}}=f_{\mathrm{Cb}}=\frac{1}{4}f_{\mathrm{Y}}=3.375\ \mathrm{MHz}$。

1.4.3　视频质量评价

对视频质量的评价是衡量视频处理、编码、传输等方法和技术及应用系统性能好坏的重要依据。对视频质量进行评价的方法分为主观评价和客观评价两种。

1. 主观评价

主观评价是指主要利用人的感觉(视觉)来进行视频质量的评定。为了减少主观随意性，在对视频质量进行主观评价前，选若干名专家和“非专家”作为评分委员，共同利用5项或7项评分法对同一种视频图像进行压缩编码的图像评价，最后按照加权平均法再对该压缩后的图像进行主观评定。如表1-4所示为视频主观评价分数标准。

表1-4　视频主观评价分数标准

CCIR五级评价等级	评分等级	高清晰度采用七级评分等级	评价
优	7	不能察觉任何图像损伤	特别好
	6	刚能察觉图像损伤	相当好
	5	不同程度的察觉、轻度损伤	很好
好	4	有损伤但不令人讨厌	好
稍差	3	有令人讨厌的损伤	稍差
很差	2	损伤令人讨厌，但尚可以忍受	很差
劣	1	非常令人讨厌的损伤，无法观看	劣

2. 客观评价

主观评价更接近丁人的真实感受，但需耗费人力和时间，成本较高。客观评价是基于仿人眼视觉模型的原理对视频质量进行客观评估，并给出客观评分的。近年来，随着人们对人眼视觉系统研究的深入，客观评价的方法和工具不断被开发出来，其评价结果也和主观评价较吻合。常用的测试标准有信噪比、峰值信噪比(PSNR)或分辨率、像素深度、真/伪彩色等指标。

峰值信噪比(PSNR)即峰值信号和噪声之比，其计算公式如下：

$$\mathrm{PSNR}=10\ \lg\left[\frac{(2^n-1)^2}{\frac{1}{N\times N}\sum_{m=0}^{N-1}\sum_{n=0}^{N-1}(x_{nm}-x'_{nm})^2}\right] \tag{1-19}$$

其中：n 表示每个像素的比特数，$N\times N$ 为一帧图像的大小。

本章小结

本章首先简要介绍了多媒体的概念，接着从音频、图像、视频三个方面进行了介绍，分别介绍了音频信号的物理和感知特性、数字化过程以及人耳听觉特性和衡量指标；介绍了图像信号的获取、数字化以及表示和存储，并简单阐述了图像质量评价指标；最后通过对比数字图像信号，介绍了视频信号的特性和数字化以及视频质量评价指标。

第 2 章

数字音频处理

数字音频是音频处理领域的一个重要分支，涉及对音频信号的数字化、存储、处理和分析。在数字音频的发展过程中，从传统的模拟音频系统逐渐转向数字化的方式，这为音频的传输、编辑和重现带来了巨大的便利和灵活性。

本章将深入探讨数字音频的基本概念、方法和应用。我们将首先介绍音频数字化的原理和技术，包括采样率、量化精度及编码方式等。通过数字化，音频信号可以被表示为一系列数字样本，从而便于在计算机系统中进行处理和存储。在学习数字音频之前，将对音频信号的基本特性和频谱分析进行介绍。了解音频信号的频谱特征对于后续的音频处理和分析至关重要。接着，将讨论傅里叶变换和短时傅里叶变换等常见的频谱分析方法，并深入研究音频的频谱表示和声谱图的生成。随后，将学习如何应用滤波器对音频信号进行去噪、均衡和增强，以及如何利用编解码技术将音频信号压缩和存储。最后，将学习数字音频技术的评价指标，用于评价各个技术的优劣。

通过本章的学习，读者将全面了解数字音频的基本知识和技术，并能够应用这些技术解决实际的音频处理问题。数字音频处理技术在音乐、电影、广播和通信等领域具有广泛的应用和发展前景，为音频创作和分析提供了强大的工具和方法。希望本章的内容能够引发读者对数字音频的兴趣，并鼓励其进一步研究和应用相关技术。

2.1 数字音频数字化和预处理

音频常常被表示为波形图，其中横轴为时间，纵轴为幅值。音频的种类多种多样，分类中一般分为语音、音乐、噪声、静音及环境音等。考虑到现在的研究热点，本章将着重介绍语音信号处理的基础知识与增强。

语音信号是一个非稳态的、时变的信号。其主要特点有：

（1）语音信号的带宽约 5 kHz，主要能量聚集在低频段。

（2）语音信号总体为非平稳时变信号，但在 10～30 ms 的短时间范围内可以认为语音信号是稳态的、时不变的。

（3）说话的声音可以分为清音和浊音。浊音是指发生时声带振动，在时域上有明显的周期性，其短时能量大、平均幅度大、过零率低；清音是指发声时声带不震动，其短时能量小、平均幅度小、过零率高。

在进行语音分析和提取语音参数之前，首先需要对语音信号进行数字化和预处理。数字化过程包括几个关键步骤：首先，利用带通滤波器对信号进行反混叠滤波，以去除高于采样频率一半的频率成分；接着，通过自动增益控制(AGC)对语音信号进行放大和增益调整，以确保信号在适当的电平范围内；然后，进行模/数转换(A/D)，将模拟信号转换为数字信号；最后，通过脉冲编码调制(PCM)对数字信号进行编码，以便于计算机处理和存储，如图 2-1 所示。预处理步骤则包括预加重以强调高频部分，加窗以减少频谱泄露，以及分帧以将信号分割成适合分析的小段。这些步骤共同确保了语音信号能够被有效地数字化和处理，为后续的分析和应用打下了基础。

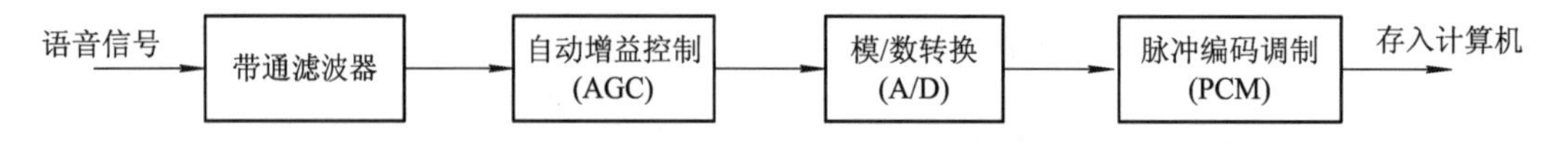

图 2-1 语音信号数字化过程框图

2.1.1 预滤波、采样、A/D 转换

为了抑制输入信号各频域分量中频率超出的所有分量，防止混叠干扰，同时抑制50 Hz的电源工频干扰，需要在取样前用一个有良好截止特性的模拟低通滤波器对信号进行滤波，该滤波器即为反混叠滤波器。该滤波器一般设计为 100 Hz 到 3.4 kHz 的带通滤波器。对于语音识别而言，当用于电话用户时，上截止频率为 $f_H=3400$ Hz，下截止频率为 $f_L=60\sim100$ Hz，采样率为 $f_s=8$ kHz。当使用要求较高时，$f_H=4500$ Hz 或 8000 Hz，$f_L=60$ Hz，$f_s=10$ kHz 或 20 kHz。语音信号经过预滤波和采样后，由转换器转换为二进制数字码。

取样后需对信号进行量化，将时间上离散而幅度仍连续的波形再离散化，即将整个幅度分割成有限个区间，同一区间的样本赋予相同幅度值。量化过程中不可避免会产生误差。若信号波形足够大或者量化间隔足够小，可知量化噪声具有以下统计特性：

(1) 量化噪声为平稳白噪声。

(2) 量化噪声与输入信号不相关。

(3) 量化噪声在量化间隔内等概率密度分布。

若用 σ_x^2 表示输入语音信号序列方差，$2X_{\max}$ 表示信号的峰值，B 表示量化字长，σ_e^2 表示噪声序列的方差，则信号与量化噪声的功率比为

$$\text{SNR(dB)}=10\ \lg\left(\frac{\sigma_x^2}{\sigma_e^2}\right)=6.02B+4.77-20\ \log\left(\frac{X_{\max}}{\sigma_x}\right) \tag{2-1}$$

如果语音信号的幅度服从拉普拉斯分布，此时信号幅度超过 $4\sigma_x$ 概率很小，只有 0.35%，因而一般取 $X_{\max}=4\sigma_x$，则式(2-1)可写为

$$\text{SNR(dB)}=6.02B-7.2 \tag{2-2}$$

由此可知，量化器中每一个比特字长对 SNR 的贡献为 6 dB，此时量化后语音质量能满足一般通信系统要求。考虑到语音波形动态范围可达 55 dB，因此一般要求量化字长的取值大于等于 11 bit。为了在语音信号变化的范围内保持 35 dB 的信噪比，常用 12 bit 来量化，其中附加的 5 bit 用于补偿 30 dB 左右的输入动态范围的变化。

2.1.2　预加重与去加重

语音信号的平均功率谱受声门激励与口鼻辐射的影响，功率谱随频率的增加而减小，特别是高频端约在 800 Hz 以上按 6 dB/倍频程跌落，导致语音的能量主要集中在低频部分，高频部分信噪比较低。因而，要在预处理中进行预加重，使信号频谱平坦化，以便于频谱分析或声道参数分析。

在调频系统中采用的预加重和去加重的措施，是利用信号特性和噪声特性的差别来有效对信号进行处理的。具体来说，在发射机端，预加重网络会在信号被调制之前，人为地增强输入调制信号的高频分量。在接收机端，鉴频器输出的信号会通过加重网络来减少信号中的高频分量，恢复信号原有的功率分布。值得注意的是，在去加重过程中，可有效减少噪声的高频分量，由此可有效地提高输出信噪比。

常用的预加重技术是在取样之后插入一个一阶的高通滤波器来加重语音信号的高频分量。滤波器的传递函数的计算公式如下：

$$H(z)=1-az^{-1} \tag{2-3}$$

其中：a 为预加重系数。对于浊音，通常 $a=1$；对于清音该值则可取得很小。

2.1.3　分帧加窗

由于语音信号有“准稳态”的特性，在短时范围内特征变化较小，因此可以作为稳态来处理；但超出短时范围的语音可能存在基音发生变化。如正好是两音节之间，或者是声母向韵母过渡，此时其特征参数可能变化较大。为了使特征参数的变化更加平滑，可以在两个不重叠的帧之间插入一些帧来提取特征参数，从而创建相邻帧之间的重叠部分。

如果相邻两帧不重叠，则得到的基音可能存在又一个跳变。对语音信号需要分帧加窗处理后进行短时分析，使得每一帧语音信号的长度一般为 10～30 ms。在实际处理过程中，为了保证语音的连续性且充分利用帧与帧之间的相关性，使得帧与帧之间平滑过渡，需要使用交叠分段的方法。

2.2　语音信号分析

2.2.1　语音特性和人耳感知特性

1. 语音特征

任何语言的语音都有元音和辅音两种音素。根据发生机理的不同，辅音又分为清辅音和浊辅音。从时域波形上可以看出浊音(包括元音)具有明显的准周期性和较强的振幅，它们的周期所对应的频率就是基音频率；清辅音的波形类似于白噪声并具有较弱的振幅。在语音增强中可以利用浊音具有的明显的准周期性来区别和抑制非语音噪声。

语音信号作为非平稳、非遍历随机过程的样本函数，其短时谱的统计特性在语音增强中有着举足轻重的作用。根据中心极限定理，语音的短时谱统计特性服从高斯分布。但是，实际应用中只能将其看作是有限帧长下的近似描述。

2. 人耳感知特征

人耳对于声波频率高低的感觉与实际频率的高低不呈线性关系，而近似为对数关系；人耳对声强的感觉很灵敏且有很大的动态范围，对频率的分辨能力受声强的影响，过强或者太弱的声音都会导致对频率的分辨力降低；人耳对语音信号的幅度谱较为敏感，对相位不敏感，这一点对语音信号的恢复有很大帮助。此外，共振峰对语音感知很重要，特别是前三个共振峰更为重要。此外，人耳具有掩蔽效应，即一个声音由于另外一个声音的出现而导致声音能被感知的阈值提高的现象。

除了声音的强度、音调、音色和空间方位外，还可以在两个以上的讲话环境中分辨出所需要的声音，这种分辨能力使人体内部语音理解机制具有一种感知能力。人类的这种分离语音的能力与人的双耳输入效应有关，称为“鸡尾酒会效应”。

2.2.2 语音信号的时域分析

1. 短时能量和短时平均幅度

假设语音波形时域信号为 $x(l)$，加窗分帧处理后得到的第 n 帧语音信号为 $x_n(m)$，则满足

$$x_n(m)=w(m)x(n+m) \quad (0\leqslant m\leqslant N-1) \tag{2-4}$$

其中：$n=0, T, 2T, \cdots$；N 为帧长；T 为帧移长度；窗口 $w(m)$为

$$w(m)=\begin{cases}1, & m=0\sim(N-1)\\ 0, & m=\text{其他值}\end{cases}$$

设第 n 帧语音信号 $x_n(m)$的短时能量用 E_n 表示，则短时平均能量计算公式如下：

$$E_n=\sum_{m=0}^{N-1}x_n^2(m) \tag{2-5}$$

E_n 是一个度量语音信号幅度变化的函数。短时平均能量相当于语音信号的平方通过单位函数响应为直角窗 $h(n)$的线性滤波器的输出(见图 2-2)。它反映了语音能量随着时间变化的特性，主要应用于：

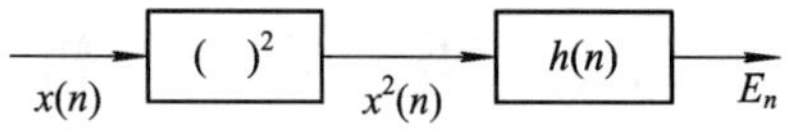

图 2-2 短时平均能量框图

(1) 区分清音和浊音段。一般来说，浊音时 E_n 比清音时大很多。小的 E_n 对应清音段。根据 E_n 的变化可以大致判断出浊音变清音或者清音变为浊音的时刻。

(2) 区分声母和韵母、无声与有声的分界，连字的分界等。对于高 SNR 信号，当无语音信号时，噪声 E_n 很小；而当有语音信号时，E_n 显著增大到某个值，因此，E_n 用于区分有无语音。

(3) 作为超音段信息，用于语音识别。

由于它计算使用的是信号的平方，导致该计算公式对高电平非常敏感。为此，可采用短时平均幅度函数 M_n 来表征信号能量大小，即

$$M_n = \sum_{m=0}^{N-1} |x_n(m)| \tag{2-6}$$

其中：$x_n(m)$表示短帧信号，N 表示帧长。也就是用加权的信号绝对值之和来代替平方和（见图 2-3）。这样处理比较简单，无需平方运算。显然，在区分浊音和清音时，M_n 不如 E_n 那样差异明显。

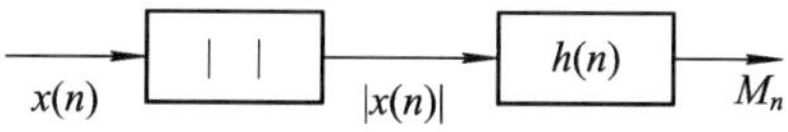

图 2-3　语音信号短时平均幅度框图

2. 短时过零率

短时过零率为一帧语音信号波形穿过横轴的次数。对于连续语音信号，过零意味着时域波形通过时间轴；对于离散信号，如果相邻的取样值改变符号则称为过零。过零率也就是样本改变符号的次数。

对于窄带信号，用平均过零率度量信号频率是很精确的。如果频率为 f_0 的正弦波，以取样率 f_s 取样，则每个正弦周期内有 f_s/f_0 个取样点。同时，每个正弦周期内有两次过零，所以平均过零数为

$$Z = \frac{2f_0}{f_s} \tag{2-7}$$

因此，由平均过零数 Z 及 f_s 可以精确计算出频率 f_0。但语音信号为宽带信号，不能简单用式(2-7)计算，但仍可以用短时平均过零对频谱进行粗略估算。

语音信号 $x_n(m)$的短时过零率为

$$Z_n = \frac{1}{2}\sum_{m=0}^{N-2} |\mathrm{sgn}[x_n(m)] - \mathrm{sgn}[x_n(m-1)]| \tag{2-8}$$

其中：$x_n(m)$表示短帧信号，N 表示帧长，sgn[ ]表示符号函数，即

$$\mathrm{sgn}[x(n)] = \begin{cases} 1, & x(n) \geqslant 0 \\ -1, & x(n) < 0 \end{cases}$$

由此可知，实现短时平均过零可以先对语音信号成对地检查采样，以确定是否过零；若符号变化则表示有一次过零；再进行一阶差分运算，并求绝对值，最后进行低通滤波，如图2-4 所示。

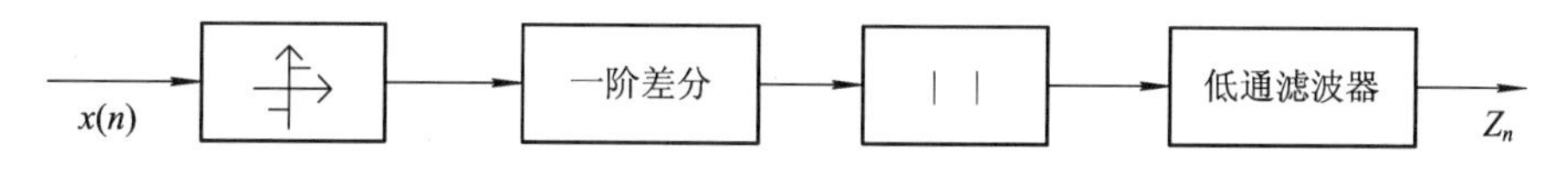

图 2-4　短时平均过零数框图

短时平均过零数可以应用于语音信号分析。它可以粗略的描述信号频谱特性，用于区分清音和浊音。高频语音过零率较高，低频语音过零率较低，因此可以通过短时过零率区分清音和浊音。

利用短时平均过零数还可以从背景噪声中找出语音信号，用于判断无语音和有语音的起点和终点位置。孤立词语音识别中，需在一连串连续语音信号中进行分割，以确定各单词对应的信号，找出每个单词的开始和终止的位置，来检测端点。当背景噪声较小时用平

均能量较为有效，当背景噪声较大时用平均过零数比较有效。但以某些音为开头和结尾时，需要结合两个参数，进行端点检测。

3. 短时相关

相关分析是一种常见的时域波形分析方法，可以分为自相关和互相关两种。相关函数用于测定两个信号的时域相似性。如果两个信号完全不同，则互相关函数接近于零；如果两个信号波形相同，则在超前、之后处出现峰值，由此可得到两个信号的相似度。在语音信号中，一般采用自相关函数求出浊音语音的基音周期，也可以用于语音信号的线性预测。短时相关常用的函数介绍如下。

1）短时自相关函数

短时自相关函数计算公式如下：

$$R_n(k)=\sum_{m=0}^{N-1-k}x_n(m)x_n(m+k)\quad(0\leqslant k\leqslant K)\tag{2-9}$$

其中：K 是最大延时点数。

短时自相关函数具有以下性质：

(1) 如果 $x_n(m)$ 是周期为 N_p 的信号，则自相关函数是同周期的周期函数，即 $R_n(k)=R(k+N_p)$。

(2) $R_n(k)$是偶函数，即 $R_n(k)=R_n(-k)$。

(3) 当 $k=0$ 时，自相关函数具有最大值，即 $R_n(0)\geqslant|R_n(k)|$，并且 $R_n(0)$等于确定性信号处理的能量或随机性序列的平均功率。

短时自相关函数框图如图 2-5 所示。

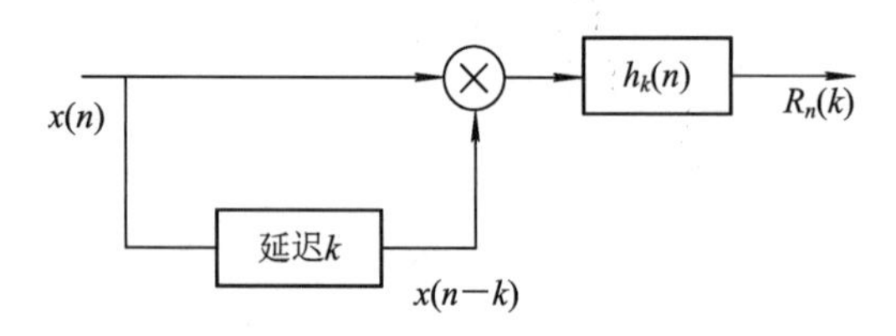

图 2-5 短时自相关函数框图

通过计算自相关函数，可以大致判断浊音的周期。具体而言，发浊音时，声带振动，语音信号在时域上有明显的周期性。声带振动称为基音频率，对应的周期为基音周期。这一参数广泛被用在语音识别、说话人确认、语音合成、男女生辨别等领域。一般来说，男性的基音频率较低，其范围大概在 70～200 Hz 之间，女性的基音频率大概在 200～450 Hz 之间。

目前常用的基音检测方法可分为两大类：

(1) 基于事件检测方法，主要是通过对声门闭合时刻进行定位来估计基音周期，主要有小波变换法和希尔伯特变换法。

(2) 非基于事件的检测法，主要利用语音的短时平稳性，将语音分为短时语音段，然后对每一段进行求解，主要有自相关函数法、平均幅度差函数法和倒谱法。

2）短时平均幅度差函数

短时平均幅度差函数是语音信号时域分析的重要参量。但是，计算自相关函数的运算量很大，利用快速傅里叶也无法避免乘法运算。因此，可以采用短时平均幅度差函数。

如果信号 $x_n(m)$是完全的周期信号，且信号周期为 N_p，则相距为周期的整数倍的样点上幅值是相等的，差值为零，即

$$d(n)=x(n)-x(n+k)=0 \quad (k=0, \pm N_p, \pm 2N_p, \cdots) \tag{2-10}$$

对于实际语音信号，$d(n)$虽然不为零，但值非常小。这些极小值出现在整数倍周期位置上。为此可定义平均幅度差函数，即

$$F_n(k)=\sum_{m=0}^{N-1-k} |x_n(m)-x_n(m+k)| \tag{2-11}$$

显然，如果在窗口取值范围内具有周期性，则 $F_n(k)$在 $k=0$，$\pm N_p$，$\pm 2N_p$，…时将出现极小值。如果两个窗口具有相同长度，则可以得到类似于相关函数的一个函数。对于周期信号 $x_n(m)$，$F_n(k)$也呈现周期性，与 $R_n(k)$相反的是在周期的各个整数倍点上具有谷值而不是峰值。采用短时平均幅度差函数，只需要加、减法和取绝对值的运算，与短时自相关函数的加法与乘法相比，其运算量大大减小，尤其在硬件实现上有很大的好处。

2.2.3　语音信号的频域分析

语音信号的频域分析就是分析语音的频域特征。从广义上讲，语音信号的频域分析包括语音信号的频谱、功率谱、倒频谱、频谱包络分析等。常用的频域分析方法有带通滤波器组法、傅里叶变换法、线性预测法等几种。由于语音信号是一个非平稳过程，因此适用于周期、瞬变或平稳随机信号的标准傅里叶变换不能用来直接分析语音信号，而需要采用短时傅里叶变换对语音信号的频谱进行分析。

1. 短时傅里叶变换下的语音短时谱

对第 n 帧语音信号 $x_n(m)$进行离散时域傅里叶变换，可以得到短时傅里叶变换，其定义如下：

$$X_n(e^{j\omega})=\sum_{m=0}^{N-1} x(m)\omega(n-m)e^{-j\omega m} \tag{2-12}$$

从定义可知，短时傅里叶变换实际就是窗选语音信号的标准傅里叶变换。这里窗函数 $\omega(n-m)$是一个滑动的窗口，它随 n 的变化而沿着序列 $x(m)$滑动。由于窗口是有限长度的，满足绝对可和的条件，因此这个变换是存在的。当然，窗口函数不同，傅里叶变换的结果也不同。

令角频率 $\omega=2\pi k/N$，则离散短时傅里叶变换可看成 $X_n(e^{j\omega})$在频率上的取样，即

$$X_n(e^{j\frac{2\pi k}{N}})=X_n(k)=\sum_{m=0}^{N-1} x_n(m)e^{-j\frac{2\pi k}{N}} \quad (0 \leqslant k \leqslant N-1) \tag{2-13}$$

在语音信号数字处理中，都是采用 $x_n(m)$的离散傅里叶变换 $X_n(k)$来替代 $X_n(e^{j\omega})$的，并且可以用高效的快速傅里叶变换算法完成 $x_n(m)$至 $X_n(k)$的转换。这时窗长 N 必须是 2 的倍数 2^L(L 是整数)。根据傅里叶变换，实数序列的傅里叶变换的频谱具有对称性。因此，全部频谱信息包含在长度为$(N/2)+1$ 个 $X_n(k)$里。为了使 $X_n(k)$具有较高的频率分辨率，所取的 DFT 以及相应的 FFT 点数应该足够多，但有时 $x_n(m)$的长度要受到采样率和短时性的限制。如在采样率为 8 kHz 且帧长为 20 ms 时，$N=160$。而 N_t 一般取 256、512、1024，为了将 $x_n(m)$的点数扩大为 N_t，可采用补 0 的办法，在扩大的部分添若干个 0 点，

然后再对添加 0 后的序列进行 FFT。

在语音信号数字处理中，功率谱具有重要意义。根据功率谱定义，可以写出短时功率谱与短时傅里叶变换之间的关系，即

$$S_n(e^{j\omega}) = X_n(e^{j\omega}) \cdot X_n^*(e^{j\omega}) = |X_n(e^{j\omega})|^2 \tag{2-14}$$

或者

$$S_n(k) = X_n(k) \cdot X_n^*(k) = |X_n(k)|^2 \tag{2-15}$$

其中：* 表示复共轭运算。理论上，功率谱 $S_n(e^{j\omega})$ 还是短时自相关函数 $R_n(k)$ 的傅里叶变换，即

$$S_n(e^{j\omega}) = |X_n(e^{j\omega})|^2 = \sum_{k=-N+1}^{N-1} R_n(k)e^{-j\omega k} \tag{2-16}$$

2. 声谱图

声音信号是一维信号，直观上只能看到时域信息，不能看到频域信息。通过傅里叶变换可以变换到频域，但是丢失了时域信息，无法看到时频关系。为了解决这个问题，可以采用短时傅里叶变换进行时频分析。

短时傅里叶变换(STFT)是对短时的信号作傅里叶变换。即对一段长语音信号，分帧、加窗，再对每一帧作傅里叶变换，将每一帧频谱的幅度映射到灰度级上，如 256 个灰度级，0 表示黑色，255 表示白色。幅度值越大，相应的区域越黑。将每一帧映射后的频谱按时间顺序组合，即可得到语音信号的声谱图。

用声谱图分析语音称为语谱分析，记录语谱图的仪器是语谱仪。从语谱图中可以看出基频、共振峰随时间变化的过程。语音处理中一般采用不同的窗长同时得到两种语谱图，分别为宽带语谱图及窄带语谱图。前者有高时间分辨率，后者有高频率分辨率。因此，语谱仪中一个带通滤波器，窄带为 45 Hz，宽带为 300 Hz。窄带语谱图有良好的频率分辨率及较差的时间分辨率，宽带声谱图有良好的时间分辨率及较差的频率分辨率。窄带声谱图中，时间坐标方向表示基音及各次谐波；而宽带声谱图给出语音的共振峰频率及清辅音的能量汇集区，其中共振峰呈现黑色条纹。

宽带声谱图的典型谱型包括：

(1) 宽横杠：表示元音的共振峰位置，即图中与水平时间轴平行的较宽的黑杠。不同元音共振峰不同，根据各横杠位置可区分不同元音。不同音的共振峰在纵轴上分布不同，不同人发音的共振峰位置不同，但分布结构类似。

(2) 垂直黑线：表示塞音或塞擦音，即图中与垂直频率轴平行的较窄的黑条，在时间上持续很短。在频率周上的集中区位置随不同辅音而不同。

(3) 摩擦乱纹：代表摩擦音或送气音的送气部分，表示为无规则的乱纹。

窄带声谱图的典型谱型包括：

(1) 窄横条：代表元音的基频及各次谐波，表现为图中与水平轴平行的细线条。窄横条频率周上的位置对应于高频率值，随时间轴的曲折、升降变化表示音高变化的模式，对应不同的调形。

(2) 无声间隙段：对应于语音停顿间隙，表现为空白区，在窄带语谱图及宽带语谱图及宽带语谱图中存在。

对于语音而言，图 2-6 语音信号声谱图中较黑的位置为频谱图中的峰值，是主要频率

成分。我们把这些峰值称为共振峰，它携带了声音的辨识属性，如个人身份证一样。观察共振峰及其转变可以用于声音的识别，还可以直接对比合成的语音和自然语音声谱图，直观地评估TTS(Text To Speech)系统的好坏。

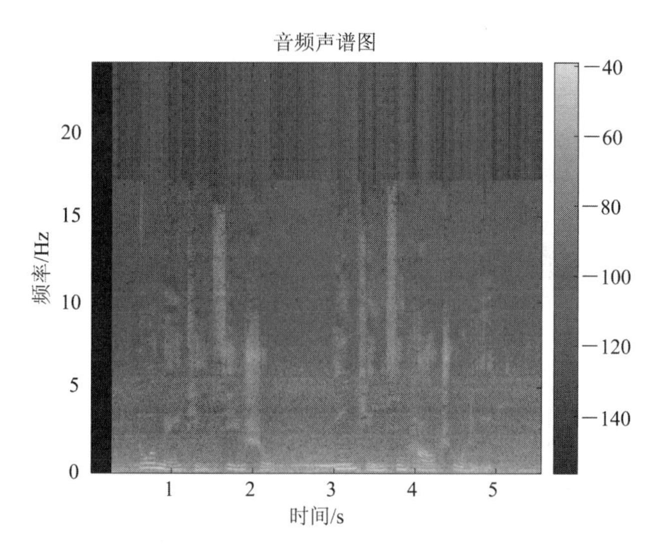

图2-6　语音信号声谱图

拓展与思考

现有的语音信号处理算法多是借鉴国外教材，因此语音素材多以英语发音为主。与同组同学收集大量的普通话语音素材，生成对应的声谱图，观察宽带声谱图和窄带声谱图，寻找典型的谱型并加以分析。

3. 倒谱

鉴于共振峰的重要性，我们需要在频谱图中提取共振峰的位置和转变过程，也就是需要提取由共振峰点组合成的频谱包络。

若时域信号为$x(n)$，其对应频域表达式为$X(k)=\mathrm{DFT}(x(n))$，将频域$X(k)$拆分为两部分乘积，即

$$X(k)=H(k)E(k) \tag{2-17}$$

其中：$H(k)$为包络，$E(k)$为频谱细节。对频域两边取对数可得：

$$\log(X(k))=\log(H(k))+\log(E(k)) \tag{2-18}$$

将其进行反傅里叶变换，可得

$$\mathrm{IDFT}(\log(X(k)))=\mathrm{IDFT}(\log(H(k)))+\mathrm{IDFT}(\log(E(k))) \tag{2-19}$$

所得时域信号为

$$x'(n)=h'(n)+e'(n) \tag{2-20}$$

此时获得的时域信号$x'(n)$即为倒谱，与原始时域信号$x(n)$不一样。这样原时域信号$x(n)$中用来辨别声音的低频包络部分和细节的高频部分分离，将两部分对应时域的卷积关系转化成了线性加关系。通过低通滤波，即可得到包络部分。

4. 梅尔谱和梅尔倒谱

人类听觉感知表明，人类听觉感知只聚焦在某些特性区域，而不是整个频谱包络。考

虑到人类听觉特征，可引入梅尔尺度滤波器组(Mel-scale filter banks)，将线性频谱映射到基于听觉感知的梅尔非线性频谱上。非线性频谱采用的是梅尔刻度，它是一种基于人耳对等距的音高(pitch)变化的感官判断而定的非线性频率刻度。它和频率的关系如下：

$$m = 2595 \lg\left(1 + \frac{f}{700}\right) \tag{2-21}$$

根据对数函数特性可知，当在梅尔刻度上面是均匀分布的话，对应赫兹之间的距离将会越来越大。这一特性符合人耳对低赫兹敏感、对高赫兹不敏感的特性。如图 2-7 所示 40 个三角滤波器组成滤波器组，低频处滤波器密集，门限值大，高频处滤波器稀疏，门限值低。如图 2-7(a)所示的等面积梅尔滤波器在人声领域(语音识别、说话人辨认等领域)应用广泛。但如果用到非人声领域，等面积梅尔滤波器则会丢失很多高频信息。因此在处理非人声信号时，多采用如图 2-7(b)所示的等高梅尔滤波器。

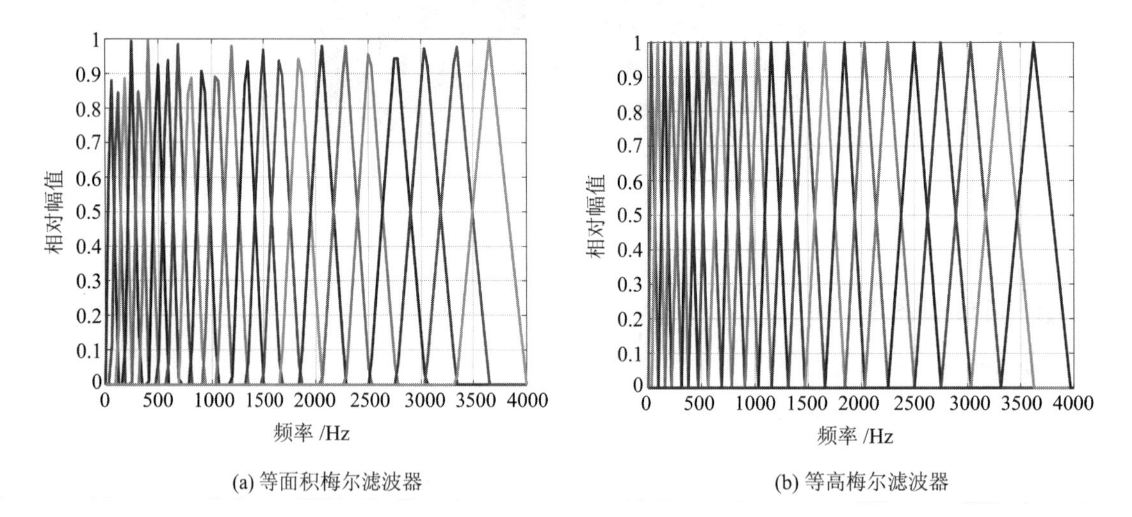

(a) 等面积梅尔滤波器　　(b) 等高梅尔滤波器

图 2-7　梅尔滤波器组

频谱通过一组梅尔滤波器计算得到梅尔频谱后，可以对梅尔频谱 $\log X_{\text{mel}}[k]$进行倒谱分析：

(1) 取对数：$\log X_{\text{mel}}[k]=\log H_{\text{mel}}[k]+\log E_{\text{mel}}[k]$。

(2) 进行逆变换：$x_{\text{mel}}[n]=h_{\text{mel}}[n]+e_{\text{mel}}[n]$。

在梅尔频谱上获得的倒谱系数就是梅尔频率倒谱系数，简称为梅尔频谱系数(Mel-Frequency Cepstral Coefficients，MFCC)。这样，语音信号就可以通过一系列倒谱向量来描述，每个向量就是每帧梅尔特征向量。根据这些倒谱向量可对语音进行识别。

2.3 语音增强

现实生活中，语音信号不可避免要受到周围环境的影响，尤其是噪声。语音增强是解决噪声污染的有效方法，其首要目标是在接收端尽可能从带噪语音信号中提取出纯净的语音信号，改善其质量。语音增强不仅涉及信号检测、波形估计等传统信号处理理论，而且与语音特性、人耳感知密切相关；在实际应用中，由于噪声的来源及种类各不相同，使噪声处理方法具有多样性。因此，要结合语音特性、人耳感知特性及噪声特性，根据实际情况选用合适的语音增强方法。

2.3.1 噪声特性

噪声可以是加性的，也可以是非加性的。加性噪声通常分为冲激噪声、周期噪声、宽带噪声、语音干扰等；非加性噪声主要是残响及传送网络的电路噪声(传输噪声)等。

1. 冲激噪声

放电、打火、爆炸都会引起冲激噪声。它的时域波形类似冲激函数的窄脉冲。去除冲激噪声影响的方法通常有两种：对带噪声语音信号的幅度求均值，将该均值作为判断阈，凡是超过该阈值的均判为冲激噪声，在时域中将其滤除；当冲激脉冲不太密集时，也可以通过某些点内插的方法避开或者平滑掉冲激点，从而从重建语音信号中去掉冲激噪声。

2. 周期噪声

周期噪声是指周期运转的机械所发出的噪声。50 Hz 交流电源也是周期噪声。在频谱图上周期噪声表现为离散的窄谱，通常可以采用陷滤波器方法予以滤除。

3. 宽带噪声

说话时同时伴随呼吸引起的噪声，随机噪声声源产生的噪声，以及量化噪声等都可以视为宽带噪声，近似为高斯白噪声或白噪声。其显著特点是噪声频谱普遍分布于语音信号频谱中，导致消除噪声比较困难。消除带宽噪声一般要采用非线性处理方法。

4. 语音干扰

语音干扰是指在通信系统中，当两个或多个语音信号在同一信道中同时传输时，它们之间可能产生的相互干扰。这种干扰可能来自其他用户的语音、回声、串扰或其他噪声源。可以利用基音频率的差异来区分有用语音和干扰语音。考虑到一般情况下两种语音的基音不同，也不成整倍数，因此可以用梳状滤波器提取基音和各次谐波，再恢复出有用语音信号。

5. 传输噪声

传输噪声主要为传输系统电路噪声。与背景噪声不同，传输噪声在时域内是语音和噪声的卷积。处理这种噪声可以采用同态处理的方法，把非加性噪声变换为加性噪声来处理。

2.3.2 滤波器法

1. 固定滤波器

在干扰平稳情况下，周期性噪声可采用固定滤波器法。常见的是 50 Hz 或 60 Hz 的交流声。滤出 60 Hz 成分很少采用高通滤波器，因为干扰由 60 Hz 的奇次谐波引起。一般采用固定滤波器可以消除这些成分。

数字滤波器中，适当地选择延迟线的长度可产生一个梳妆滤波器，而凹口位置取决于交流声的所有谐波。滤波器凹口由一个延迟器和加法器产生，系统函数为

$$H(z)=1-z^{-T} \tag{2-22}$$

适当选择 T 及采样率，可使零点与交流声谐波相重合。也可以增加反馈回路，如

$$H(z)=\frac{1-z^{-T}}{1-bz^{-T}} \tag{2-23}$$

其中：b 越接近 1 时，极点靠近零点，分母在零点附近处有抵消作用，导致梳齿变得很窄，通带较为平坦，陷波效果越好。

2. 自适应滤波器

自适应滤波器最重要的特性是能有效地在未知环境中跟踪时变的输入信号，使输出信号达到最优，因此可以用来构成自适应的噪声消除器。

若 $x(n)$ 为带噪语音信号($s(n)$ 为语音信号，$n(n)$ 为未知噪声信号)，$r(n)$ 为参考信号，设 $r(n)$ 与 $x(n)$ 无关而与 $n(n)$ 相关，$y(n)$ 为对 $r(n)$ 自适应滤波后的输出。滤波器系数用 LMS(Least Mean Square)准则估计，下式误差信号的能量为最小

$$e(n)=x(n)-y(n)=x(n)-\sum_{k=1}^{N} w_k r(n) \tag{2-24}$$

其中：N 为 FIR 滤波器的抽头数，$w_k(1\leqslant k\leqslant N)$ 为滤波器的权系数。若噪声与语音相互独立，则使 $e(n)$ 均方值最小就可以得到带噪语音中噪声的最佳估计。但若噪声与语音相关，则滤波器系数只能在语音间隔期进行更新。N 的取值与话筒间距有关，其相隔数米时，可取 $N>100$。

将式(2-24)表示为向量形式。设参考信号向量为 $\boldsymbol{r}(n)=[r_1(n),\cdots,r_N(n)]^{\mathrm{T}}$，自适应权向量为 $\boldsymbol{w}=[w_1,\cdots,w_N]^{\mathrm{T}}$，则

$$e(n)=x(n)-\boldsymbol{w}^{\mathrm{T}}\boldsymbol{r}(n) \tag{2-25}$$

系统输出的均方误差为

$$E[\mathrm{e}^2(n)]=E\{[x(n)-\boldsymbol{w}^{\mathrm{T}}\boldsymbol{r}(n)]^2\}=E\{[x(n)]^2\}-2\boldsymbol{r}_{rx}^{\mathrm{T}}\boldsymbol{w}+\boldsymbol{w}^{\mathrm{T}}\boldsymbol{R}_{rr}\boldsymbol{w} \tag{2-26}$$

其中：$\boldsymbol{r}_{rr}$ 为参考信号的自相关矩阵，且 $\boldsymbol{R}_{rr}=E\{\boldsymbol{r}(n)\boldsymbol{r}^H(n)\}$；$\boldsymbol{R}_{rx}$ 为带噪信号与参考信号的互相关向量，$\boldsymbol{r}_{rx}=E\{\boldsymbol{r}(n)\boldsymbol{x}^H(n)\}$。

式(2-26)表明，均方误差为权向量的二次函数，为一个上凹的抛物面，具有唯一的极小值。调节权向量，沿抛物面下降方向(即梯度方向)寻找最小值，可使均方误差最小。具体来说，令 $\partial\{E[\mathrm{e}^2(n)]\}/\partial w=0$，利用拉格朗日算子，得到 LMS 意义下的最优滤波器权，即

$$\boldsymbol{w}_{\mathrm{opt}}=\boldsymbol{R}_{rr}^{-1}\boldsymbol{r} \tag{2-27}$$

直接求解时，需要知道 $\boldsymbol{R}_{rr}$ 及 $\boldsymbol{r}$，且要对矩阵求逆，为此可采用其他一些方法，常用的是 LMS 梯度递推算法即最陡下降法。最陡下降法中，滤波器权的调整公式为

$$\boldsymbol{w}(n)=\boldsymbol{w}(n-1)+\mu e(n)\boldsymbol{r}(n) \tag{2-28}$$

其中：μ 为收敛因子，用于控制算法的收敛速度及稳定性，其取值为 $0<\mu<1/\lambda_{\max}$，而 $\lambda_{\max}$ 为 $\boldsymbol{R}_{rr}$ 中的最大特征值。由于梯度校准值是随机的，因而权向量以随机方式变化，因此也称为随机梯度下降法。

2.3.3 基于相关特性的语音增强

利用语音信号功率谱的特性，可以从带噪语音信号中减去宽带噪声，从而达到语音增强的目的。也就是，利用信号本身相关，而信号与噪声、噪声与噪声间可看作不相关的特

性，可以将带噪信号进行自相关处理，得到与纯净信号相同的自相关系数帧序列。

设带噪语音为

$$y(n)=x(n)+n(n) \tag{2-29}$$

其中：$x(n)$为纯净语音信号，$n(n)$为近似白噪声的噪声信号。考虑到它们的短时平稳的特性，计算的自相关函数为

$$\begin{aligned}R_{yy}(\tau)&=\frac{1}{T}\int_{-\infty}^{n}[y(n)y(n-\tau)]w(n)\mathrm{d}n\\&=\frac{1}{T}\int_{-\infty}^{n}[x(n)+n(n)][x(n-\tau)+n(n-\tau)]w(n)\mathrm{d}n\\&=\frac{1}{T}\int_{-\infty}^{t}\Big[x(n)x(n-\tau)+x(n)n(n-\tau)+n(n)x(n-\tau)+n(n)n(n-\tau)\Big]w(n)\mathrm{d}n\end{aligned} \tag{2-30}$$

其中：$w(n)$为短时平稳所加时间窗函数。式中第一项为纯净语音信号自相关，第二项到第三项分别为语音与噪声、噪声与噪声的相关函数。由于语音信号与噪声可认为互不相关，因此式中第二项到第三项的积分结果可认为近似为零或非常小。第四项为噪声与噪声的相关函数，假设噪声为白噪声，则其自相关函数为冲激函数。因此，式(2-30)即可化简为

$$R_{yy}(\tau)=R_{x}(\tau)+\delta\sigma_{n}^{2} \tag{2-31}$$

即 $R_{yy}(\tau)$与噪声无关，只约等于纯净语音信号的自相关函数 $R_{x}(\tau)$。所以，如果将自相关系数作为识别系统过的特征，就可以达到抗噪的目的。

由于自相关处理时会产生二次谐波，因此不宜直接用带噪语音信号的自相关系数作为识别特征，而是采用帧信号的平方的自相关系数作为识别特征。先将带噪语音信号进行开方，延迟一个周期后求解自相关系数；在求解自相关系数时通过相关峰分析确定波形的周期 T_{p}；在波形输出前切除一个周期的相关系数波形，再接续起来，使得处理后的信号不产生二次谐波。输出的波形就是经降噪处理后的特征信号波形。

2.3.4 减谱法

1. 减谱法的基本原理

减谱法是处理宽带噪声较为传统和有效的方法，其基本思想是在假定加性噪声与短时平稳的语音信号相互独立的条件下，从带噪语音的功率谱中减去噪声功率谱，从而得到较为纯净的语音频谱。

假设 $x(n)$为纯净语音信号，$n(n)$为近似白噪声的噪声信号，$y(n)$为带噪语音信号，则有：

$$y(n)=x(n)+n(n) \tag{2-32}$$

用 $X(\omega)$和 $N(\omega)$分别表示 $x(n)$和 $n(n)$经过傅里叶变换得到的频域信号，则有：

$$Y(\omega)=X(\omega)+N(\omega) \tag{2-33}$$

由于语音信号与加性噪声是相互独立的，因此有：

$$|Y(\omega)|^{2}=|X(\omega)|^{2}+|N(\omega)|^{2} \tag{2-34}$$

如果 $P_{x}(\omega)$和 $P_{n}(\omega)$分别表示纯净语音和噪声的功率谱，则有：

$$P_{y}(\omega)=P_{x}(\omega)+P_{n}(\omega) \tag{2-35}$$

由于平稳噪声的功率谱在发生前和发生期间可以基本认为没有变化，这样可以通过发生前的不含语音只含噪声的信号来估计噪声的功率谱 $P_n(\omega)$，从而有：

$$P_x(\omega)=P_y(\omega)-P_n(\omega) \tag{2-36}$$

这样减出来的功率谱即可认为是较为纯净的语音功率谱。再从这个功率谱恢复降噪后的时域信号。在具体运算时，为了防止出现负功率谱的情况，对减谱运算稍作调整，即为

$$P_x(\omega)=\begin{cases}P_y(\omega)-P_n(\omega), & P_y(\omega)\geqslant P_n(\omega)\\ 0, & P_y(\omega)<P_n(\omega)\end{cases} \tag{2-37}$$

在频域处理过程中只考虑了功率谱的变换，而最后 IFFT 中需要借助相位谱来恢复降噪后的语音时域信号。依据人耳对相位变化不敏感的特点，可使用原噪信号的相位谱代替估计后的语音信号 $y(n)$的相位谱来恢复降噪后的语音时域信号。

通过减谱法语音增强技术，可以使纯净语音的时域波形有明显的谐波细节，语谱图的能量主要集中在低频；添加噪声污染后，语音的波形细节被淹没，语谱图时频点也变得模糊；经过谱减法增强后，波形得到了明显的恢复，语谱图的噪声点被抑制，同时低频特征得到了保留，但是处理后产生了一定的语音失真，也就是中高频的一些本属于语音的时频点也有不同程度的削减。

2. 减谱法的改进形式

1）被减项加权值处理

传统的减谱法对整个语音段采用减去相同噪声功率谱的办法，实现语音增强。但在实际应用中，语音的能量往往集中在某些频段内，在这些频段内的幅度相对较高，尤其是共振峰处的幅度一般远大于噪声，导致传统的减谱法的实际处理效果不是很理想。另一方面，由于随机噪声(如随机白噪声)的能量统计特性服从高斯分布，因此噪声帧功率谱 $P_n(\omega)$也会随机变化，其最大、最小值之比往往达到几个数量级，而最大值与平均值之比可达 6～8 倍，只有对它作长期的平均才能得到较平坦的谱。因此，有时减谱后仍然会有较大的残余噪声。而如果某些较大功率分量的噪声未被去除，仍然保留在语音谱中则很容易产生纯音噪声。

因此，改进的方法一方面是在幅度较高的时帧处减去 $aP_n(\omega)(a>1)$，这样可以更好地突出语音谱，抑制纯音噪声，改善降噪性能；另一方面是在语音谱中保留少量的宽带噪声，在听觉上可以起到一定的掩蔽纯音噪声的作用。考虑到这两方面，改进后的减谱法公式如下：

$$P_x(\omega)=\begin{cases}P_y(\omega)-\alpha P_n(\omega), & P_y(\omega)\geqslant\alpha P_n(\omega)\\ \beta P_n(\omega), & P_y(\omega)<\alpha P_n(\omega)\end{cases} \tag{2-38}$$

其中：$\alpha>1$，$\beta\ll1$。实验表明，α 在辅音帧中取 3，在元音帧中取 4～5；β 取 0.01～0.5 可以取得较高的降噪及抑制纯音噪声的效果。同时对于应用改进后的方法，需要粗略地辨别语音帧是辅音帧还是元音帧，以确定 α 的取值。

2）功率谱修正处理

在计算功率谱时，可以将$|\cdot|^2$ 和$(\cdot)^2$改进为$|\cdot|^k$ 和$(\cdot)^{1/k}(k>0)$，从而得到新的更具一般性的减谱形式。这种方法可以增加灵活性，称为功率谱修正处理，修正后的功率谱为

$$|Y(\omega)|^k=|X(\omega)|^k+|N(\omega)|^k \tag{2-39}$$

令 $P_y(\omega)=|Y(\omega)|^k$、$P_x(\omega)=|X(\omega)|^k$、$P_n(\omega)=|N(\omega)|^k$，分别将其带入式(2-39)即可得减谱法的改进形式。

适当调节 α、β、k 的取值可以得到增强效果，其灵活性也不言而喻。

3) 具有输入幅值谱自适应的减谱法

由于传统的减谱法考虑噪声为平稳噪声，所以对于整个语音段、噪声功率以及权系数一般取相同的值。而实际环境下的噪声，例如展览会中的展示隔间的噪声是非平稳噪声，所以用相同的噪声功率是不确切的。同样，采用相同的权值，可能发生减除过度或过少问题，使得有的区间要么噪声消除不够，要么减除过多产生 $\hat{P}_x(\omega)$失真。为此，应该对传统的减谱法进行如下修改。首先，对于噪声功率估计，在整个区域用语音以外的当前输入帧功率，对噪声功率进行逐帧逐次更新，即

$$|N_n(\omega)|^2=(1-\beta)|N_{n-1}(\omega)|^2+\beta|X_n(\omega)|^2 \quad (0<\beta<1) \tag{2-40}$$

其次，为了避免产生减除过多或过少的问题，让权值 a 和输入语音功率相适应，可以根据语音功率谱值改变 a 值，其数学表达式为

$$a(n)=\begin{cases}C_1(|Y_n(\omega)|^2<\theta_1)\\ \dfrac{C_2-C_1}{\theta_2-\theta_1}|Y_n(\omega)|^2+C_1 \quad (\theta_1<|Y_n(\omega)|^2<\theta_2)\\ C_2(|Y_n(\omega)|^2>\theta_2)\end{cases} \tag{2-41}$$

其中：θ_1 和 θ_{12} 为门限阈值，C_1 和 C_2 为常数，它们可由实验确定。

为了更精确地适应非平稳噪声环境并优化语音增强算法，我们引入一个能量变化度量 $D(n)$，即

$$D(n)=\frac{\dfrac{1}{N}\sum_{i=1}^{N}y_n^2(i)}{\dfrac{1}{N}\sum_{i=1}^{N}s_n^2(i)} \tag{2-42}$$

其中：$s_n(i)$是第 n 帧处理后的值，$y_n(i)$为处理前的值。对于寂静段，处理前后平均能量变化较大，故 $D(n)$值较大，则处理前的值可以作为下一帧的噪声参加运算。但语音段与寂静段在低信噪比情况下有时也不易区分，而且时变的影响有时也会造成较大的误差。

2.3.5　基于维纳滤波的语音增强

根据随机信号理论，若语音为平稳过程，则维纳滤波对应时域的最小均方差估计。基于维纳滤波器，对带噪信号 $y(n)=x(n)+n(n)$，确定滤波器的单位冲激响应 $h(n)$，使带噪信号通过该滤波器的输出 $x'(n)$满足 $E[|x'(n)-x(n)|^2]$为最小。

1. 基本原理

设 $x(n)$和 $n(n)$均是短时平稳的，则维纳积分方程为

$$R_{xy}(\tau)=\int_{-\infty}^{\infty}h(\alpha)R_{yy}(\tau-\alpha)\mathrm{d}\alpha \tag{2-43}$$

进行傅里叶变换得：

$$P_{xy}(\omega)=H(\omega)P_{yy}(\omega) \tag{2-44}$$

从而得到：

$$H(\omega)=\frac{P_{xy}(\omega)}{P_{yy}(\omega)} \tag{2-45}$$

考虑到 $x(n)$ 与 $n(n)$ 相互独立，所以带噪信号谱是信号谱与噪声谱之和，即

$$P_{yy}(\omega)=P_x(\omega)+P_n(\omega) \tag{2-46}$$

又由于 $R_{xy}(\omega)=P_x(\omega)$，可得：

$$H(\omega)=\frac{P_x(\omega)}{P_x(\omega)+P_n(\omega)} \tag{2-47}$$

值得注意的是，推导过程是在短时平稳的前提条件下进行的，所以语音信号必须是加密后的短时帧信号。噪声功率谱 $P_n(\omega)$ 可由类似于减谱法中讨论过的方法得到；信号谱 $P_x(\omega)$ 可用带噪语音的功率谱减去噪声功率谱得到，即先对数帧带噪语音 $Y(\omega)$ 作平均 $E[|Y(\omega)|^2]$ 再减去噪声功率谱，也可以用数帧平滑 $|Y(\omega)|^2$ 来估计 $[|Y(\omega)|^2]$ 再减去噪声功率谱。每帧语音信号的功率谱为

$$X_0(\omega)=H(\omega)\cdot Y(\omega) \tag{2-48}$$

$X_0(\omega)$ 相位谱用 $Y(\omega)$ 相位谱来近似替代，由傅里叶变换得到降噪以后的语音信号时域表示。

2. 改进形式

类似于谱减法的改进形式，也可对维纳滤波器进行改进，即

$$H(\omega)=\left[\frac{P_x(\omega)}{P_x(\omega)+\alpha P_n(\omega)}\right]^\beta=\left[\frac{E\{|X_w(\omega)|^2\}}{E\{|X_w(\omega)|^2\}+\alpha E\{|N_w(\omega)|^2\}}\right]^\beta \tag{2-49}$$

其中：下标 w 代表加窗。改变 α 和 β，则 $H(\omega)$ 有不同特性。该式是 $\alpha=\beta=1$ 的特例。$\alpha=1$，$\beta=1/2$ 时，则式(2-49)相当于功率谱滤波，即去噪后的信号功率谱与纯净信号接近。

维纳滤波的优点是增强后的残留噪声类似于白噪声，而不是有节奏起伏的音乐噪声。维纳滤波法与减谱法相比，形式差别不大，可以认为是统一的。减谱法是一种最大似然估计，无需对其频谱分布进行假设；而维纳滤波为平稳条件下时域信号的最小均方差估计。对于人的听觉而言，语音幅度最重要，因此这两种算法均有局限性。

2.3.6 基于信号子空间分解的语音增强

通过大量实验表明，语音协方差矩阵有很多的零特征值，这说明纯净语音信号的能量只分布于其所在的特征空间的某个子集中，而噪声存在于整个带噪信号张成的空间中。基于子空间分解的语音增强方法的基本思想是将带噪语音信号映射(投影)到两个正交的子空间中，一个是信号加噪声子空间，或称信号子空间，其主要部分是语音信号；另一个是噪声子空间，只包含噪声。因而，去除噪声子空间中的成分后，仅由信号子空间中的语音信号分量就可估计(重构)原始语音信号。可采用奇异值分解和特征分解两种方法进行特征空间分解。

子空间分解的优点在于去噪效果好，语音失真小，音乐噪声较小。而一些常规的语音增强方法，如维纳滤波及减谱法等存在由剩余噪声所导致的音乐噪声问题。语音增强的方法可以分为两大类，一类是时域法，如子空间法；另一类是频域法，如减谱法、短时谱幅度的最小均方差估计及维纳滤波等。其中子空间法可以在语音信号失真与残留噪声间进行控

制。而频域法计算量较小，但无法对信号失真与残留噪声进行控制。减谱法计算量小，且可简单地控制语音信号失真与残留噪声，但去噪后存在音乐噪声。最小均方差和维纳滤波的计算量中等，但也无法去除残留噪声。

1. 信号与噪声的线性模型与子空间描述

设观测的带噪信号向量为

$$\boldsymbol{x}=\boldsymbol{s}+\boldsymbol{n} \tag{2-50}$$

其中：$\boldsymbol{x}=[x_1, x_2, \cdots, x_k]^{\mathrm{T}}$，$\boldsymbol{s}=[s_1, s_2, \cdots, s_K]^{\mathrm{T}}$ 为信号向量，$\boldsymbol{n}=[n_1, n_2, \cdots, n_K]^{\mathrm{T}}$ 为加性噪声；设噪声与语音信号相互独立，且均值为0。

由于信号与噪声不相关，即 $E[\boldsymbol{sn}^H]=0$，因此带噪语音信号的协方差矩阵为

$$\boldsymbol{R}_x=E[\boldsymbol{xx}^H]=\boldsymbol{R}_s+\boldsymbol{R}_n \tag{2-51}$$

其中：$\boldsymbol{R}_s$ 为原始信号的协方差矩阵，$\boldsymbol{R}_n$ 为噪声协方差矩阵。

设 K 为带噪语音信号所张成的空间 C^K 的维度。假定语音空间位于 M 维子空间中，且 $M<K$，则空间 C^K 可以分解为两个子空间，即信号子空间和噪声子空间。

纯净语音信号可用线性模型表示，即

$$\boldsymbol{s}=\boldsymbol{Ep} \tag{2-52}$$

其中：$\boldsymbol{p}=[p_1, p_2, \cdots, p_K]^{\mathrm{T}}$ 为均值随机向量，$\boldsymbol{E}$ 为 $K\times M$ 阶矩阵，其秩为 M。$M<K$ 时，所有信号向量$\{\boldsymbol{s}\}$可以构成由 $\boldsymbol{E}$ 的列向量张成的子空间，即信号空间，它的秩为 M。而噪声子空间记为$\boldsymbol{E}^{\perp}$，其秩为 $K-M$，仅包含噪声向量。

向量 $\boldsymbol{s}$ 的协方差矩阵为

$$\boldsymbol{R}_s=E[\boldsymbol{ss}^H]=\boldsymbol{ER}_p\boldsymbol{E}^{\mathrm{T}} \tag{2-53}$$

其中：$\boldsymbol{R}_p$ 为 $\boldsymbol{p}$ 的协方差矩阵。设 $\boldsymbol{R}_p$ 正定，则它的秩为 M，它有 M 个正定的特征值及 M 个零特征值。

下面考虑噪声，若噪声为白噪声，则有：

$$\boldsymbol{R}_n=E[\boldsymbol{nn}^H]=\sigma_n^2\boldsymbol{I} \tag{2-54}$$

其中：σ_n^2 为噪声方差。式(2-54)表明 $\boldsymbol{R}_n$ 的秩为向量空间维数 K，且特征值均为 σ_n^2。噪声过程满秩，其张成空间为 C^K。因而噪声不仅存在于信号子空间的补空间(噪声子空间)中，也存在于信号子空间中。

带噪语音信号可表示为

$$\boldsymbol{x}=\boldsymbol{Ep}+\boldsymbol{n} \tag{2-55}$$

那么协方差矩阵可以进一步写为

$$\boldsymbol{R}_x=\boldsymbol{R}_s+\boldsymbol{R}_n=\boldsymbol{ER}_p\boldsymbol{E}^{\mathrm{T}}+\boldsymbol{R}_n \tag{2-56}$$

对 $\boldsymbol{R}_x$ 特征分解，有 $\boldsymbol{R}_x=\boldsymbol{Q\Lambda}_x\boldsymbol{Q}^{\mathrm{T}}$，其中 $\boldsymbol{Q}$ 为由 $\boldsymbol{R}_x$ 的各特征向量构成的正交矩阵，$\boldsymbol{\Lambda}_x$ 为 $\boldsymbol{R}_x$ 的 K 个特征值构成的 K 维对角阵。$\boldsymbol{\Lambda}_x$ 的特征中有 M 个较大的特征值；而其余 $K-M$ 个特征值很小，均为0。这 M 个较大的特征值称为主特征值，相对应的 M 个特征向量称为主特征向量。

根据线性模型对纯净语音信号进行估计，即

$$\hat{\boldsymbol{s}}=\boldsymbol{Hx} \tag{2-57}$$

其中：$\hat{\boldsymbol{s}}$ 为对 $\boldsymbol{s}$ 的一个线性估计，$\boldsymbol{H}$ 为 $K\times K$ 维的估计矩阵。

对语音原始语音的估计分为时域约束和频域约束两种。其目的是保持残差信号能量的同时，使估计信号的失真最小。其中，时域约束估计是使每帧残差噪声能量低于某阈值，而频域约束估计是尽兴残差噪声的频谱约束，即保证每个频谱分量的残差噪声低于给定的阈值。

2. 时域约束估计

原始语音信号的估计误差为

$$\boldsymbol{\varepsilon}=\hat{\boldsymbol{s}}-\boldsymbol{s}=(\boldsymbol{H}-\boldsymbol{I})\boldsymbol{s}+\boldsymbol{H}\boldsymbol{n}=\boldsymbol{\varepsilon}_s+\boldsymbol{\varepsilon}_n \tag{2-58}$$

其中：$\boldsymbol{\varepsilon}_s$ 表示信号失真，$\boldsymbol{\varepsilon}_n$ 表示剩余噪声。相应的能量分别为

$$\bar{\boldsymbol{\varepsilon}}_s^2=E[\boldsymbol{\varepsilon}_s\boldsymbol{\varepsilon}_s^{\mathrm{T}}]=\mathrm{tr}(E[\boldsymbol{\varepsilon}_s\boldsymbol{\varepsilon}_s^{\mathrm{T}}])=\mathrm{tr}(E[\boldsymbol{H}\boldsymbol{R}_s\boldsymbol{H}^{\mathrm{T}}-\boldsymbol{H}\boldsymbol{R}_s-\boldsymbol{R}_s\boldsymbol{H}^{\mathrm{T}}+\boldsymbol{R}_s]) \tag{2-59}$$

$$\boldsymbol{\varepsilon}_n=E[\boldsymbol{\varepsilon}_n\boldsymbol{\varepsilon}_n^{\mathrm{T}}]=\mathrm{tr}(\boldsymbol{H}\boldsymbol{R}_n\boldsymbol{H}^{\mathrm{T}}) \tag{2-60}$$

估计的目的是使信号失真能量最小，因而最优估计矩阵应为

$$\boldsymbol{H}_{\mathrm{opt}}=\min[\bar{\boldsymbol{\varepsilon}}_s^2] \tag{2-61}$$

同时满足时域约束条件$\frac{1}{K}\bar{\boldsymbol{\varepsilon}}_n^2\leqslant\sigma^2$，其中 σ^2 为正常数。上述条件极值问题可用拉格朗日乘数法来求其最优解，即

$$\boldsymbol{H}_{\mathrm{opt}}=\boldsymbol{R}_s[\boldsymbol{R}_s+\mu\boldsymbol{R}_n]^{-1} \tag{2-62}$$

其中：μ 为拉格朗日算子。

噪声为白噪声时，可利用特征分解，即

$$\boldsymbol{R}_s=\boldsymbol{U}\boldsymbol{\Lambda}_s\boldsymbol{U}^{\mathrm{T}} \tag{2-63}$$

其中：$\boldsymbol{\Lambda}_s$ 为 $\boldsymbol{R}_s$ 的各特征值构成的对角阵，$\boldsymbol{U}$ 为归一化 $\boldsymbol{R}_s$ 的特征向量矩阵。此时，由于 $\boldsymbol{R}_n=\sigma_n^2\boldsymbol{I}$，因此式(2-62)可以进一步写为

$$\boldsymbol{H}_{\mathrm{opt}}=\boldsymbol{U}\boldsymbol{\Lambda}_s[\boldsymbol{\Lambda}_s+\mu\sigma_n^2\boldsymbol{I}]^{-1} \tag{2-64}$$

其中：μ 的取值影响语音信号质量，可用于在残留噪声和语音信号失真间进行折中。其取值较大时可以去除更多的噪声，但会引入较大的信号失真；相反，其取值较小时可减小信号失真但会导致较多的残留噪声，因此应合理选取。

3. 对色噪声的处理方法

上述结论均基于在噪声为白噪声的假设下得到，但其不再满足色噪声，因此对色噪声来说，上述结论无法直接应用。为了解决这一问题，可以采用一种预处理策略，即对带噪声的信号进行预白化处理。具体方法是将带噪声的信号与一个特定的滤波器相乘，以消除信号中的相关性，计算公式如下：

$$\tilde{\boldsymbol{x}}=(\boldsymbol{R}_n)^{\frac{1}{2}}\boldsymbol{s}+(\boldsymbol{R}_n)^{\frac{1}{2}}\boldsymbol{n}=\tilde{\boldsymbol{s}}+\tilde{\boldsymbol{n}} \tag{2-65}$$

由前面白噪声下的估计结果 $\boldsymbol{H}_{\mathrm{opt}}$ 得到色噪声下的估计结果 $\widetilde{\boldsymbol{H}}$：

$$\widetilde{\boldsymbol{H}}=(\boldsymbol{R}_n)^{\frac{1}{2}}\boldsymbol{H}_{\mathrm{opt}}(\boldsymbol{R}_n)^{\frac{1}{2}} \tag{2-66}$$

其中：$(\boldsymbol{R}_n)^{1/2}$ 为色噪声协方差矩阵的平方根。

但是，由于预白化的方法无法保证信号失真最小，也无法保证残余噪声能量在空间上的分布与纯净信号相似，因此预白化方法不是最优方法。为此，引入酉矩阵 $\boldsymbol{V}$ 对 $\boldsymbol{R}_s$ 和 $\boldsymbol{R}_n$ 对角化，即

$$\boldsymbol{\Lambda}_s = \boldsymbol{V}\boldsymbol{R}_s\boldsymbol{V}^{\mathrm{T}} \tag{2-67}$$

$$\boldsymbol{I} = \boldsymbol{V}\boldsymbol{R}_n\boldsymbol{V}^{\mathrm{T}} \tag{2-68}$$

其中：$\boldsymbol{\Lambda}_s$ 与 $\boldsymbol{V}$ 分别为$(\boldsymbol{R}_n)^{-1}\boldsymbol{R}_s$ 的特征根组成的对角阵及相应的特征矩阵，即$(\boldsymbol{R}_n)^{-1}\boldsymbol{R}_s = \boldsymbol{V}\boldsymbol{\Lambda}_s$。设 $\boldsymbol{R}_s$ 为正定矩阵，则 $\boldsymbol{\Lambda}_s$ 为实矩阵，且 $\boldsymbol{V}$ 不是正交的。因为 $\boldsymbol{R}_s$ 的秩为 M，因而$(\boldsymbol{R}_n)^{-1}\boldsymbol{R}_s$ 的秩也为 M。利用$(\boldsymbol{R}_n)^{-1}\boldsymbol{R}_s$ 的特征分解替代 $\boldsymbol{R}_n$ 的特征分解，得到子空间滤波器的广义形式为

$$\widetilde{\boldsymbol{H}}_{\mathrm{opt}} = \boldsymbol{V}^{-T}\boldsymbol{\Lambda}_s(\boldsymbol{\Lambda}_s + \mu\boldsymbol{I})^{-1}\boldsymbol{V}^{\mathrm{T}} \tag{2-69}$$

式(2-69)可直接用于色噪声。奇异值分解能够区分出信号和噪声的子空间，并允许对它们进行独立处理，可以更有效地处理信号中的色噪声成分。通过精确地识别和分离信号和噪声，奇异值分解增强了语音信号的清晰度，同时降低了背景噪声的影响，这使得语音增强技术可以应用于更多样化的环境，包括那些具有复杂噪声背景的实际场景。

本章小结

本章首先对数字音频数字化和预处理进行了简要介绍。从语音特性和人耳感知特性的角度讨论了音频信号的特性，并通过时频域分析对语音信号进行了简要解释。结合语言特性、人耳感知特性以及噪声特性，介绍了几种常见的语音增强方法，包括滤波器法、减谱法、基于相关特性的语音增强、基于维纳滤波的语音增强以及基于信号子空间分解的语音增强。

第3章

数字图像增强

在图像的形成、存储和传输过程中，常常会出现图像质量下降的情况。举例来说，在无线传输过程中，由于无线信道的带宽有限，量化操作可能导致接收图像丢失细节信息，从而降低图像质量。另外，在雾天拍摄的交通道路图像中，雾霾的影响会导致整体对比度不强，进而降低图像质量。

为了改善这些问题，图像增强成为一种常用的方法之一。它根据特定要求对图像的感兴趣部分进行处理，以突出有用的图像特征并抑制不需要的信息，从而提升图像的主观视觉效果。根据处理作用域的不同，图像增强方法可以分为空间域和频率域两大类。空间域方法直接对图像的像素值进行处理，而频率域方法则将图像转换到频域后进行处理。通过选择适合的增强方法，可以有效地提升图像质量和视觉效果。

本章将深入介绍图像增强的基本概念、方法和应用。将探讨传统的图像增强方法，如直方图均衡化、滤波和空间域增强等。在学习图像增强之前，将首先了解图像增强的重要性以及其在图像处理和计算机视觉领域的应用。无论是在医学影像、卫星图像还是数字摄影等领域，图像增强都扮演着至关重要的角色。接下来，将详细介绍传统的图像增强方法。将学习如何利用直方图均衡化来优化图像的对比度，如何选择和应用滤波器进行噪声去除和边缘增强，以及如何通过空间域增强方法来调整图像的亮度、对比度和色彩平衡。最后，将探讨图像增强在各种领域中的实际应用。通过了解这些应用案例，读者将能够更好地理解图像增强的实际应用场景和挑战。

通过本章的学习，读者将全面了解图像增强的基本知识和方法，并能够应用这些技术解决实际的图像处理问题。图像增强技术在图像处理和计算机视觉领域具有广泛的应用和潜力，为提高图像质量和可靠性提供了强有力的手段。希望本章的内容能够激发读者对图像增强的兴趣，并启发其进一步研究和应用相关技术。

3.1 图像灰度变换

灰度级修正是图像增强技术中一种基础且直接的空间域图像处理方法。当图像曝光不足或曝光过度时，图像的灰度值会受限于一个较小的范围，导致图像层次缺失且视觉效果较差。为了解决这个问题，我们可以改变图像的像素灰度值，以扩展图像的灰度值动态范围或增强图像的对比度，从而提高图像的层次感或突出图像的特征。这类方法被称为图像的灰度变换。图像的灰度变换通过建立灰度映射来调整目标图像的灰度，从而达到图像增强的目的。通过灵活运用灰度变换，可以有效改善图像的质量和视觉效果。

3.1.1　灰度直方图统计

在图像进行处理之前需了解图像整体或局部的灰度分布情况，我们可以通过灰度直方图(Histogram)分析图像的灰度分布。灰度直方图通过统计的方法描述图像各个灰度级出现的频率，包括图像的灰度范围、每个灰度级出现的概率，以及图像的平均亮度和对比度等，这些信息将为进一步处理图像提供重要的基础和指导。

1. 灰度直方图的基本原理

灰度直方图的基本思想是数量的统计。如果将图像中灰度值看成随机变量，则其分布情况就反映了图像的统计特性。灰度直方图是灰度级的函数，表示图像中某种灰度值的个数，反映了每个灰度值出现的频数。

2. 灰度直方图的定义

若图像的灰度值总数为 L，像素总数为 n，灰度值 k 有 n_k 个，则该灰度值出现的概率为

$$p(k)=\frac{n_k}{n}\quad (k=0,1,2,\cdots,L-1) \tag{3-1}$$

并且可知 $\sum_{k=0}^{L-1}p(k)=1$ 成立。 如图 3-1 所示，灰度直方图的横坐标为灰度级，纵坐标为灰度级出现的频数。

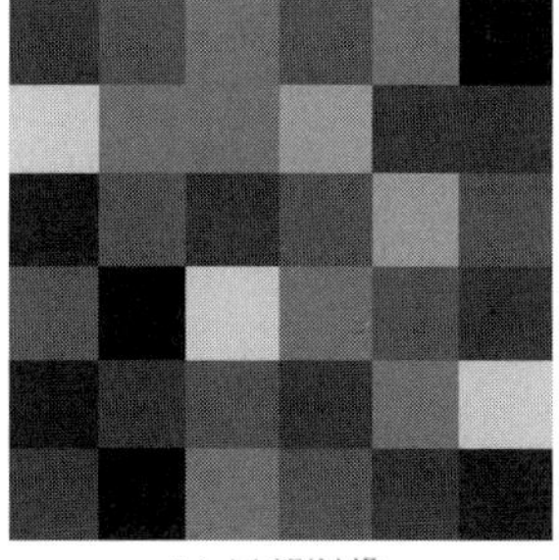

(a) 局部图像

2	3	4	3	4	0
6	4	4	5	2	2
1	3	2	3	5	3
3	0	6	4	3	2
1	2	3	2	4	6
2	0	4	3	2	1

(b) 局部图像像素值

灰度值	0	1	2	3	4	5	6	7
频数	3	3	9	9	7	2	3	0

(c) 局部图像直方图统计

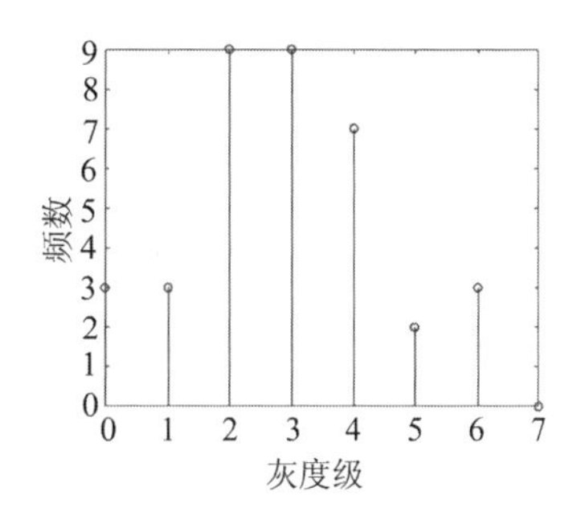

(d) 局部图像直方图

图 3-1　图像灰度直方图

3. 灰度直方图的性质

由灰度直方图的定义可知，图像灰度直方图具有如下 3 个性质：

(1) 图像空间位置信息缺失。由于灰度直方图仅对灰度值出现次数进行统计，因此该灰度值对应像素在图像中的位置被忽略，导致直方图缺乏空间位置信息。

(2) 图像与灰度直方图之间的多对一映射关系。根据灰度直方图的定义可知，任意一幅图像都对应唯一一个灰度直方图。但由于灰度直方图位置信息缺失，因此，只要灰度值出现频率的分布相同，则一个灰度直方图可对应不同的多幅图像。

(3) 直方图的可叠加性。由于灰度直方图是各灰度值出现频数的统计值，若将一幅图像分成几个互不交叠的子图，则该图像的灰度直方图就等于各子灰度直方图的叠加。

3.1.2 灰度线性变换

灰度线性变换是将图像像素值通过指定的线性函数对灰度值进行变换，以此增强或减弱图像的灰度。若原图像 $f(x, y)$ 的灰度范围为 $[a, b]$，改变后新图像 $g(x, y)$ 的灰度范围为 $[c, d]$，则线性变换函数可设计为

$$g(x, y)=\frac{d-c}{b-a}[f(x, y)-a]+c \tag{3-2}$$

其中：灰度值的动态范围由斜率 $k=\dfrac{d-c}{b-a}$ 决定，k 的取值影响灰度线性变换的效果。

如图 3-2 所示，可以看到：

(1) 当 $k>1$ 时，可用于增强图像对比度。图像像素值在变换后整体增大，灰度分布被拉伸，图像对比度增大。

(2) 当 $k=1$ 时，可用于调节图像亮度，即让图像各个像素值都增加或者减少一定量。通过改变 c 值达到增强或者减少亮度的目的。当 $c\geqslant 0$ 时，灰度变化曲线将整体上移，灰度分布整体向右平移，图像亮度增加。

(3) 当 $0\leqslant k\leqslant 1$ 时，图像对比度和整体效果都被削弱，灰度分步被集中在一段区域上。k 值越小，图像灰度分布越窄，图像显得越灰暗。

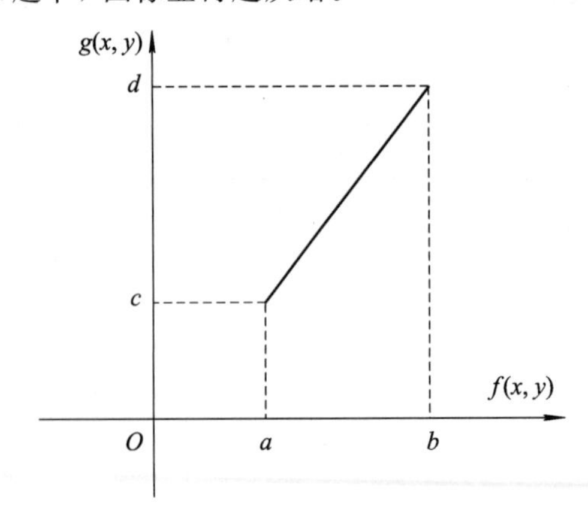

图 3-2 灰度的线性变换

值得注意的是，当 $k=-1$ 时，原图像中的黑色像素变换成新图像中的白色像素，原图像中的白色像素变换成新图像中的黑色像素，该灰度线性变换称为反转变换。

拓展阅读

分段线性变换可同时满足突出感兴趣的灰度区间、抑制不感兴趣的灰度区间的需求。

（1）若原图像 $f(x, y)$ 的灰度值范围为 $[0, M]$，其中大部分像素灰度值分布在 $[a, b]$ 区域，则可采用式(3-3)来调整灰度值分布的范围，即

$$g(x, y)=\begin{cases} c, & 0 \leqslant f(x, y)<a \\ \dfrac{d-c}{b-a}[f(x, y)-a]+c, & a \leqslant f(x, y)<b \\ d, & b \leqslant f(x, y)<M \end{cases} \tag{3-3}$$

（2）若原图像 $f(x, y)$ 在灰度值 0 或者 M 附近有干扰噪声，可采用三段折现法，通过调整折线拐点，对区间 $[0, a]$ 和 $[b, M]$ 进行压缩，对区间 $[a, b]$ 进行扩展，即

$$g(x, y)=\begin{cases} \dfrac{c}{a} f(x, y), & 0 \leqslant f(x, y)<a \\ \dfrac{d-c}{b-a}[f(x, y)-a]+c, & a \leqslant f(x, y)<b \\ \dfrac{M-d}{M-b}[f(x, y)-b]+d, & b \leqslant f(x, y)<M \end{cases} \tag{3-4}$$

3.1.3　灰度非线性变换

灰度非线性变换是将图像像素值通过指定的非线性函数进行变换，达到增强或减弱图像灰度的目的。设原始图像为 $f(x, y)$，变换后的目标图像为 $g(x, y)$，下面将依次介绍常见的非线性函数对数变换、幂次变换和指数变换。

1. 对数变换

对数变换的基本表达式为

$$g(x, y)=\frac{1}{b} \log (1+f(x, y)) \tag{3-5}$$

其中：b 为一个正常数，用以控制对数函数曲线的弯曲程度。当灰度值较小时对数函数的斜率较大，而当灰度值较大时对数函数的斜率较小，因此该变换可扩展图像的低灰度级，同时压缩高灰度级。

2. 幂次变换

幂次变换的基本表达式为

$$g(x, y)=c f(x, y)^{r} \tag{3-6}$$

其中：c 和 r 均为正数。与对数变换相比，幂次变换将部分灰度区域映射到更宽的区域中。当 $r=1$ 时，幂次变换转变成为线性变换。

3. 指数变换

指数变换的基本表达式为

$$y = b^{c(f(x,y)-a)} - 1 \tag{3-7}$$

其中：b、c 控制曲线形状，a 控制曲线的左、右位置。指数变换函数的曲线在灰度值较低时保持较小的斜率，而在灰度值较高的时候斜率较大，因此该变换可扩展图像的高灰度级，同时压缩低灰度级。

3.1.4 图像直方图均衡

直方图均衡化，也称为灰度均衡化，是图像灰度变换中一种有效的方法。它通过对原始图像中的像素灰度进行某种映射变换，使得变换后的图像的灰度直方图呈现出均匀分布的特征。这意味着图像中像素灰度值的动态范围被增大，从而达到增强图像对比度的效果。通过直方图均衡化，可以有效改善图像的视觉质量。它可以增加图像中不同灰度级别的数量，使得图像的细节更加清晰，色彩更加丰富。同时，直方图均衡化还能够提高图像的视觉对比度，使得目标区域更加突出，更容易被观察和分析。在实际应用中，直方图均衡化被广泛应用于图像增强、图像识别和计算机视觉等领域。它是一种简单而有效的方法，可以快速改善图像的质量，并且适用于不同类型的图像。因此，了解和掌握直方图均衡化技术，对于图像处理领域的学习和应用具有重要意义。

1. 基本原理

对于连续图像，设 r 代表图像中的像素灰度值，作归一化处理后，r 被限定在[0，1]之间，即 $0 \leqslant r \leqslant 1$；经变换后图像的灰度值为 s，归一化后 $0 \leqslant s \leqslant 1$。对[0，1]区间内的任意一个 r 值进行如下变换：

$$s = T(r) \tag{3-8}$$

也就是说，通过上述变换，每个原始图像的像素灰度值 r 都对应产生一个 s 值。变换函数 $T(r)$需满足如下条件：

(1) 在 $0 \leqslant r \leqslant 1$ 区间内，$T(r)$为单调递增函数。该条件可保证图像的灰度值从白到黑的次序不变。

(2) 对于 $0 \leqslant r \leqslant 1$，有 $0 \leqslant T(r) \leqslant 1$，可保证映射变换后的像素灰度值在容许的范围内。

从 s 到 r 的反变换则为

$$r = T^{-1}(s) \tag{3-9}$$

由于 $s = T(r)$是单调递增的，因此它的反函数 $r = T^{-1}(s)$也是单调函数。

2. 连续灰度均衡变换函数推导

由概率论可知，变换后的图像灰度值的概率密度函数 $p_s(s)$可表示为

$$p_s(s) = p_r(r)\frac{\mathrm{d}r}{\mathrm{d}s} \tag{3-10}$$

若转换后图像灰度均匀分布，有 $p_s(s) = 1$，则：

$$\mathrm{d}s = p_r(r)\mathrm{d}r = \mathrm{d}T(r) \tag{3-11}$$

两边取积分得：

$$s=T(r)=\int_0^r p_r(t)\mathrm{d}t \tag{3-12}$$

式(3-12)中是所求的变换函数，可同时满足条件 1 和 2。当变换函数 $T(r)$是原图像的累积分布函数时，可产生一幅概率密度分布均匀的图像，即可达到均衡化的目的。

3. 离散灰度均衡

对于图像而言，灰度值是离散的，其离散概率密度函数为

$$p(r_k)=\frac{n_k}{n} \tag{3-13}$$

则对应的离散灰度变换函数为

$$s_k=T_{r_k}=\sum_{i=0}^{k}p(r_i)=\sum_{i=0}^{k}\frac{n_i}{n}\quad(0\leqslant r_i\leqslant 1,\ k=0,\ \cdots,\ L-1) \tag{3-14}$$

原输入图像中灰度值 r_k 的各像素会被映射到一个新的灰度值，即直方图均衡化后图像灰度值 s_k。

4. 直方图均衡化步骤

(1) 计算元图像的归一化灰度值及其分布概率，$p(r_k)=n_k/n(k=0,\ \cdots,\ L-1)$。

(2) 根据直方图均衡化公式来求变换函数的各级灰度值 s_k。

(3) 将所得变换函数的各灰度值转化成标准灰度值，即把第(2)步求得的各 s_k 值，按照靠近原则近似到与原图像灰度值相同的标准灰度值。在此过程中，均衡化后的图像中存在的灰度值，其对应的像素个数不为零；若在变换后图像中不存在该灰度值，则其像素个数设为零。

(4) 求新图像中的各灰度值的像素数目以及分布概率 $p_s(s_k)$。根据前一步转换后的结果，对各级灰度值的个数进行统计，如 m_k，进而求得各灰度值的分布概率 $p_s(s_k)$，$p_s(s_k)=m_k/n$。

(5) 画出均衡化后的新图像的直方图。

【例 3-1】 假定一幅图像共有 6×6 个像素，灰度级数为 8，各像素灰度值如图 3-3 所示，试对其进行直方图均衡化。

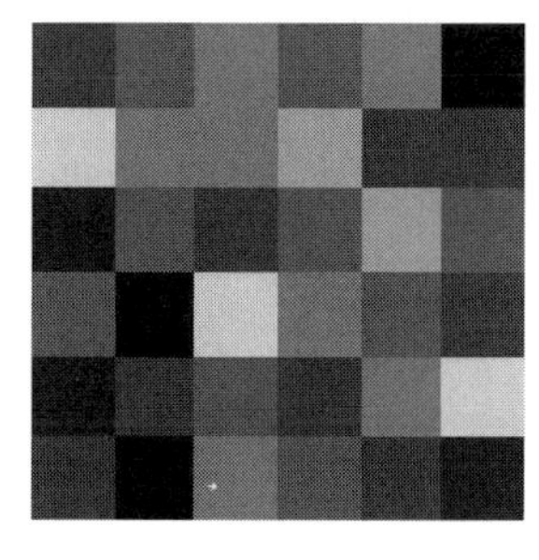

(a) 灰度图

2	3	4	3	4	0
6	4	4	5	2	2
1	3	2	3	5	3
3	0	6	4	3	2
1	2	3	2	4	6
2	0	4	3	2	1

(b) 灰度值图

图 3-3　灰度值图

解 由式(3-13)可以得到概率密度函数，即

$$p_0=\frac{3}{36},\ p_1=\frac{3}{36},\ p_2=\frac{9}{36},\ p_3=\frac{9}{36},$$

$$p_4=\frac{7}{36},\ p_5=\frac{2}{36},\ p_6=\frac{3}{36}$$

由式(3-14)可得到变换函数，即

$$s_0=\sum_{i=0}^{0}p_r(r_i)=p_r(r_0)=\frac{3}{36}\approx\frac{1}{7}$$

$$s_1=\sum_{i=0}^{1}p_r(r_i)=p_r(r_0)+p_r(r_1)=\frac{6}{36}\approx\frac{1}{7}$$

$$s_2=\sum_{i=0}^{2}p_r(r_i)=p_r(r_0)+p_r(r_1)+p_r(r_2)=\frac{15}{36}\approx\frac{3}{7}$$

$$s_3=\sum_{i=0}^{3}p_r(r_i)=p_r(r_0)+p_r(r_1)+p_r(r_2)+p_r(r_3)=\frac{24}{36}\approx\frac{5}{7}$$

$$s_4=\sum_{i=0}^{4}p_r(r_i)=p_r(r_0)+p_r(r_1)+p_r(r_2)+p_r(r_3)+p_r(r_4)=\frac{31}{36}\approx\frac{6}{7}$$

$$s_5=\sum_{i=0}^{5}p_r(r_i)=p_r(r_0)+p_r(r_1)+p_r(r_2)+p_r(r_3)+p_r(r_4)+p_r(r_5)$$

$$=\frac{33}{36}\approx\frac{6}{7}$$

$$s_6=\sum_{i=0}^{6}p_r(r_i)=p_r(r_0)+p_r(r_1)+p_r(r_2)+p_r(r_3)+p_r(r_4)+p_r(r_5)+p_r(r_6)$$

$$=\frac{36}{36}=1$$

值得注意的是，根据图像灰度级数，只能对图像取 8 个等间隔的灰度值，变换后的值也只能选择最靠近的一个灰度的值。根据上述数值可知在新图像中各级灰度值的个数，具体如下：

(1) 不存在值为 0 的灰度值，新图像中对应灰度值的像素个数为 $m_0=0$。

(2) 存在值为 1/7 的灰度值，新图像中对应灰度值的像素个数为 $m_1=n_0+n_1=3+3=6$。

(3) 不存在值为 2/7 的灰度值，新图像中对应灰度值的像素个数为 $m_2=0$。

(4) 存在值为 3/7 的灰度值，新图像中对应灰度值的像素个数为 $m_3=n_2=9$。

(5) 不存在值为 4/7 的灰度值，新图像中对应灰度值的像素个数为 $m_4=0$。

(6) 存在值为 5/7 的灰度值，新图像中对应灰度值的像素个数为 $m_5=n_3=9$。

(7) 存在值为 6/7 的灰度值，新图像中对应灰度值的像素个数为 $m_6=n_4+n_5=9$。

(8) 存在值为 1 的灰度值，新图像中对应灰度值的像素个数为 $m_6=n_6=3$。

进而得到新图像中各级灰度级的分布概率 $p_s(s_k)=m_k/36$。原图像分布密度图、变换函数图以及新图像的分布密度可在如图 3-4 所示的图像的直方图均衡化中查看细节。

(a) 原始图像的直方图

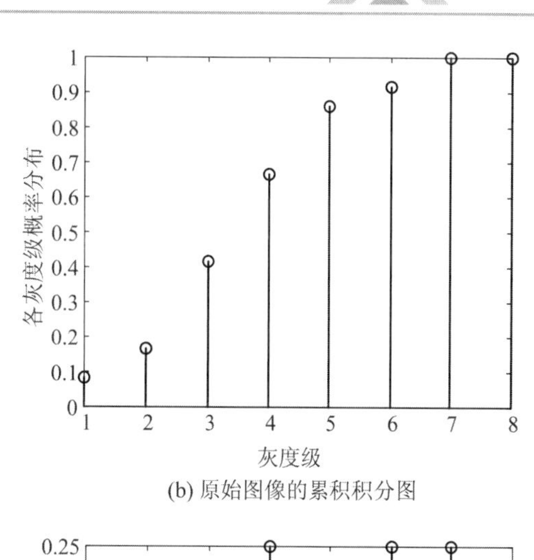

(b) 原始图像的累积积分图

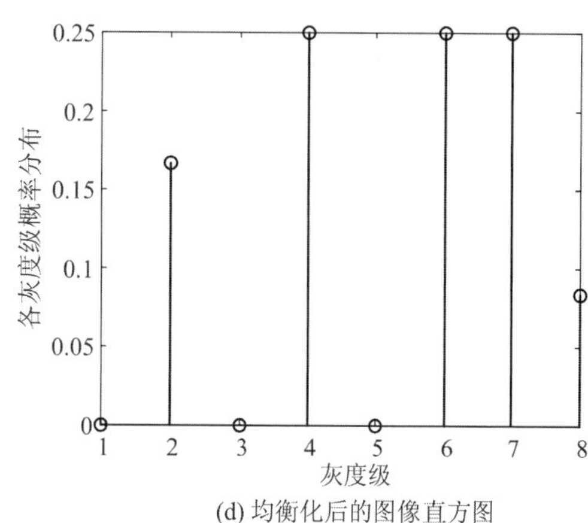

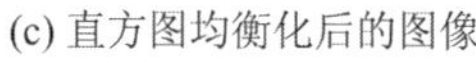
(c) 直方图均衡化后的图像

(d) 均衡化后的图像直方图

图 3-4　图像的直方图均衡化

3.1.5　直方图规定化

在 3.1.4 小节中我们学习了灰度均衡化的方法，它通过使用图像自身的累积分布函数来实现均衡化，从而得到具有均匀直方图的输出图像。然而，如果我们希望获得具有特定直方图的输出图像，有目的地增强某个灰度范围内的对比度，或者使图像呈现特定的分布，那么就需要使用直方图规定化(Histogram Specification)，也被称为直方图匹配。

直方图规定化是一种通过建立原始图像和目标直方图之间的关系来控制原始图像直方图形状的方法。我们可以通过将原始图像中的像素值按照一定规则映射到目标直方图的灰度范围内，从而改变原始图像的直方图分布。这样就可以实现对图像有目的的对比度增强，并得到符合我们要求的特定直方图。具体可以通过如下几步实现：

(1) 对原始图像作灰度均衡处理，即

$$s=T(r)=\int_0^r p_r(t)\mathrm{d}t$$

(2) 对直方图匹配的图像作灰度均衡处理，即

$$v=T(z)=\int_0^z p_z(\lambda)\mathrm{d}\lambda$$

(3) 令 $s=v$，则有：

$$z=F^{-1}(v)=F^{-1}(s)=F^{-1}[T(r)]$$

其中：T 是输入图像均衡的离散函数；F 是标准图像灰度均衡的离散函数；F^{-1} 是参考图像均衡化的逆映射，即为均衡化处理的逆过程。由此可得到具有规定化概率密度函数的图像。在实际处理中，需要利用上述公式的离散形式。

直方图规定化是一种通过建立原始图像和目标直方图之间的关系来控制原始图像直方图形状的方法。可以通过将原始图像中的像素值，按照一定规则映射到目标直方图的灰度范围内来改变原始图像的直方图分布。这样就可以实现对图像有目的的对比度增强，并得到符合要求的特定直方图，如图 3－5 所示。

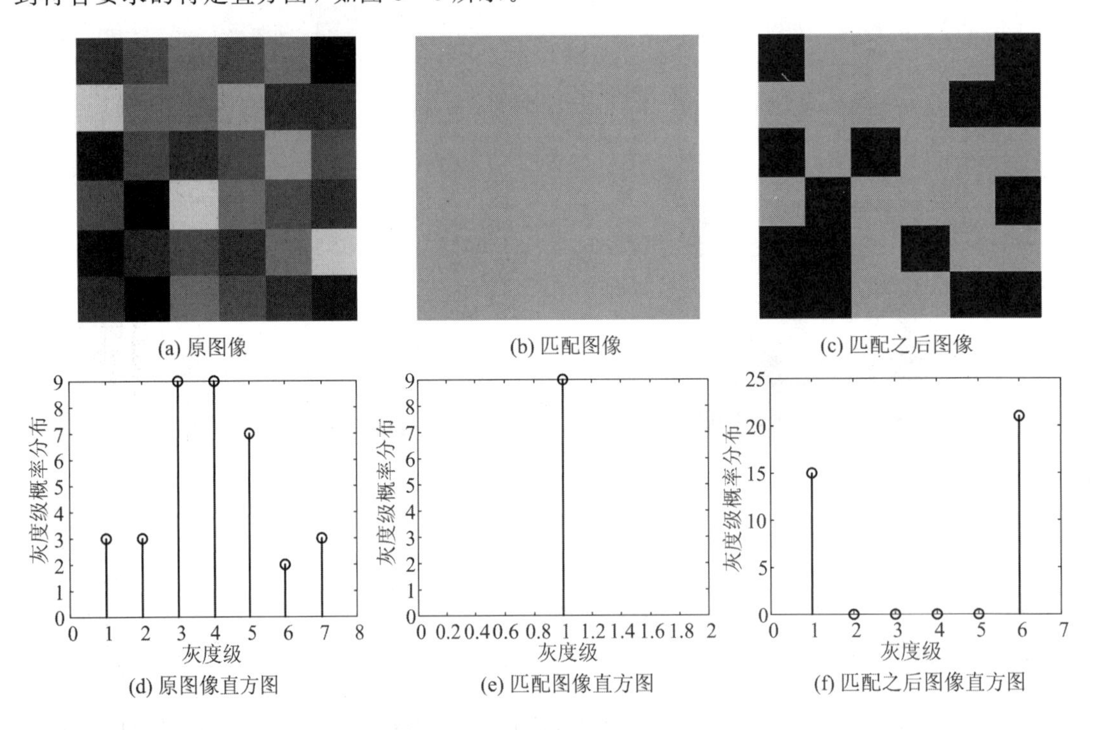

(a) 原图像 (b) 匹配图像 (c) 匹配之后图像

(d) 原图像直方图 (e) 匹配图像直方图 (f) 匹配之后图像直方图

图 3－5 图像的直方图规定化

拓展阅读

直方图均衡化可有效调节图像的对比度，是图像增强的有效手段。后面又有学者提出自适应直方图均衡化(Adaptive Histogram Equalization，AHE)算法。与普通的直方图均衡化算法不同，自适应的直方图均衡化算法通过计算图像的局部直方图重新分布亮度来改变图像的对比度。自适应直方图均衡化算法更适合于改进图像的局部对比度，获得更多的图像细节，但可能会过度放大图像中的相同区域内的噪声，而采用对比度有限的自适应直方图均衡化(Contrast Limited Adaptive Histogram Equalization，CLAHE)算法可以改进这一弱点。

拓展与讨论

尝试对如图 3－6 所示的两幅图像分别进行直方图均衡或者对比度有限的自适应直方图均衡，观察实验结果，思考直方图均衡法适用的范围。

提示：可以以这两幅图像的直方图为切入点，回顾直方图均衡化原理。

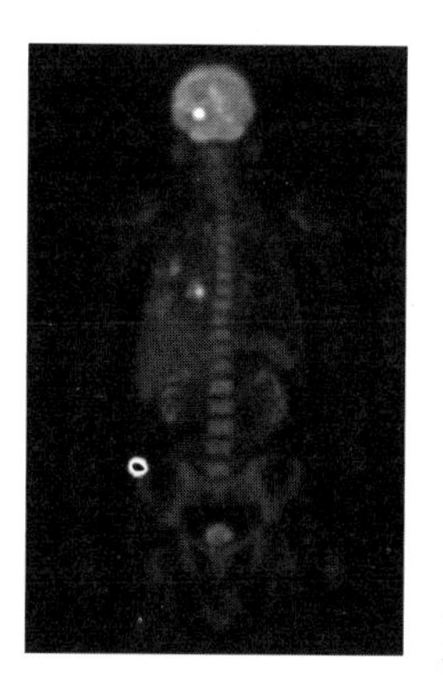

图 3－6　对比度不均衡的图像

3.2 图像平滑

在图像的形成、传输和接收过程中，各种噪声的影响是不可避免的，这会导致图像质量的下降。噪声会使原本均匀且连续变化的灰度值出现突变，从而给图像带来虚假的边缘轮廓。为了改善图像质量，可以使用图像平滑的方法。图像平滑是减弱、抑制或消除噪声的一种基本方法。它的目标是在尽量保持图像细节的同时，对噪声进行平滑处理。

3.2.1　卷积积分与邻域运算

1. 卷积数学形式

卷积积分，简称卷积，是信号处理中一个重要的运算。通过两个函数 f 和 g 生成第三个函数的数学算子，用以表示函数 f 经过翻转和平移的 g 的重叠部分的累和。本小节中涉及的每一种处理方法，归根到底都是卷积运算。下面我们简单回顾卷积的概念。

（1）一维连续函数的卷积定义为

$$g(x)=\int_{-\infty}^{+\infty} f(x')h(x-x')\mathrm{d}x' \tag{3-15}$$

若为离散函数，则式(3－15)表示为

$$g(x)=\sum_{-\infty}^{+\infty} f(x')j(x-x') \tag{3-16}$$

由卷积得到的函数 g 一般比 f 和 h 都要光滑。特别地，当 h 为具有紧支集的光滑函数，f 为局部可积时，它们的卷积 h 也是光滑函数。利用这一性质，对于任意的可积函数 f，都可以简单地构造出一列逼近于 f 的光滑函数列 f'，这样可以达到函数的光滑目的。

(2) 二维连续函数的卷积定义为

$$g(x, y)=\int_{-\infty}^{+\infty}\int_{-\infty}^{+\infty} f(x', y')h(x-x', y-y')\mathrm{d}x'\mathrm{d}y' \tag{3-17}$$

若为离散函数，则式(3-17)表示为

$$g(x, y)=\sum_{-\infty}^{+\infty}\sum_{-\infty}^{+\infty} f[x', y']h[x-x', y-y'] \tag{3-18}$$

如果 $f[x, y]$和 $g[x, y]$表示图像，则卷积运算即对像素点的加权计算，冲激响应 $h[x, y]$可以看成一个卷积模板。具体来说，通过平移卷积模板 $h[x, y]$使其中心移动到像素点$[x, y]$处，并计算模板与像素点$[x, y]$邻域加权后输出响应值 $g[x, y]$，其中各加权值就是卷积模板中的对应值。

2. 卷积积分与邻域处理

模板是卷积运算的核心。常见的 3×3 的模板有：

$$\boldsymbol{H}_1=\frac{1}{16}\begin{bmatrix}1 & 2 & 1\\ 2 & 4 & 2\\ 1 & 2 & 1\end{bmatrix} \qquad \boldsymbol{H}_2=\frac{1}{8}\begin{bmatrix}0 & 1 & 0\\ 1 & 4 & 1\\ 0 & 1 & 0\end{bmatrix}$$

图像处理中的卷积都是针对某像素的邻域进行的，即某个像素点的结果不仅仅与本像素点灰度有关，而且与其邻域点的值有关。其本质就是对图像邻域像素的加权求和得到输出像素值，其中加权矩阵称为卷积核。如图 3-7 所示为卷积运算示意图。

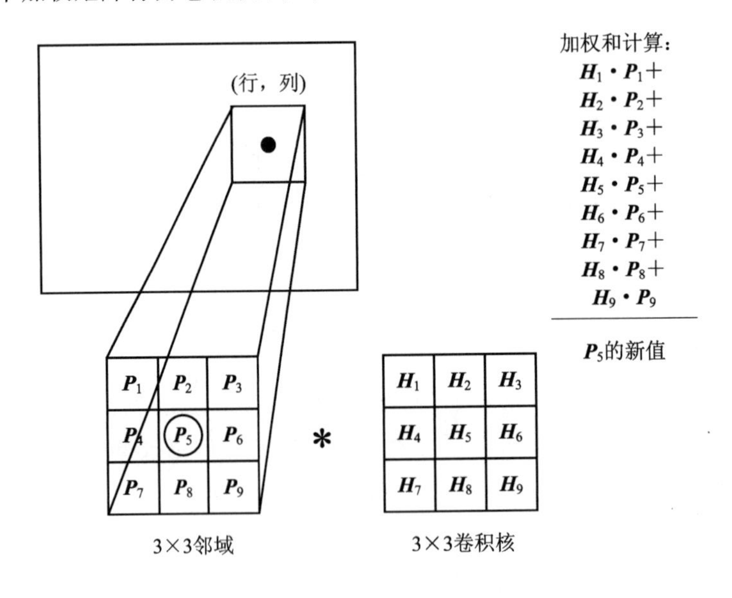

图 3-7 卷积运算示意图

在对图像进行卷积运算时，原始数据与结果数据是分开保存的，对原始数据分块处理，在处理过程中保持原始数据不变，最终得到完整的结果数据。因此，用卷积对图像进行处理时，原始图像各部分的处理顺序不会对处理结果造成影响。

拓展思考

模板大小是否可以选择偶数大小，例如2×2、4×4等，为什么？

答案 邻域处理中的模板大小只能为奇数大小。根据卷积运算，邻域处理输出值用以替换模板中心所覆盖原图像位置的像素值。若模板大小为偶数，那么模板中心无法覆盖于原图像像素点。

拓展思考

当图像上的移动模板移到图像边界时，原图像中找不到与模板中加权系数相对应的像素值则无法进行邻域运算。例如，当模板为

$$\boldsymbol{H}=\frac{1}{9}\begin{bmatrix}1 & 1 & 1\\1 & 1 & 1\\1 & 1 & 1\end{bmatrix}$$

原图像为

$$\boldsymbol{F}=\begin{bmatrix}1 & 2 & 3 & 4 & 5 & 6\\1 & 2 & 3 & 4 & 5 & 6\\1 & 2 & 3 & 4 & 5 & 6\\1 & 2 & 3 & 4 & 5 & 6\\1 & 2 & 3 & 4 & 5 & 6\\1 & 2 & 3 & 4 & 5 & 6\end{bmatrix}$$

经过模板操作后的图像为

$$\boldsymbol{G}=\begin{bmatrix}— & — & — & — & — & —\\— & 2 & 3 & 4 & 5 & —\\— & 2 & 3 & 4 & 5 & —\\— & 2 & 3 & 4 & 5 & —\\— & 2 & 3 & 4 & 5 & —\\— & — & — & — & — & —\end{bmatrix}$$

其中"—"表示无法进行模板操作的像素点。此时该如何处理边界问题呢？

答案 解决这个问题可以采用两种简单方法，一种方法是忽略图像边界的数据；另一种方法是原图像四周复制原图像边界像素值，保证当模板悬挂在图像四周时可以进行卷积运算。

3.2.2　图像平滑

1. 图像噪声

在图像中，大部分的噪声被认为是随机噪声，这些噪声对于每个像素的影响可以看作是孤立的。常见的图像噪声类型包括高斯噪声、泊松噪声、乘性噪声和椒盐噪声。不同类型的噪声对图像的灰度值产生不同的影响，因此对图像进行处理时需要采用不同的方法。下面将详细介绍高斯噪声和椒盐噪声，并讨论它们对图像的影响。

1）高斯噪声

高斯噪声通常出现在拍摄照片时明暗不均匀、光线不足，或者由于电路元件的自身噪声和相互影响，或者长时间工作导致传感器温度过高时。高斯噪声是指噪声的概率密度函数服从高斯分布(也称为正态分布)。它的幅度服从高斯分布，而功率谱密度却呈现均匀分布，因此也被称为高斯白噪声。其数学表达式为

$$f(x)=\frac{1}{\sqrt{2\pi\sigma^2}}e^{\frac{-(x-\mu)^2}{2\sigma^2}} \tag{3-19}$$

其中：x 表示灰度值，μ 表示平均值，σ 表示标准差。高斯白噪声的二阶矩不相关，一阶矩为常数。

由图 3-8 可知，随着高斯白噪声的方差增大，高斯噪声对图像的影响逐渐明显。当 $\sigma^2=1$ 时，图像质量下降严重。具体而言，通过图 3-9 可知，高斯噪声叠加在原图像上，图像中的每一个像素值都会发生改变。值得注意的是，当高斯噪声方差较大时，图像中的像素值改变成为 0 或者 255，即白色或黑色。

(a) 原图像

(b) 含有高斯噪声图像($\mu=0$，$\sigma^2=0.01$)

(c) 含有高斯噪声图像($\mu=0$，$\sigma^2=0.1$)

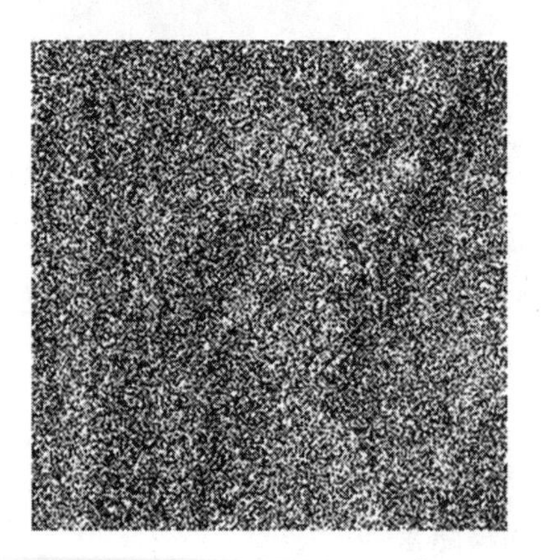

(d) 含有高斯噪声图像($\mu=0$，$\sigma^2=1$)

图 3-8　高斯噪声对图像的影响

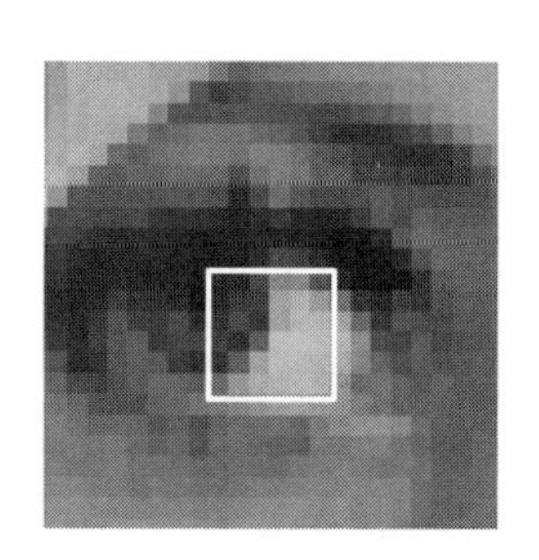

89	55	66	93	65	186
80	86	82	62	119	205
74	60	71	117	186	205
125	118	139	179	196	202
133	144	154	162	174	182
118	99	125	136	132	137

61	63	33	38	87	133
107	91	135	105	160	194
73	56	64	149	157	150
83	95	88	198	157	156
154	117	164	184	155	186
132	86	178	144	153	95

255	25	130	0	255	30
0	0	0	176	0	0
115	255	255	255	255	255
53	255	255	255	255	89
0	57	0	0	175	255
255	255	157	106	96	74

图3-9　高斯噪声对图像像素点的影响

2）椒盐噪声

椒盐噪声是指图像中随机出现的黑白像素点。这种噪声常常由于图像的损坏、传输错误或不完善的采集设备引起。椒盐噪声会在图像中引入明显的亮斑和暗斑，对图像的质量产生明显影响。其数学表达式为

$$\delta(n)=\begin{cases}P_a, & n=a \\ P_b, & n=b \\ 0, & \text{其他}\end{cases} \tag{3-20}$$

脉冲噪声点的明暗程度与 a、b 的取值有关，a 和 b 中较大的表示为亮点，较小的表示为暗点。对于256灰度图，可设置为 $a=255$，$b=0$，即白色为亮点、黑色为暗点。

由图3-10可知，随着椒盐噪声的发生概率增大，椒盐噪声出现次数增多，对图像的影

(a) 原图像

(b) 含椒盐噪声图像(d=0.01)

(c) 含椒盐噪声图像(d=0.1)

图3-10　椒盐噪声对图像的影响

响逐渐明显。为了更好地理解椒盐噪声对图像带来的影响，我们取图 3－9 中的一部分，将其灰度值用矩阵表示(见图 3－11(a))。通过图 3－11(b)和(c)可知，椒盐噪声与高斯噪声不同，椒盐噪声只改变图像像素点的部分值，其他值保持不变。随着 d 的增大，灰度值变为 0 和 255 的概率增多。

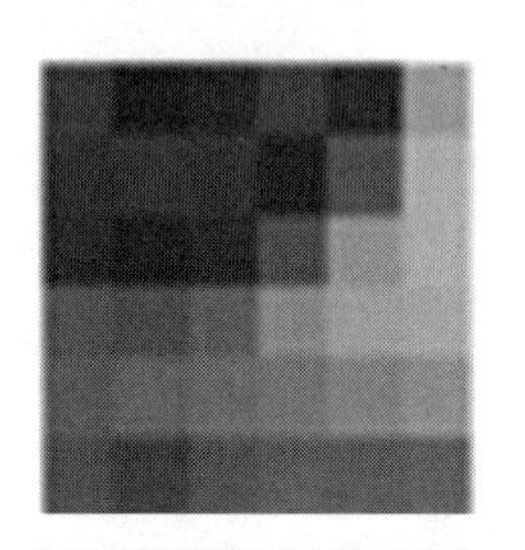

89	55	66	93	65	186
80	86	82	62	119	205
74	60	71	117	186	205
125	118	139	179	196	202
133	144	154	162	174	182
118	99	125	136	132	137

(a) 原图像

89	55	66	93	65	186
80	86	82	62	119	205
74	0	71	117	186	205
125	118	139	179	196	202
133	144	154	162	174	182
118	99	125	136	132	137

(b) 含椒盐噪声图像(d=0.01)

89	55	255	255	0	186
80	86	82	62	119	205
74	0	0	117	186	205
125	118	139	179	196	202
133	144	154	0	0	182
118	99	125	136	132	137

(c) 含椒盐噪声图像(d=0.1)

图 3－11　椒盐噪声对图像像素点的影响

2. 邻域平均法

邻域平均法又叫均值滤波法，是对含噪声的原图像 $f(x, y)$的每个像素点取一个邻域 N，用 N 中所有的像素的灰度平均值，作为邻域平均处理后的图像 $g(x, y)$的像素值，即

$$g(x, y)=\frac{1}{M}\sum_{(i, j)\in N} f(i, j) \tag{3-21}$$

其中：N 为不包括本点(x, y)的邻域中各像素点的集合，M 为邻域 N 中像素的个数。常用的邻域有 4-邻域 N_4 和 8-邻域 N_8。

(1) 4-邻域的模板为

$$\boldsymbol{H}_1=\frac{1}{4}\begin{bmatrix}0 & 1 & 0\\ 1 & 0 & 1\\ 0 & 1 & 0\end{bmatrix}$$

若对图像(x, y)进行 4-邻域平均，那么计算公式为

$$\begin{aligned}g(x, y)&=\frac{1}{4}\sum_{(i, j)\in N_4} f(i, j)\\ &=\frac{1}{4}[f(x-1, y)+f(x, y-1)+f(x, y+1)+f(x+1, y)]\end{aligned} \tag{3-22}$$

(2) 8-邻域的模板为

$$\boldsymbol{H}_2=\frac{1}{8}\begin{bmatrix}1 & 1 & 1\\ 1 & 0 & 1\\ 1 & 1 & 1\end{bmatrix}$$

若对图像(x, y)进行 8-邻域平均，那么计算公式为

$$\begin{aligned}g(x, y)&=\frac{1}{8}\sum_{(i, j)\in N_8} f(i, j)\\ &=\frac{1}{8}[f(x-1, y-1)+f(x, y-1)+f(x+1, y-1)+f(x-1, y)+\\ &\quad f(x+1, y)+f(x-1, y+1)+f(x, y+1)+f(x+1, y+1)]\end{aligned} \tag{3-23}$$

值得注意的是，当邻域内像素灰度相同时，得到的卷积运算结果与原像素灰度相同，这样就可以保证简单平滑处理不会对图像造成新的噪声影响。若用 8-邻域平均法对图像进行平滑处理，则其结果如图 3－12 所示。图 3－12 中计算结果按照四舍五入进行了调整，对边界像素不进行处理。

1	2	1	4	3
1	6	2	3	4
3	7	2	8	9
5	9	6	7	8
4	6	1	3	2

1	2	1	4	3
1	2	4	4	4
3	4	6	5	9
5	4	5	5	8
4	6	1	3	2

图 3－12　8-邻域平均法平滑处理示意图

邻域平均法是一种简单且计算速度快的图像平滑算法，但在一定程度上会导致图像的模糊化。一般来说，邻域平均法的平滑效果与所采用的模板大小有关。当选用的模板越大时，平滑效果越强，但同时也会导致图像越模糊。因此，模板大小对平滑结果有重要影响。例如，在图 3－13 中，随着模板大小的增大，邻域处理后得到的图像模糊程度也随之增加。

(a) 原图像

$$\boldsymbol{H}_1=\frac{1}{4}\begin{bmatrix}0 & 1 & 0\\ 1 & 1 & 1\\ 0 & 1 & 0\end{bmatrix}$$

(b) 邻域滤波(模板1)

$$\boldsymbol{H}_2=\frac{1}{8}\begin{bmatrix}1 & 1 & 1\\ 1 & 0 & 1\\ 1 & 1 & 1\end{bmatrix}$$

(c) 邻域滤波(模板2)

图 3－13　采用邻域处理后的效果

因此，在图像平滑处理中选择合适大小的模板非常重要，以尽量减小图像的模糊程度。这也是图像平滑处理研究中的主要问题之一。需要权衡模板大小与平滑效果之间的关系，选择适当的模板大小来平衡图像的细节保留和噪声抑制。通过合理选择模板大小，可以在充分抑制噪声的同时，尽量保持图像的细节和清晰度，从而得到更好的图像平滑结果。

为了减小这种效应，可以采用阈值法，根据设定的准则对图像进行平滑。例如，仅对受到噪声影响很大的像素点进行邻域平均法处理，即

$$g(x, y)=\begin{cases}\dfrac{1}{M}\sum\limits_{(i, j)\in N} f(i, j), & \left|f(x, y)-\dfrac{1}{M}\sum\limits_{(i, j)\in N} f(i, j)\right|>T \\ f(x, y), & \text{其他}\end{cases} \tag{3-24}$$

其中：T 是预先设定的阈值。当某些像素点的灰度值与其邻域像素点的灰度平均值差别比较大时，将邻域平均后的灰度值替换受噪声影响后的图像。这样处理后可以较好地平衡噪声与图像细节之间的关系，在去除噪声的同时，较好的保持图像细节。

3. 中值滤波

图像的中值滤波是一种非线性信号处理方法。不同于线性平滑算法，中值滤波不是简单地利用模板对邻域内像素灰度进行加权平均，而是通过对窗口内的奇数个像素的灰度数值进行排序，并取出序列中位于中间位置的灰度值座位中心像素灰度。与邻域平均法相比，中值滤波在少量离散噪声的消除方面效果比较明显。

对于一维序列 $f_1, f_2, \cdots, f_n$，取窗口长度(点数)为 m(m 为奇数)，对该序列进行中值滤波，即从输入序列 $f_1, f_2, \cdots, f_n$ 中相继抽出 m 个数 $f_{i-u}, \cdots, f_{i-1}, f_i, f_{i+1}, \cdots, f_{i+u}$，其中 f_i 为窗口中心点值，$u=(m-1)/2$，再将这 m 个点的值按大小排序，取其序号为中心点的那个值作为中值滤波的输出。其数学表达式为

$$y_i=\mathrm{Med}\{f_{i-u}, \cdots, f_{i-1}, f_i, f_{i+1}, \cdots, f_{i+u}\}, i \in N, u=\frac{m-1}{2} \tag{3-25}$$

如图 3-14 所示，采用 1×3 窗口对一维数组中第 4 个灰度值进行中值滤波，按从小到大排序后，取序号为中心点的那个值作为输出，替换原图中的灰度值。

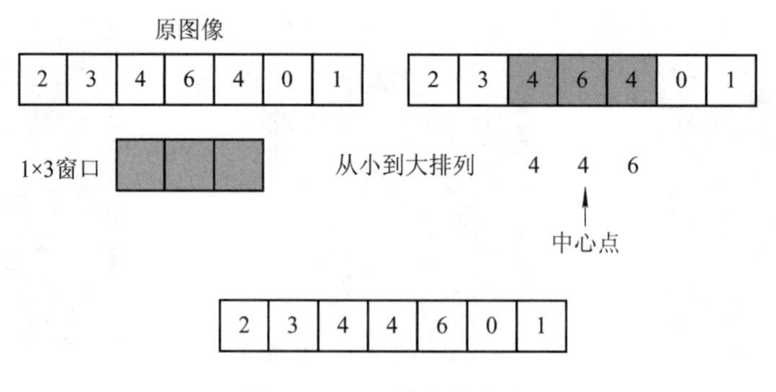

图 3-14 一维中值滤波

对于二维序列$\{\boldsymbol{F}_{ij}\}$进行中值滤波时，滤波窗口也是二维的。二维序列的中值滤波可以表示为

$$y_{ij}=\mathrm{Med}_W\{\boldsymbol{F}_{ij}\}, W \text{ 为滤波窗口} \tag{3-26}$$

如图 3-15 所示，采用 3×3 窗口对一维数组中第 4 个灰度值进行中值滤波，按从小到

大排序后，取序号为中心点的那个值作为输出，替换原图中的灰度值。

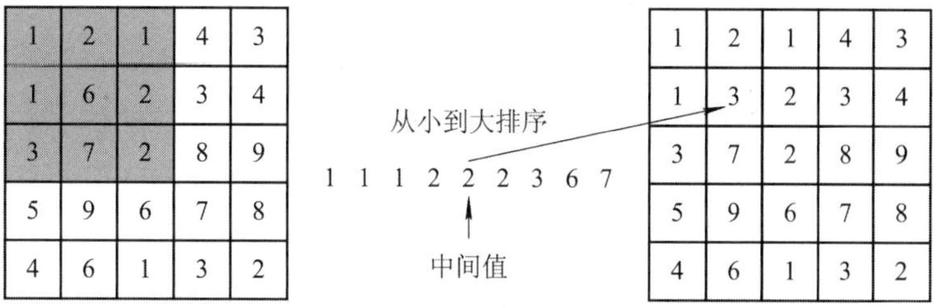

1	2	1	4	3
1	6	2	3	4
3	7	2	8	9
5	9	6	7	8
4	6	1	3	2

从小到大排序

1 1 1 2 2 2 3 6 7

中间值

1	2	1	4	3
1	3	2	3	4
3	7	2	8	9
5	9	6	7	8
4	6	1	3	2

图 3 - 15　二维中值滤波

中值滤波的关键是选择合适的窗口形状和大小。不同的形状和大小的滤波窗口会呈现不同的滤波效果。常用的中值滤波采样窗口及数字表示如图 3 - 16 所示。值得注意的是，根据中值滤波的基本原理，窗口内像素灰度值排序后的中间位置的灰度作为结果，因此采样窗口通常覆盖奇数个像素。

```
* * * * *        *              *          *   *   *
* * * * *        *            * * *          * * *
* * * * *    * * * * *      * * * * *      * * * * *
* * * * *        *            * * *          * * *
* * * * *        *              *          *   *   *


1 1 1 1 1    0 0 1 0 0          1          1   1   1
1 1 1 1 1    0 0 1 0 0        1 1 1          1 1 1
1 1 1 1 1    1 1 1 1 1      1 1 1 1 1      1 1 1 1 1
1 1 1 1 1    0 0 1 0 0        1 1 1          1 1 1
1 1 1 1 1    0 0 1 0 0          1          1   1   1
```

图 3 - 16　中值滤波采样窗口及数字表示

当图像中待滤波目标的尺寸小于窗口尺寸的 1/2 时，中值滤波会对图像目标进行抑制。在实际去噪应用中，窗口大小一般从小到大，依次增大直到滤波效果满意为止。当图像中存在少量离散噪声点时，中值滤波可以达到很好的滤波效果。中值滤波示例如图 3 - 17 所示。

8	8	8	8	8	8
8	8	8	8	0	8
8	8	8	8	8	8
8	0	8	8	8	8
8	8	8	8	0	8
8	8	8	8	8	8

(a) 含噪声图像

8	8	8	8	8	8
8	8	8	8	8	8
8	8	8	8	8	8
8	8	8	8	8	8
8	8	8	8	8	8
8	8	8	8	8	8

(b) 中值滤波后图像

图 3 - 17　中值滤波示例

当噪声点尺寸稍微大一点时，用简单的中值滤波对图像进行滤波，若选择窗口大于噪声点尺寸的窗口，如 5×5 大小，则也可达到较好的滤波效果。具体而言，图 3－18 中无法滤除的噪声，随着中值滤波窗口的增大，也可以逐渐被滤除。

8	8	8	8	8	8
8	8	8	8	0	8
8	0	0	8	8	8
8	0	0	8	8	8
8	8	0	8	0	8
8	8	8	8	8	8

(a) 含噪声图像

8	8	8	8	8	8
8	8	8	8	8	8
8	0	0	8	8	8
8	0	0	8	8	8
8	8	8	8	8	8
8	8	8	8	8	8

(b) 3×3窗口中值滤波后图像

8	8	8	8	8	8
8	8	8	8	8	8
8	8	8	8	8	8
8	8	8	8	8	8
8	8	8	8	8	8
8	8	8	8	8	8

(c) 5×5窗口中值滤波后图像

图 3－18　中值滤波消除离散型噪声点示意图

然而，这并不是意味着窗口越大，滤波后的效果就越好。特别是当离散型噪声点分布在图像的细节如边界上时，较大的滤波窗口可能会改变细节，导致边界模糊，如图 3－19 所示。

2	2	2	80	80	80
2	0	0	0	80	80
2	0	0	0	80	80
2	0	0	0	0	80
2	2	0	0	0	80
2	2	2	80	80	80

(a) 含噪声图像

2	2	2	80	80	80
2	0	0	0	80	80
2	0	0	0	80	80
2	0	0	0	0	80
2	2	0	0	0	80
2	2	2	80	80	80

(b) 3×3窗口中值滤波后图像

2	2	2	80	80	80
2	2	2	2	80	80
2	2	2	2	80	80
2	2	2	2	2	80
2	2	2	2	80	80
2	2	2	2	80	80

(c) 5×5窗口中值滤波后图像

图 3－19　中值滤波消除离散型噪声点示意图

当 256 灰度图受到离散噪声影响时，选用合适窗口大小的中值滤波，可以保持原图边界且滤去噪声，如图 3－20 所示。

(a) 原图像

(b) 含椒盐噪声图像

(c) 3×3中值滤波后图像

图 3－20　中值滤波消除离散型噪声点

拓展思考与讨论

图像分别受到高斯噪声和椒盐噪声影响时，在邻域平均法和中值滤波器两种方法中应如何选择？

提示：先从高斯噪声和椒盐噪声的特点出发，通过理解上述两种邻域处理法的原理推测本题答案；再通过 Matlab，用两种邻域法分别对受到高斯噪声和椒盐噪声的图像进行处理，对比原图，观察结果，看是否与推测结果吻合。

3.2.3　频域低通滤波器

前面介绍的均值滤波和中值滤波都是直接对图像像素的灰度值进行运算，在图像的空域进行平滑处理。除了空域处理外，图像信号还可以从频域进行处理。在频域中，图像中的噪声、点、线或突变都属于变化较剧烈的部分，即高频部分。因此，为了去除图像中的噪声，可以使用低通滤波器来减弱高频部分的信号，即减小其强度，从而达到平滑图像的效果。这样，噪声和其他高频成分的影响将被降低，同时保留图像的低频信息。

在频域中，低通滤波器的数学表达式为

$$G(u, v) = H(u, v)F(u, v) \tag{3-27}$$

其中：$F(u, v)$是傅里叶变换后含噪声的图像的频域表示，$H(u, v)$是线性低通滤波器频谱响应，$G(u, v)$为低通滤波器滤波后得到图像的频域表示。通过傅里叶反变换可以得到去除噪声的空域图像 $g(x, y)$。常用的低通滤波器有理想低通滤波器、巴特沃斯低通滤波器、高斯低通滤波器等。

1. 理想低通滤波器

理想低通滤波器的频谱响应为

$$H(u, v) = \begin{cases} 1, & D(u, v) \leqslant D_0 \\ 0, & D(u, v) > D_0 \end{cases} \tag{3-28}$$

其中：D_0 为理想低通滤波器的截止频率，它是提前设置好的一个非负值；$D(u, v)$为频率平面上的点(u, v)到频率平面原点的距离，即 $D(u, v)=\sqrt{u^2+v^2}$。根据式 3-28 可知，低于截止频率分量可以无损地通过该滤波器，而高于截止频率的分量将被滤除。

2. 巴特沃斯低通滤波器

巴特沃斯低通滤波器也称为最大平坦滤波器。与理想低通滤波器不同，它的通带和阻带之间有一个平滑的过渡带，没有明显的不连续性。一个 n 阶巴特沃斯低通滤波器的频谱响应为

$$H(u, v) = \frac{1}{1 + \left[\dfrac{D(u, v)}{D_0}\right]^{2n}} \tag{3-29}$$

其中：D_0 为巴特沃斯的截止频率；n 为阶数，取正整数，用来控制曲线的形状。

3. 高斯低通滤波器

由于高斯函数的傅里叶变换和傅里叶反变换均为高斯函数，因此高斯函数常常被用来建立空域和频域之间的联系。一个二维高斯低通滤波器的频谱响应为

$$H(u, v) = \mathrm{e}^{-\frac{D^2(u, v)}{2\sigma^2}} \tag{3-30}$$

其中：$D(u, v)$为频率平面上的点(u, v)到频率平面原点的距离，表示高斯曲线扩展的程度。当$\sigma = D_0$且$D(u, v) = D_0$时，$H(u, v)$下降到其最大值的0.607处。

虽然，理想低通滤波器数学表示简单明了，然而在实际电子元器件中无法实现从0到1的陡峭突变。当图像由频域转换为空域时，会产生不同程度的“振铃”现象，导致图像的边缘细节变得模糊。截止频率越低，滤除噪声越彻底，但高频分量损失也越严重，图像越模糊。

与理想低通滤波器相比，巴特沃斯低通滤波器没有陡峭的截止频率，滤波器的通带和阻带之间有一段平滑过渡，因此图像的模糊程度较理想低通滤波器会减轻。与理想低通滤波器和巴特沃斯低通滤波器相比，高斯低通滤波器没有“振铃”现象。含噪声图像通过理想、巴特沃斯和高斯低通滤波器的效果如图3-21所示。

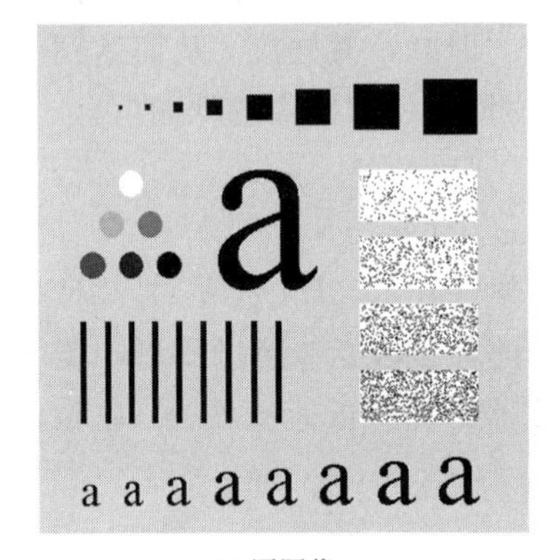

(a) 原图像

(b) 理想低通滤波器($D_0 = 60$)

(c) 巴特沃斯低通滤波器($D_0 = 50$)

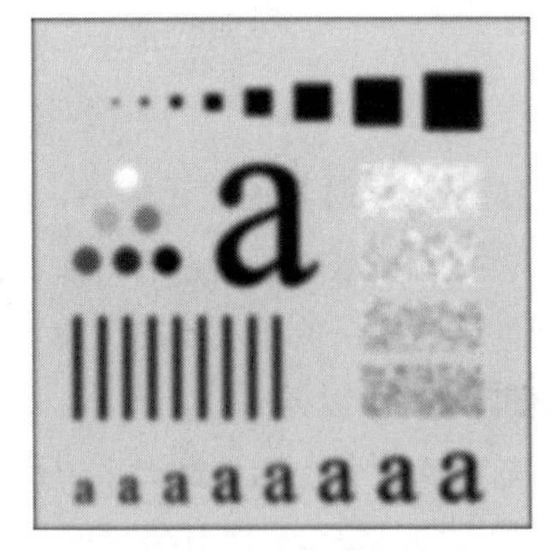

(d) 高斯低通滤波器($D_0 = 50$)

图3-21 含噪声图像通过理想、巴特沃斯和高斯低通滤波器的效果

3.3 图像锐化

图像在形成和传输过程中聚焦不好或信道过窄，会导致高频信息丢失，从而影响图像目标轮廓特征的提取，使得图像的识别和理解难以进行。图像锐化的目的是增强图像的边

缘信息，便于图像轮廓信息的提取。

图像锐化是与图像平滑相反的处理。图像平滑在去除图像噪声时，平滑模板会对图像进行类似积分的运算，导致图像轮廓模糊。而图像锐化则进行微分、差分或者梯度运算，使得图像的边缘和轮廓变清晰。从频域中来看，图像模糊是高频分量衰减所致，因此，可通过高通滤波器来进行边缘和轮廓的锐化。

3.3.1　梯度运算

1. 一阶微分(差分)

首先简单回顾一下，一维连续函数的微分可表达为 $f'(x)=\lim\limits_{h\to 0}\dfrac{f(x+h)-f(x)}{h}$，对于离散函数，其一阶差分可表示为后一个值减前一个值，即

$$f'(x)=f(x+1)-f(x)$$

这个差值反映了两个数值之间的变化情况。根据一阶微分(差分)的定义，如图 3-22 所示的水平灰度剖面中，恒定灰度区域的一阶微分值为 0，灰度变缓区域的一阶微分值很小，灰度变化较大的边缘区域的一阶微分值较大。

(a) 原图像

灰度值	5	5	4	3	2	1	0	0	0	6	0	0	0	1	3	1	0	0	0	0	7	7	7	7
一阶微分	0	−1	−1	−1	−1	−1	0	0	6	−6	0	0	1	2	−2	−1	0	0	0	7	0	0	0	—

(b) 水平剖面离散灰度值

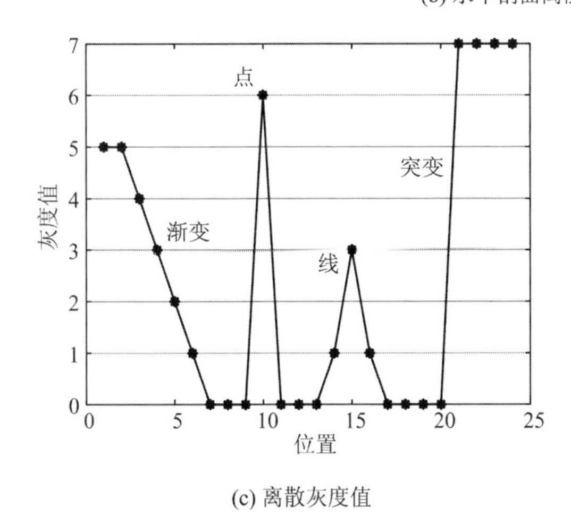

(c) 离散灰度值

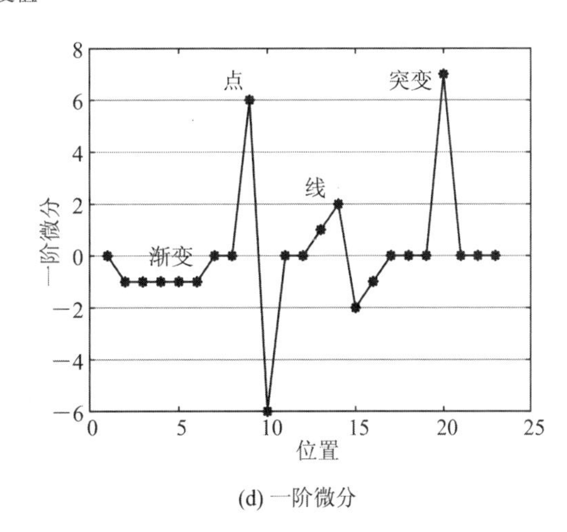

(d) 一阶微分

图 3-22　一维离散数组及其一阶差分

2. 梯度算子

将一阶微分拓展到二阶，梯度是一个二维列向量，即

$$\boldsymbol{G}[f(x, y)]=\left[\frac{\partial f}{\partial x}, \frac{\partial f}{\partial y}\right]^{\mathrm{T}}=[G_x, G_y]^{\mathrm{T}} \tag{3-31}$$

其中，向量$\boldsymbol{G}[f(x, y)]$的方向即梯度方向$\angle g=\arctan(G_y/G_x)$，模为$|\boldsymbol{G}[f(x, y)]|=\sqrt{G_x^2+G_y^2}$。由已知的数学知识可知，$f(x, y)$沿梯度方向变化最快，变化率就是向量的模。

如图 3-23 所示，对于离散图像$f(x, y)$，在点(x, y)处的离散梯度可分别通过x和y两个方向寻找，即

$$\begin{aligned} g_x(i, j)&=f(i+1, j)-f(i, j) \\ g_y(i, j)&=f(i, j+1)-f(i, j) \end{aligned} \tag{3-32}$$

其中，梯度向量的模值和方向分别为$g(i, j)=\sqrt{g_x(i, j)^2+g_y(i, j)^2}$和$\angle g(i, j)=\arctan g_y(i, j)/g_x(i, j)$。值得注意的是，由于梯度幅值中有平方和开根号的运算，在实际应用中，为了方便起见，用绝对值之和表示梯度幅值，即$|g(i, j)|=|g_x|+|g_y|$。

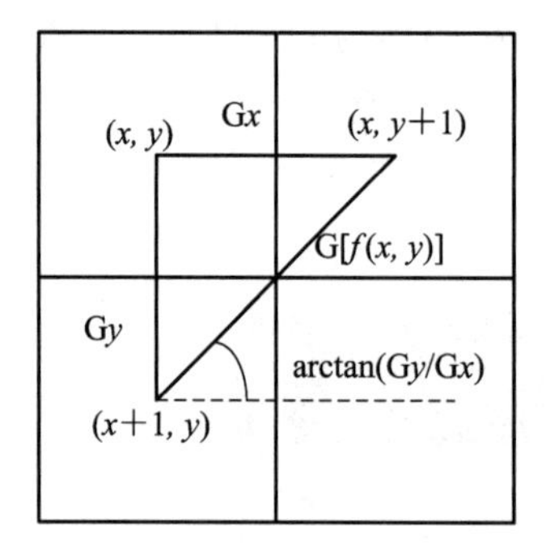

图 3-23 图像的梯度定义

由于两个方向之间的差值可以通过卷积运算达成，根据梯度算子定义，可得到水平垂直差分法，如图 3-24(a)所示。采用交叉差分运算，可得罗伯茨梯度(Roberts Gradient)，如图 3-24(b)所示。

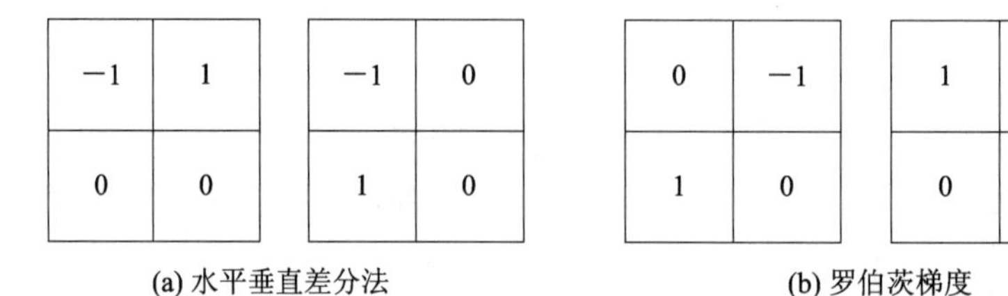

图 3-24 梯度的两种差分算子

值得注意的是，采用梯度算子对图像边缘进行处理时，如图 3-25 所示，图像的边缘变宽。因此，在实际应用中，计算完梯度后，可以根据需求，设计不同的梯度增强方案，常见的方案介绍如下。

- 方案一：输出图像各像素的灰度值等于该点的梯度幅度，即

$$g(i, j)=|\boldsymbol{G}[f(i, j)]|$$

此方案可以显示图像的灰度变化较为陡峭的边缘轮廓，对于灰度变化平缓的区域则呈黑色。

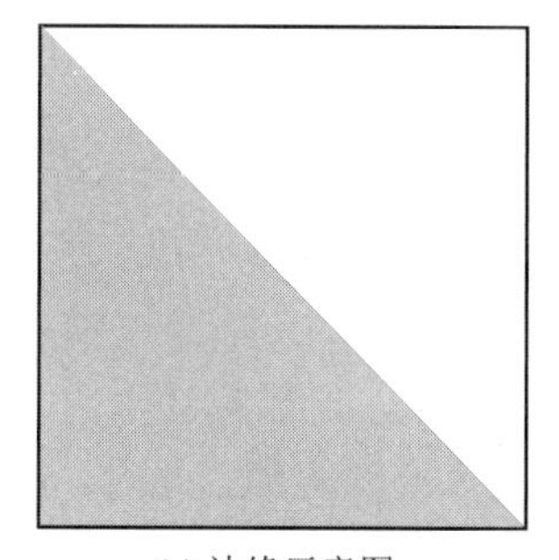

(a) 边缘示意图

0	1	1	1	1	1
0	0	1	1	1	1
0	0	0	1	1	1
0	0	0	0	1	1
0	0	0	0	0	1
0	0	0	0	0	0

(b) 灰度值示意图(放大图)

1	1	0	0	0	0
0	1	1	0	0	0
0	0	1	1	0	0
0	0	0	1	1	0
0	0	0	0	1	1
0	0	0	0	0	1

(c) 梯度算子锐化示意图

$$g_x[f(1,1)]=f(2,1)-f(1,1)=0$$
$$g_y[f(1,1)]=f(1,2)-f(1,1)=1$$
$$g[f(1,1)]=g_x[f(1,1)]+g_y[f(1,1)]=1$$
$$g_x[f(1,3)]=f(2,3)-f(1,3)=0$$
$$g_y[f(1,3)]=f(1,4)-f(1,3)=0$$
$$g[f(1,3)]=g_x[f(1,3)]+g_y[f(1,3)]=0$$

(d) 点(1, 1)和点(1, 3)的梯度算子锐化计算过程

图 3-25　采用垂直水平梯度算子处理图像边缘示意图

• 方案二：为了有效增强边缘和轮廓，且不影响原灰度变化较为平缓的背景，可以引入一个非负的阈值 T，如：

$$g(i,j)=\begin{cases}|\boldsymbol{G}[f(i,j)]|, & |\boldsymbol{G}[f(i,j)]|\geqslant T\\ f(i,j), & \text{其他}\end{cases}$$

此时得到的图边缘和轮廓有所增强，且保留了原图背景信息。该方案还可以将梯度大于阈值的灰度值指定一个固定灰度值，或者将梯度小于阈值的背景用一个固定灰度值表示。

• 方案三：根据阈值 T 将图像分为背景和边缘，背景和边缘用两个不同灰度值来表示，即

$$g(i,j)=\begin{cases}L_G, & |\boldsymbol{G}[f(i,j)]|\geqslant T\\ L_B, & \text{其他}\end{cases}$$

该方案生成的是二值图，便于研究边界所在。

3.3.2　Prewitt 算子

在图像处理中，邻域位置一般由中心点决定，算子大小一般为奇数。根据梯度算子的定义，对水平垂直差分法进行改进。设待锐化图像的像素(i,j)为中心，分别计算像素窗口中心像素在 x 和 y 方向的梯度，即

$$\begin{aligned}G_x=&[f(i+1,j-1)+f(i+1,j)+f(i+1,j+1)]-\\&[f(i-1,j-1)+f(i-1,j)+f(i-1,j+1)]\end{aligned}\tag{3-33}$$

$$\begin{aligned}G_y=&[f(i-1,j+1)+f(i,j+1)+f(i+1,j+1)]-\\&[f(i-1,j-1)+f(i,j-1)+f(i+1,j-1)]\end{aligned}\tag{3-34}$$

Prewitt 算子模板可表示为

$$\boldsymbol{G}_x=\begin{bmatrix}-1 & -1 & -1\\ 0 & 0 & 0\\ 1 & 1 & 1\end{bmatrix}\quad \boldsymbol{G}_y=\begin{bmatrix}-1 & 0 & 1\\ -1 & 0 & 1\\ -1 & 0 & 1\end{bmatrix}$$

用 Prewitt 算子对图像边缘图 3－26(a)进行图像锐化。当图像未被噪声污染时，用 Prewitt 算子处理后的图像边缘变宽，如图 3－26(b)所示；当图像被噪声污染时(见图 3－26(c))，Prewitt 算子仍会使边缘变宽，扩大噪声影响，模糊边缘。此时，可以引入门限阈值 T，用以优化锐化后的结果边缘。对比图 3－26(e)和图 3－26(f)可知，当设置适当阈值时，采用 Prewitt 算子锐化后，所得边缘得到一定程度的改善。

0	1	1	1	1	1
0	0	1	1	1	1
0	0	0	1	1	1
0	0	0	0	1	1
0	0	0	0	0	1
0	0	0	0	0	0

(a) 原始边缘图像示意图

4	4	2	0	0	0
2	4	4	2	0	0
0	2	4	4	2	0
0	0	2	4	4	2
0	0	0	2	4	4
0	0	0	0	2	4

(b) Prewitt算子锐化示意图

0	1	0	1	1	1
1	0	1	1	0	1
0	0	0	1	1	1
0	1	0	0	1	1
0	0	0	1	0	1
0	0	0	0	0	0

(c) 含噪声边缘图像示意图

3	1	2	1	1	2
2	1	3	2	0	1
1	1	2	1	1	2
1	0	1	4	4	2
2	1	2	2	3	2
0	0	0	1	2	3

(d) Prewitt算子锐化示意图

3	1	2	1	1	2
2	1	3	2	0	1
1	1	2	1	1	2
1	0	1	4	4	2
2	1	2	2	3	2
0	0	0	1	2	3

(e) Prewitt算子锐化示意图($T\geqslant 2$)

3	1	2	1	1	2
2	1	3	2	0	1
1	1	2	1	1	2
1	0	1	4	4	2
2	1	2	2	3	2
0	0	0	1	2	3

(f) Prewitt算子锐化示意图($T\geqslant 3$)

$$g_x[f(2,2)]=f(3,1)+f(3,2)+f(3,3)-[f(1,1)+f(1,2)+f(1,3)]=2$$
$$g_y[f(2,2)]=f(1,3)+f(2,3)+f(3,3)-[f(1,1)+f(2,1)+f(3,1)]=2$$
$$g[f(2,2)]=g_x[f(2,2)]+g_y[f(2,2)]=4$$
$$g_x[f(3,2)]=f(4,1)+f(4,2)+f(4,3)-[f(2,1)+f(2,2)+f(2,3)]=1$$
$$g_y[f(3,2)]=f(2,3)+f(3,3)+f(4,3)-[f(2,1)+f(3,1)+f(4,1)]=1$$
$$g[f(3,2)]=g_x[f(3,2)]+g_y[f(3,2)]=2$$

(g) 点(2, 2)和点(3, 2)的Prewitt算子锐化计算过程

图 3－26 Prewitt 算子锐化示意图

3.3.3 Sobel 算子

根据梯度定义以及二维图像的特性，Prewitt 算子在设计时中心像素(i, j)以及周围像素点的处理权重相同，导致在对含噪声图像处理时，Prewitt 算子可能导致图像锐化效果欠佳。为了改善这一情况，Sobel 算子对中心像素进行加权(见图 3－27)，因此在对噪声有平

滑作用外，还能通过加权值加强中心像素在输出结果的影响。

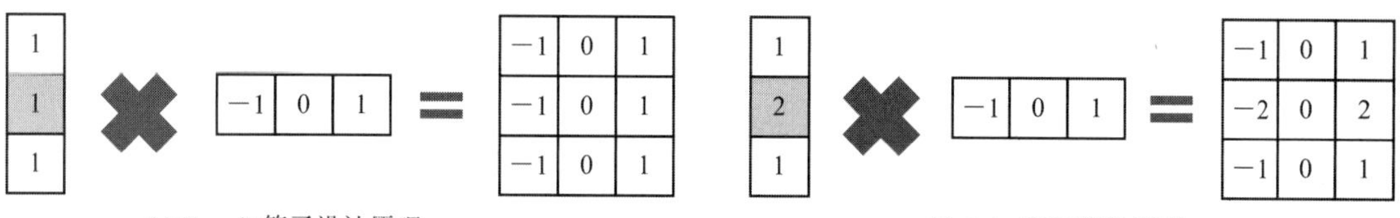

(a) Prewitt算子设计原理　　(b) Sobel算子设计原理

图 3-27　Prewitt 算子与 Sobel 算子

若锐化图像的像素(i, j)为中心，分别计算像素窗口中心像素在 x 和 y 方向的梯度，即

$$G_x = [f(i+1, j-1) + 2f(i+1, j) + f(i+1, j+1)] - [f(i-1, j-1) + 2f(i-1, j) + f(i-1, j+1)] \quad (3-35)$$

$$G_y = [f(i-1, j+1) + 2f(i, j+1) + f(i+1, j+1)] - [f(i-1, j-1) + 2f(i, j-1) + f(i+1, j-1)] \quad (3-36)$$

Sobel 算子模板可表示为

$$\boldsymbol{G}_x = \begin{bmatrix} -1 & -2 & -1 \\ 0 & 0 & 0 \\ 1 & 2 & 1 \end{bmatrix} \quad \boldsymbol{G}_y = \begin{bmatrix} -1 & 0 & 1 \\ -2 & 0 & 2 \\ -1 & 0 & 1 \end{bmatrix}$$

用 Sobel 算子对含噪声的图像(见图 3-28(a))进行图像锐化。当含噪声图像(见图 3-28(a))进行锐化时，Sobel 算子与 Prewitt 算子类似，会使边缘变宽，扩大噪声影响。通过门限阈值 T，用以优化锐化后的结果边。对比图 3-26(f)与图 3-28(d)可知，当阈值相同 $T \geq 3$ 时，Sobel 算子的锐化效果比 Prewitt 算子的效果好，说明通过对中心像素加权的 Sobel 对噪声具有一定的鲁棒性。

0	1	0	1	1	1
1	0	1	1	0	1
0	0	0	1	1	1
0	1	0	0	1	1
0	0	0	1	0	1
0	0	0	0	0	0

(a) 含噪声的边缘示意图

4	2	2	2	2	2
2	2	4	0	0	2
2	0	4	4	2	2
2	0	2	6	6	2
2	2	2	2	4	4
0	0	0	2	2	4

(b) Sobel算子锐化示意图

4	2	2	2	2	2
2	2	4	0	0	2
2	0	4	4	2	2
2	0	2	6	6	2
2	2	2	2	4	4
0	0	0	2	2	4

(c) Sobel算子锐化示意图($T \geq 2$)

4	2	2	2	2	2
2	2	4	0	0	2
2	0	4	4	2	2
2	0	2	6	6	2
2	2	2	2	4	4
0	0	0	2	2	4

(d) Sobel算子锐化示意图($T \geq 4$)

图 3-28　Sobel 算子锐化示意图

3.3.4　Laplace 算子

基于一阶微分的锐化算子可以快速地把图像轮廓辨识出来，但是，根据高等数学的理论知识可以知道，对于变化较缓的地方，一阶微分会给出一个比较长的序列，对应到图像上就是轮廓比较"粗"，而二阶微分只识别跳变的边缘，对应到图像的边缘就是比较"细"。与此同时，对像素的陡变的地方，二阶微分还会出现两个"零交叉"点，有助于定位边缘。因此，为了获取更多的图像细节，增强图像锐化效果，引入基于二阶微分的锐化算子。

Laplace 算子是常用的基于二阶微分的锐化算子，它是二阶偏导运算的线性组合。一个连续的二元函数 $f(x, y)$在点(x, y)处的拉普拉斯运算定义为

$$\nabla^2 f=\frac{\partial^2 f(x, y)}{\partial x^2}+\frac{\partial^2 f(x, y)}{\partial y^2}$$

对于数字图像而言，二阶偏导数可以近似为

$$\begin{aligned}\frac{\partial^2 f}{\partial x^2}&=\nabla_x f(i+1, j)-\nabla_x f(i, j)\\&=[f(i+1, j)-f(i, j)]-[f(i, j)-f(i-1, j)]\\&=f(i+1, j)+f(i-1, j)-2f(i, j)\end{aligned}\tag{3-37}$$

$$\begin{aligned}\frac{\partial^2 f}{\partial y^2}&=\nabla_y f(i, j+1)-\nabla_y f(i, j)\\&=[f(i, j+1)-f(i, j)]-[f(i, j)-f(i, j-1)]\\&=f(i, j+1)+f(i, j-1)-2f(i, j)\end{aligned}\tag{3-38}$$

可得二阶差分为

$$\begin{aligned}\partial^2 f&=\frac{\partial^2 f}{\partial x^2}+\frac{\partial^2 f}{\partial y^2}\\&=f(i+1, j)+f(i-1, j)+f(i, j+1)+f(i, j-1)-4f(i, j)\end{aligned}\tag{3-39}$$

由此 Laplace 算子可表示为

$$\boldsymbol{H}_1=\begin{bmatrix}0 & 1 & 0\\1 & -4 & 1\\0 & 1 & 0\end{bmatrix}\tag{3-40}$$

可见，图像在(i, j)点的 Laplace 算子是由(i, j)点灰度值减去该点邻域平均灰度值求得的。

为了改善锐化效果，还可以脱离二阶微分的计算公式，在原有的算子基础上，对模板系数进行改变，获得 Laplacian 变形算子，即

$$\boldsymbol{H}_2=\begin{bmatrix}1 & 1 & 1\\1 & -8 & 1\\1 & 1 & 1\end{bmatrix}, \boldsymbol{H}_3=\begin{bmatrix}1 & -2 & 1\\-2 & 4 & -2\\1 & -2 & 1\end{bmatrix},$$

$$\boldsymbol{H}_4=\begin{bmatrix}-1 & -1 & -1\\-1 & 8 & -1\\-1 & -1 & -1\end{bmatrix}, \boldsymbol{H}_5=\begin{bmatrix}0 & -1 & 0\\-1 & 5 & -1\\0 & -1 & 0\end{bmatrix}$$

图 3-29 依次给出原图像以及利用上述 5 个 Laplace 算子锐化后的输出图像。值得注意的是图 3-29(f)，由于 H_5 模板响应为 1，这样输出图像既能体现 Laplace 算子锐化效果，同时还可以保留原图信息。由此可见，上述 $H_1 \sim H_5$ 还存在其他变形模板。

在实际应用中，考虑到人的视觉特性中包含一个对数环节，因此在锐化时，加入对数处理的方法来改进，即

$$g(i, j)=\log[f(i, j)]-\frac{1}{4}s\tag{3-41}$$

$$s=f(i+1, j)+f(i-1, j)+f(i, j+1)+f(i, j-1)$$

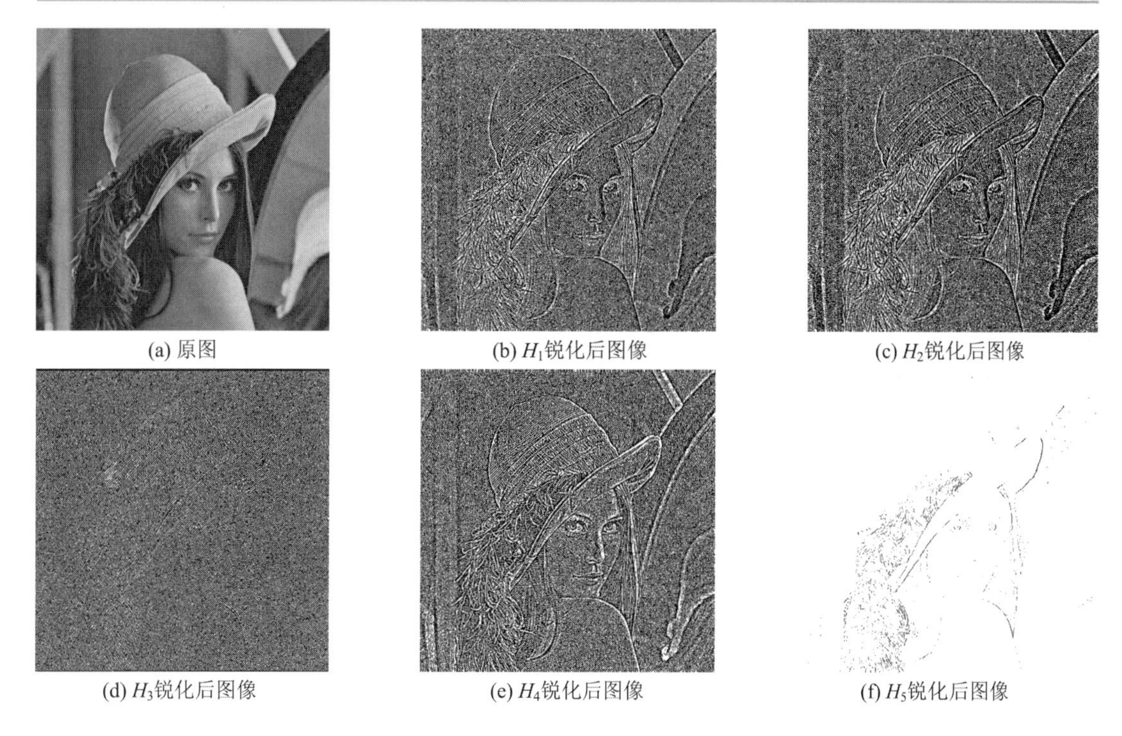

图 3－29　Laplace 算子图像进行锐化效果

改进后的 Laplace 算子可以表示为

$$
\boldsymbol{H}_6 = \begin{bmatrix} 0 & -\frac{1}{4} & 0 \\ -\frac{1}{4} & 1 & -\frac{1}{4} \\ 0 & -\frac{1}{4} & 0 \end{bmatrix} \tag{3-42}
$$

该算子也称为 Wallis 算子。Wallis 算法考虑了人眼视觉特性，因此与 Laplace 算子相比，可以对暗区的细节进行比较好的锐化。

 拓展与讨论

对如图 3－30 所示的车牌图像及含椒盐噪声的车牌图像进行图像锐化。观察图像锐化结果，总结梯度算子、Prewitt 算子、Sobel 算子和 Laplace 算子的优缺点。

图 3－30　车牌图像

3.3.5 频域高通滤波器

与图像平均类似，图像锐化除了空域处理外，也可以通过频率对图像进行处理。由于图像中的边缘、线条等细节属于频域中的高频分量，若采用高通滤波器，则图像中的高频分量可以顺利通过，而低频分量会受到限制，从而使图像的边缘或线条变得清晰，达到图像锐化的目的。

与频域低通滤波器相对应，常用的高通滤波器有：理想高通滤波器、巴特沃斯高通滤波器和高斯高通滤波器。

1. 理想高通滤波器

理想高通滤波器的频谱响应为

$$H(u, v)=\begin{cases}1, & D(u, v)>D_0 \\ 0, & D(u, v)\leqslant D_0\end{cases} \tag{3-43}$$

其中：D_0 为理想高通滤波器的截止频率，是提前设置好的一个非负值；$D(u, v)$为频率平面上的点(u, v)到频率平面原点的距离，即 $D(u, v)=\sqrt{u^2+v^2}$。高于截止频率分量可以无损地通过该滤波器，而低于截止频率的分量将被滤除。

2. 巴特沃斯高通滤波器

一个 n 阶巴特沃斯高通滤波器的频谱响应为

$$H(u, v)=\frac{1}{1+\left[\dfrac{D_0}{D(u, v)}\right]^{2n}} \tag{3-44}$$

其中：D_0 为巴特沃斯的截止频率；n 为阶数，取正整数，用来控制曲线的形状。与巴特沃斯低通滤波器一样，巴特沃斯高通滤波器在高、低频率间的过渡比较平滑。

3. 高斯高通滤波器

一个二维高斯高通滤波器的频谱响应为

$$H(u, v)=1-\mathrm{e}^{-\frac{D^2(u, v)}{2D_0^2}} \tag{3-45}$$

其中：$D(u, v)$为频率平面上的点(u, v)到频率平面原点的距离，表示高斯曲线扩展的程度。随着 D_0 值的增大，对微小的物体和细线条，采用高斯高通滤波也可以得到比较清晰边缘。

与低通频域滤波器一样，高通滤波器也存在“振铃”现象。理想高通滤波器从 0 到 1 的突变，虽然可以彻底滤除低频信息，但得到的图像中存在“振铃”现象。巴特沃斯高通滤波器没有陡峭的截止频率，因此“振铃”现象较理想高通滤波器会减轻。与理想高通滤波器和巴特沃斯高通滤波器相比，由于高斯滤波器的傅里叶变换仍然是高斯函数，因此高斯高通滤波器没有“振铃”现象。

3.4 图像的同态滤波

为了消除照度不均带来的影响，20 世纪 60 年代由麻省理工学院(MIT)的 Thomas

Stockham、Alan V. Oppenheim 和 Ronald W. Schafer 等几位学者提出了同态滤波(Homomorphic Filter)。它将频率滤波和空域灰度变换结合起来，根据图像的照度或反射率模型作为频域处理的基础，利用压缩亮度范围和增强对比度来改善图像的质量，且对增强阴影部分有较好的优势，能消除乘性噪声，能同时压缩图像的整体动态范围，并增加图像中相邻区域间的对比度，因此在信号与图像处理中应用广泛。

考虑到图像的形成和光的特性，图像 $f(x, y)$ 可以表示成照度分量 $i(x, y)$ 与反射分量 $r(x, y)$ 的乘积，其数学模型可表示为

$$f(x, y)=i(x, y)r(x, y) \tag{3-46}$$

在理想条件下，照度分量 $i(x, y)$ 为常数，此时 $f(x, y)$ 可以不失真的反映 $r(x, y)$。然而，在实际应用中，由于光照不均，导致 $i(x, y)$ 一般不是常数，导致对应照度较强的部分图像非常亮；而对应照度较弱的部分，图像就较暗，造成图像 $f(x, y)$ 中出现大面积阴影，从而掩盖暗处的细节。一般而言，由于光源照射的不均匀性总是渐变的，因此照度分量 $i(x, y)$ 的频谱处于低频处；而反射分量 $r(x, y)$ 的变化相对而言较为剧烈，所以可粗略地看成高频。

为了使图像暗处中细节更为清晰，应尽量抑制照度分量 $i(x, y)$、增强反射分量 $r(x, y)$。为此，同态滤波器传递函数 $H(u, v)$ 的剖面图应设计成如图 3-31 所示的样子，其中 $H_L<1$ 和 $H_H>1$ 意味着抑制低频分量(照度分量)和增强高频分量(反射分量)。

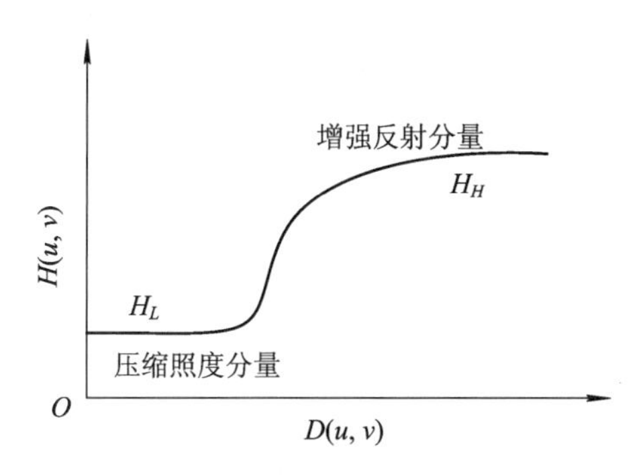

图 3-31　同态滤波器传递函数剖面图

然而，由于照度分量 $i(x, y)$ 与反射分量 $r(x, y)$ 的乘积关系，导致 $f(x, y)$ 是非线性的。为了将非线性问题转化成线性问题，需要通过数学运算将其变成加性的，方便后续用线性滤波方法处理。针对这一问题，对式(3-46)两边取对数，即

$$\ln f(x, y)=\ln i(x, y)+\ln r(x, y) \tag{3-47}$$

转换到频域中，即

$$F(u, v)=I(u, v)+R(u, v) \tag{3-48}$$

采用同态滤波器 $H(u, v)$ 对图像进行滤波，即

$$H(u, v)F(u, v)=H(u, v)I(u, v)+H(u, v)R(u, v) \tag{3-49}$$

反变换到空域，并且两边取指数，即

$$g(x, y)=\exp[\mathcal{F}^{-1}(H(u, v)I(u, v)+H(u, v)R(u, v))] \tag{3-50}$$

同态滤波器的函数图像跟巴特沃斯或者高斯高通滤波器很像，所以为了实现同态滤波器，实际上只需要对上述滤波器稍加改动即可用高通滤波器的转移函数来逼近同态滤波函

数，即

$$H(u, v)=(H_H-H_L)\left[1-\mathrm{e}^{-\frac{c_0 D^2(u, v)}{D_0^2}}\right]+H_L$$

其中：常数 c_0 是控制函数坡度的；$D(u, v)$和 D_0 分别表示与频率中心的距离和截止频率。D_0 越大，对细节的增强越明显，最后归一化之后显示的图像越亮。

拓展与讨论

回看图 3-6，用同态滤波器对两幅图像进行图像增强，观察输出的结果，并思考同态滤波器适用的范围。从直方图的角度总结同态滤波器和直方图均衡法两个方法的适用范围。

本章小结

本章详细介绍了图像增强的方法和技术。首先，学习了图像灰度变换的基本概念，包括灰度直方图统计、灰度线性变换、灰度非线性变换、直方图均衡以及直方图规定化等方法，以实现对图像灰度的增强。接着，简要回顾了卷积运算和噪声特性，并介绍了两种常见的空域滤波方法：均值滤波和中值滤波。这些方法可以有效地减弱、抑制或消除图像中的噪声。此外，还学习了三种常见的频域滤波方法：理想低通滤波、巴特沃斯低通滤波和高斯低通滤波。这些滤波方法可以对图像中的噪声进行处理，从而提高图像的质量。在图像细节和边缘的增强方面，学习了基于一阶差分和二阶差分的空域模板设计原理，以及高通频域滤波法。这些方法可以突出图像的细节和边缘，使其更加清晰和鲜明。最后，还介绍了同态滤波方法，用于解决图像中光照不均带来的问题。同态滤波可以通过调整图像的亮度和对比度，在保持图像全局信息的同时，增强图像的细节和补偿光照不均。

第4章

形态学图像处理

数学形态学是图像处理领域中的重要分支，用于对图像进行形状分析和特征提取。它基于代数学和几何学的原理，通过对图像进行形态学操作，可以实现图像的增强、分割、去噪和边缘检测等应用。

本章将深入介绍数学形态学的基本概念、操作及其在图像处理中的应用。将探讨二值图像的形态学处理，同时也会涵盖灰度图像和彩色图像的相关概念和方法。在学习数学形态学之前，将首先了解数字图像的基本表示和形态学的基本操作。将学习如何使用结构元素来操作图像，并了解膨胀、腐蚀、开运算和闭运算等常见形态学操作的原理与特点。随后，将详细介绍基本的数学形态学操作，并探讨如何利用这些操作来解决实际的图像处理问题。将讨论图像增强方法，如顶帽运算及底帽运算等。除了基本的形态学操作，还将介绍一些常见的高级形态学操作和变换，如形态学重建、形态学概率图和形态学梯度等。这些方法可以进一步扩展数学形态学的应用领域，并用于解决更复杂的图像处理问题。最后，将探讨数学形态学在不同领域中的实际应用，包括医学图像分析、字符识别和纹理分析等。通过了解这些应用案例，读者将能够更好地理解数学形态学在图像处理中的实际应用和潜力。

通过本章的学习，读者将全面了解数学形态学的基本理论和操作，并能够应用这些知识解决实际的图像处理问题。数学形态学技术在图像处理领域具有广泛的应用和发展前景，为图像分析和特征提取提供了强大的工具和方法。希望本章的内容能够引发读者对数学形态学的兴趣，并推动对数学形态学的进一步研究和相关应用技术的发展。

4.1 数学形态学及其基本概念

4.1.1 数学形态学的定义和分类

形态学是生物学中研究动、植物形态和结构的一门学科。数学形态学是以积分几何、集合代数及拓扑论为理论基础的，涉及随机集论、近世代数及图论等一系列数学分支。这一分支可以追溯到19世纪的Euler和20世纪的Minkowski等人的研究。1964年，在积分几何的研究成果上，法国的G. Matheron和J. Serra将数学形态学引入图像处理领域，并研制了基于数学形态学的图像分析设备，称之为“纹理分析器”。随着研究的深入，逐渐形成了“击中/击不中变换”的概念。Matheron 在 1975 年出版了 *Random Set and Integral Geometry* 一书，从理论层面论述了随机集合论、积分几何论和拓扑逻辑论，为数学形态学奠定了坚实的理论基础。1982 年 Serra 出版的专著 *Image Analysis and Mathematical Morphology* 是数学形态学发展的重要里程碑。1985 年以后，数学形态学被纳入相关领域的国际会议中的学术讨论专题或研讨会。1990 年起，国际光学工程学会(The international society for optics and photonics，SPIE)每年举办一次“Image Algebra and Morphological Image Processing”会议。

数学形态学是一门建立在集合论基础上，融入了几何概率理论和整形几何理论，着重研究图像的几何结构的学科。其将目标图像转换为集合后，通过并、交、补等集合运算，用具有一定形态的结构元素去度量和提取图像中的对应形状以达到对图像分析和识别的目的。由于视觉信息理解都是基于对象几何特性的，因此它更适合视觉信息的处理和分析。

数学形态学的理论虽然很复杂，但它的基本思想却是简单完美的。基本思想是以结构元素(Structuring Element)为“探针”，在图像中不断移动，在此过程中收集图像信息、分析图像各部分间的相互关系，从而了解图像的结构特征。由此可见，结构元素可以根据探测研究图像的不同特点，选择携带合适形态、大小、灰度和角度的算子。通过不同结构元素来检测图像不同侧面的特征，可以解决抑制噪声、特征提取、边缘检测、形状识别、纹理分析、图像恢复与重建等方面的问题。

数学形态学是一种非线性算子，它相比于其他图像处理的方法，具有独有的特性。它反映的是一幅图像中像素点间的逻辑关系，而不是简单的数字关系，所以具有不可逆性。由于它是基于结构算子的运算，因此可以实现并行运算。

4.1.2 数学形态学的逻辑运算和基本概念

1. 集合与集合的运算

集合是数学中最原始的概念之一，通常是按照某种特征或规律组合起来的事物的总体。集合通常用大写字母表示。组成集合的每个成员叫作集合的元素。集合中的元素一般用小写字母表示。集合和元素的关系用属于($a\in A$)或不属于($a\notin A$)表示。对于给定的集合，任意一个元素要么属于该集合，要么不属于该集合，不会出现含混不清的情况。当集合中不包含任意元素时，称该集合为空集$\varnothing$。在本章中，集合元素指的是图像中描述的对象或其他感兴趣特征的像素坐标，集合用于表示图像中不同的对象。集合间的关系有子集、相等、全集、并集、交集、补集和差集。

1) 子集和相等

设有集合 A 和集合 B，如果集合 A 中的每一个元素都是集合 B 的一个元素，则称 A 为 B 的子集或 B 包含 A，记为 $A\subseteq B$ 或 $B\supseteq A$。若集合 A 是集合 B 的子集，并且集合 B 中至少有一个元素不在集合 A 中，则称 A 为 B 的真子集或 B 真包含 A，记为 $A\subset B$ 或 $B\supset A$。当且仅当，$A\subseteq B$ 和 $B\subseteq A$ 同时成立时，集合 A 和集合 B 相等，记为 $A=B$。

2) 全集

如果一个集合包含所有元素，那么称这个集合为全集，通常用 U 表示。对于任意集合，均有 $A\subseteq U$。

3）并集

由集合 A 与集合 B 中所有元素组成的集合称为集合 A 和集合 B 的并集，记为 $A\cup B$，也可以表示为

$$A\cup B=\{x\,|\,x\in A \text{ 或 } x\in B\}$$

4）交集

由集合 A 和集合 B 中所有既属于 A 也属于 B 的公共元素组成的集合称为集合 A 和集合 B 的交集，记为 $A\cap B$，也可以表示为

$$A\cap B=\{x\,|\,x\in A \text{ 且 } x\in B\}$$

如果集合 A 和集合 B 没有公共元素，则称集合 A 和集合 B 不相容或互斥，用公式可以表示为

$$A\cap B=\varnothing$$

5）补集

由所有不属于集合 A 的元素组成的集合称为集合 A 的补集，记为 A^c。设 U 是全集，集合 A 的补集可以表示为

$$A^c=U-A=\{x\,|\,x\neq A\}$$

6）差集

由所有属于集合 A 但不属于集合 B 的元素组成的集合称为集合 A 和集合 B 的差集，记为 $A-B$，并可以表示为

$$A-B=\{x\,|\,x\in A \text{ 且 } x\notin B\}$$

根据集合补集的概念，集合 A 和集合 B 的差集还可以表示成集合 A 和集合 B^c 的交集，即可以表示为

$$A-B=A\cap B^c$$

2. 二值图的逻辑运算

二值图中，取值“1”通常表示目标，取值“0”则表示图像背景。二值图中三种基本的逻辑运算为与、或、非，如表 4-1 所示。

表 4-1　二值图的逻辑运算

p	q	p AND q($p\cdot q$)	p OR q($p+q$)	NOT p($\bar{p}$)
0	0	0	0	1
0	1	0	1	1
1	0	0	1	0
1	1	1	1	0

3. 数学形态学的逻辑运算和基本概念

设有两幅二值数字图像 A 和 B，如图 4-1(a)和(b)所示，其交集 $A\cap B$、并集 $A\cup B$ 和补集 A^c 可以表示为图 4-1(c)、图 4-1(d)和图 4-1(e)。

设 A 是一幅数字图像，如图 4-2(a)所示，a 是其元素(即 $a\in A$)；b(见图 4-2(b))是一个点，那么 A 被 b 平移后的结果为

$$A+b=\{a+b \mid a\in A\}$$

即取出 A 中的每一个点 a 的坐标值，将其与点 b 的坐标值相加，得到一个新的坐标值 $a+b$，所有这些新点所构成的图像就是 A 被 b 平移后的结果，记为 $A+b$，如图 4-2(c)所示。

一幅数字图像 A 关于原点的反射定义为

$$\hat{A}=\{x \mid x=-a,\ a\in A\}$$

即反射后的图像 $\hat{A}$ 是由原图像 A 的每一个点坐标值取反数后得到的点所构成的图像，如图 4-2(d)所示。

0	0	0	0	0	0	0	0
0	0	0	0	0	0	0	0
0	1	1	1	1	0	0	0
0	1	1	1	1	0	0	0
0	1	1	1	1	0	0	0
0	0	0	0	0	0	0	0

(a) 图像A

0	0	0	0	0	0	0	0
0	0	0	0	1	1	1	0
0	0	0	0	1	1	1	0
0	0	0	0	1	1	1	0
0	0	0	0	1	0	0	0
0	0	0	0	0	0	0	0

(b) 图像B

0	0	0	0	0	0	0	0
0	0	0	0	0	0	0	0
0	0	0	0	1	0	0	0
0	0	0	0	1	0	0	0
0	0	0	0	0	0	0	0
0	0	0	0	0	0	0	0

(c) 图像$A\cap B$

0	0	0	0	0	0	0	0
0	0	0	0	1	1	1	0
0	1	1	1	1	1	1	0
0	1	1	1	1	1	1	0
0	1	1	1	1	0	0	0
0	0	0	0	0	0	0	0

(c) 并集$A\cup B$

1	1	1	1	1	1	1	1
1	1	1	1	1	1	1	1
1	0	0	0	0	1	1	1
1	0	0	0	0	1	1	1
1	0	0	0	0	1	1	1
1	1	1	1	1	1	1	1

(e) 初集A^c

图 4-1 两幅数字图像的并集、交集和补集

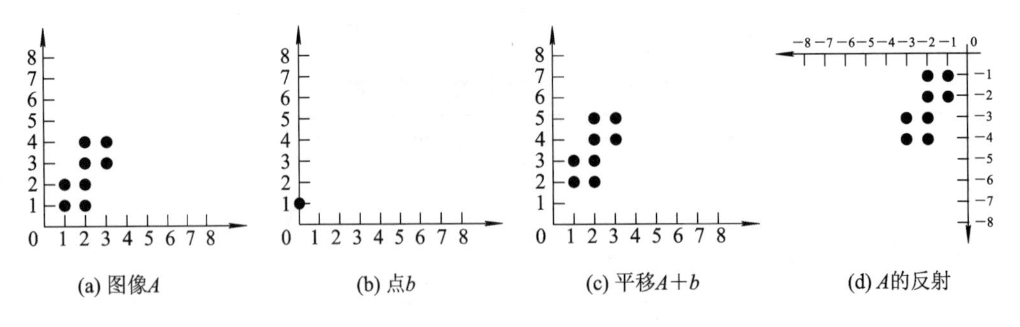

(a) 图像A　(b) 点b　(c) 平移$A+b$　(d) A的反射

图 4-2 平移与反射

4. 目标与结构元素

在处理数字图像时，常把要处理的图像称为目标，目标可以用一个集合来描述，它是由一切属于它的元素构成的，例如，由像素构成的一个图像区域就可以当作一个目标。在对目标进行分析时，常常需要把目标分解成更小的组成部分，称为结构元素。结构元素本身也是一个图像集合，其尺寸一般比目标图像要小很多。对每个结构元素必须指定一个原

点，它是结构元素参与形态学运算的参考点。值得注意的是，结构元素的原点与第 3 章算子不同，结构算子的原点可以不是结构算子的几何中心，它可以定义为结构算子上的任意一个元素。此外，结构单元的大小、内容以及运算的性质决定了形态学运算的效果。

4.2　二值形态学基本运算

二值形态学运算是指在图像中移动结构元素，将结构元素与其下面重叠部分的图像进行交、并等集合运算。最基本的形态学运算有膨胀(Dilation)、腐蚀(Erosion)、开(Opening)和闭(Closing)运算。

4.2.1　腐蚀与膨胀

1. 腐蚀运算

设目标图像为 A，结构元素为 B，则 B 对 A 的腐蚀可以定义为

$$A \ominus B = \{x \mid B + x \subseteq A\} \tag{4-1}$$

根据式(4-1)可知，将 B 平移 x 后仍包含在 A 内所有点 x 的集合。也就是，当结构元素位于目标图像的某像素时，结构元素完全被目标图像包含。如果满足式(4-1)，则输出结果中与结构元素原点对应位置为 1，若不满足，则对应位置为 0。

如图 4-3 所示，二值目标图像(见图 4-3(a))和结构元素(见图 4-3(b))都由 0 和 1 组成(为了方便显示，灰色为 1，白色为 0)，其中结构元素原点标记为“$\underline{1}$”。那么，根据式(4-1)，输出结果如图 4-3(c)所示。由此可见，结构元素移动时，不能超出目标图像范围时，只有当结构元素完全被目标图像包含时，输出结果为 1，否则为 0。

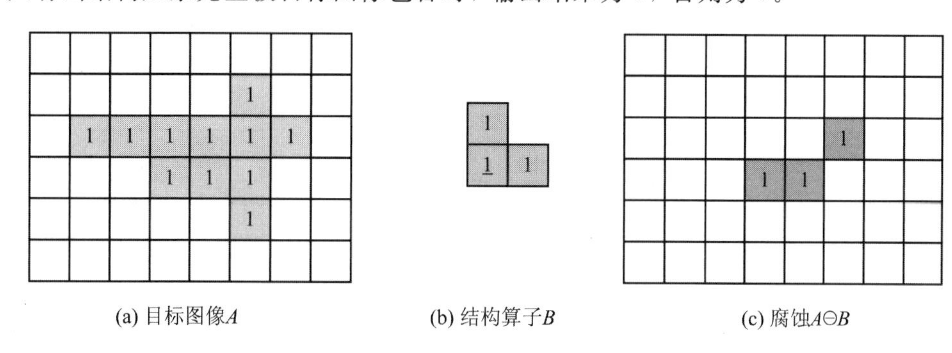

图 4-3　腐蚀运算示意图

由图 4-3 可知，腐蚀运算除了可以检测目标图像中是否存在相同结构外，还具有缩小目标图像的作用。当结构元素的原点不同时，腐蚀运算的结果也不相同。

通过腐蚀运算，还可以消除图像中比结构元素小的成分，因此用于去除噪声。但要注意的是，仅用腐蚀运算去噪声时，也会使比结构元素大的目标图像的白色部分缩小。在实际应用中，风化的石碑导致拓片出现类似椒盐噪声的白色像素集合，对拓片进行数字化处理时，可以尝试运用腐蚀运算来处理。从图 4-4 可以看到，因石碑破损导致的白色像素集合可以较好地去除，同时目标图像的白色部分也有一定程度的缩小。

(a) 原始图像

(b) 腐蚀后的图像

图 4－4　腐蚀(碑拓片)实例

2．膨胀运算

设目标图像为 A，结构元素为 B，则 B 对 A 的膨胀可以定义为

$$A \oplus B=\{x \mid (\hat{B}+x) \cap A \neq \varnothing\} \tag{4-2}$$

根据式(4－2)可知，膨胀是先对结构元素 B 作关于原点的反射，得到反射集合 $\hat{B}$，将 $\hat{B}$ 在目标图像 A 上移动，$\hat{B}$ 平移后与目标图像 A 至少有一个非 0 元素相交，结构元素原点所组成的集合就是膨胀的结果。也就是，把目标图像 A 中的每一个点 x 扩大为 $B+x$。

如图 4－5(a)所示，二值目标图像如图 4－5(a)所示，结构元素如图 4－5(b)所示，其中结构元素原点标记为"1"。那么，根据式(4－2)，输出结果如图 4－3(c)所示。由此可见，结构元素移动时，可以超出目标图像范围。只要结构元素与目标图像中的 1 有相交，膨胀的输出结果就为 1，否则为 0。同样，当结构元素的原点不同时，同一个结构元素对目标图像的膨胀也不一样。

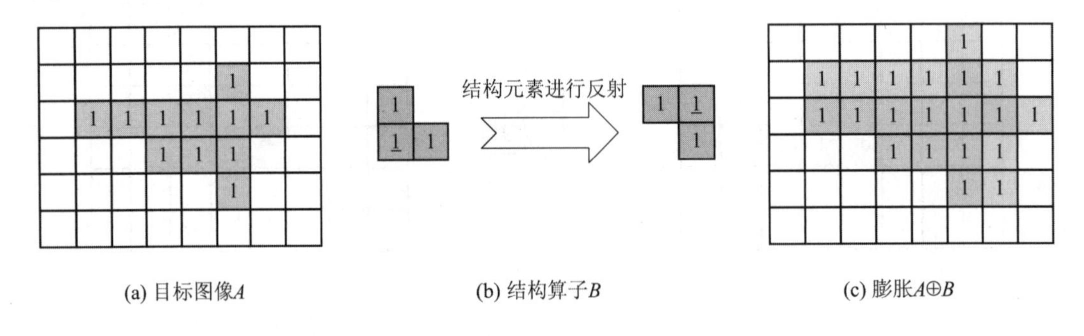

(a) 目标图像A　　(b) 结构算子B　　(c) 膨胀$A \oplus B$

图 4－5　膨胀运算示意图

通过膨胀运算，还可以连接图像中细小的间隔，填补细小空缺。在实际应用中，如图 4－6 所示，图像经过高通滤波器，可能会使边缘信息丢失，导致图像边缘可能存在细小空缺，此时可以采用膨胀运算，填补细小空缺，达到连接图像边缘的效果。

3．腐蚀与膨胀运算的性质

根据腐蚀和膨胀的定义可知，两种数学形态学中最基本的运算在现实效果上是相反的。腐蚀和膨胀都是对白色部分而言的，目标图像或者结构元素中的 1，不是黑色部分。具数学形态学是一门建立在集合论基础上，溶入了几何概率理论和整形几何理论，着重研究图像的几何结构。将目标图像转换为集合后，通过并、交、补等集合运算，用具有一定形态的结构元素去度量和提取图像中的对应形状以达到对图像分析和识别的目的。由于视觉信息理解都是基于对象几何特性的，因此它更适合视觉信息的处理和分析。

(a) 原始图像

数学形态学是一门建立在集合论基础上，溶入了几何概率理论和整形几何理论，着重研究图像的几何结构。将目标图像转换为集合后，通过并、交、补等集合运算，用具有一定形态的结构元素去度量和提取图像中的对应形状以达到对图像分析和识别的目的。由于视觉信息理解都是基于对象几何特性的，因此它更适合视觉信息的处理和分析。

(b) 膨胀后的图像

换为集合后，通过并、交
一定形态的结构元素去度
状以达到对图像分析和识

(c) 原始图像局部

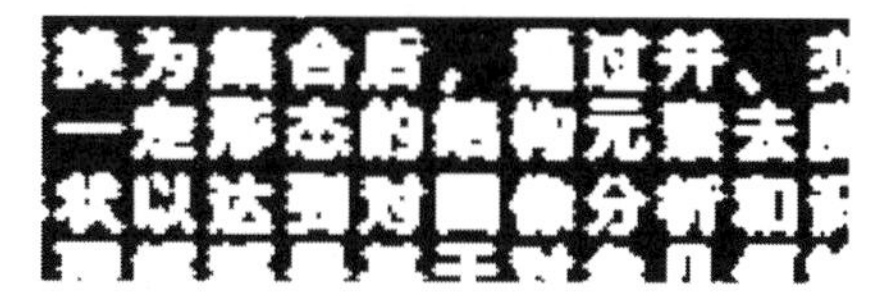

(d) 膨胀后原始图像局部

图 4-6　膨胀运算实例

体来说，膨胀就是图像中的白色部分进行膨胀，即“领域扩张”，效果图拥有比原图更大的白色区域；腐蚀就是原图中的白色部分被腐蚀，即“领域被蚕食”，效果图拥有比原图更小的白色区域。

根据目标图像和结构元素的关系，腐蚀和膨胀具有对偶性、单调性、递增(减)性、平移不变性，满足交换律和结合律。

1）对偶性

对偶性的数学表达式为

$$
\begin{aligned}
(A^c \ominus B)^c &= A \oplus B \\
(A^c \oplus B)^c &= A \ominus B
\end{aligned}
\tag{4-3}
$$

由图 4-7 可见，对目标图像的膨胀运算，相当于对图像背景的腐蚀运算操作；对目标图像的腐蚀运算，相当于对图像背景的膨胀运算操作。

(a) 目标图像

(b) 对目标图像腐蚀

(c) 对目标图像膨胀

(d) 目标图像的补集

(e) 对背景腐蚀的补集

(f) 对背景膨胀的补集

图 4-7　腐蚀膨胀对偶性

2）单调性

如图 4-8 所示，对于任意目标图像 $A'\subseteq A$，可以得到：

$$\begin{aligned} A' \ominus B \subseteq A \ominus B \\ A' \oplus B \subseteq A \oplus B \end{aligned} \tag{4-4}$$

对于任意结构元素 $B'\subseteq B$，可以得到：

$$\begin{aligned} A \ominus B' \supseteq A \ominus B \\ A \oplus B' \supseteq A \oplus B \end{aligned} \tag{4-5}$$

在实际应用中，目标图像可能被不规则结构元素腐蚀或膨胀运算处理过，导致外轮廓不规则。为了保证裁剪后的图像轮廓尽可能接近原轮廓，可以根据需要利用单调性创造一个与原结构元素外接的矩形或圆作为结构元素，用新构造的结构元素对不规则轮廓的目标图像进行处理，这样可以得到一个较为规则的轮廓。

(a) 原始图像

(b) 腐蚀一次后的图像

(c) 腐蚀两次后的图像

图 4-8　腐蚀膨胀单调性

3）递增(减)性

递增(减)性的数学表达式为

$$A \ominus B \subseteq A \subseteq A \oplus B \tag{4-6}$$

从递增(减)性可以看出，腐蚀是对目标图像的收缩；膨胀是对目标图像的扩展。利用递增(减)性质，可以对目标图像先腐蚀再膨胀达到去除噪声、杂质的目的。

4）平移不变性

不论是结构元素还是目标图像的位置发生偏移，再作腐蚀或膨胀，其输出结构较原输出结果也会发生偏移，且偏移的向量与目标图像或者结构元素平移方向一致。但要注意的是，虽然位置发生了偏移，但是不会影响输出结果的形状。

5）交换律

交换律的数学表达式为

$$A \oplus B = B \oplus A \tag{4-7}$$

在膨胀时，用结构元素对目标图像膨胀和用目标图像对结构元素膨胀的结果相同。值得注意的是，交换律仅仅适用于膨胀运算，不适用于腐蚀运算。

6）结合律

结合律的数学表达式为

$$
\begin{aligned}
A \ominus (B_1 \oplus B_2) &= A \ominus B_1 \ominus B_2 \\
A \oplus (B_1 \oplus B_2) &= A \oplus B_1 \oplus B_2
\end{aligned}
\tag{4-8}
$$

在腐蚀、膨胀运算中，如果结构元素比较大或者复杂，那么可以把结构元素分解成若干个较小的、结构简单的结构元素。如图 4－9 所示，B_1 对 B_2 膨胀可以得到结构元素 B，那么结构元素 B 可以拆分为 B_1 和 B_2 两个小的、结构简单的结构元素。

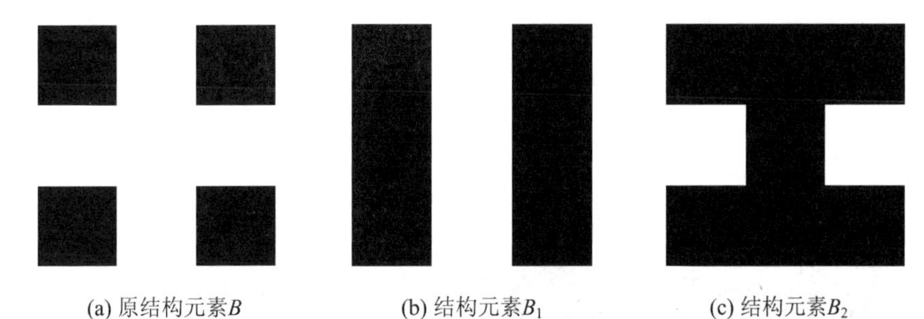

(a) 原结构元素B　(b) 结构元素B_1　(c) 结构元素B_2

(d) 目标图像A　(e) 结构算子B腐蚀目标图像　(f) 结构算子B_1腐蚀目标图像　(g) 结构算子B_2对B_1腐蚀后的目标图像再次腐蚀

图 4－9　结构元素的分解(腐蚀为例)

4.2.2　开运算与闭运算

1. 开运算

设目标图像为 A，结构元素为 B，则 B 对 A 的开运算可以定义为

$$
A \circ B = (A \ominus B) \oplus B \tag{4-9}
$$

根据式(4－9)可知，开运算是先用结构元素 B 对目标图像 A 进行腐蚀，再用结构元素 B 对腐蚀后的目标图像 A 进行膨胀。

根据开运算定义可知，结构元素 B 对目标图像 A 腐蚀后，目标图像 A 中比结构元素 B 小的细节被腐蚀了；在此基础上，当结构元素 B 对腐蚀后的目标图像 A 进行膨胀时，目标图像 A 中没有被结构元素 B 腐蚀的部分将恢复原状。如图 4－10 所示，二值目标图像和结构元素分别如图 4－10(a)和图 4－10(b)所示，其中结构元素原点标记为“$\underline{1}$”。根据式(4－9)，对比开运算输出结果(见图 4－10(d))和目标图像(见图 4－10(a))，可以看到目标图像经过开运算后，其几何结构保持不变，而比结构元素小的部分图形将消失。

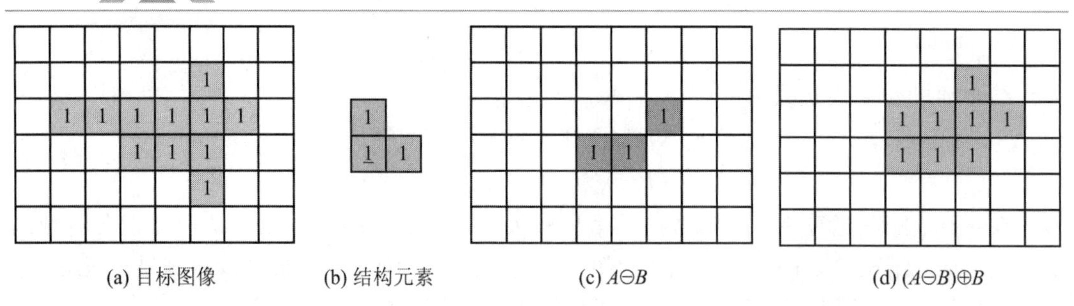

(a) 目标图像　(b) 结构元素　(c) $A \ominus B$　(d) $(A \ominus B) \oplus B$

图 4－10　开运算示例

此外，当目标图像中存在噪声时，开运算可以类比低通滤波器，去除目标图像 A 中比结构元素 B 小的噪声，平滑比结构元素 B 小的边缘。在图 4－11 中，目标图像中含有若干正方形像素，大小分别为 1×1、3×3、5×5、7×7、9×9、13×13。当结构元素有 5×5 的正方形时，可以滤除小于该尺寸的所有白色正方形；当结构元素增大到 9×9 大小时，可以滤除 1×1、3×3、5×5、7×7 大小的所有正方形。

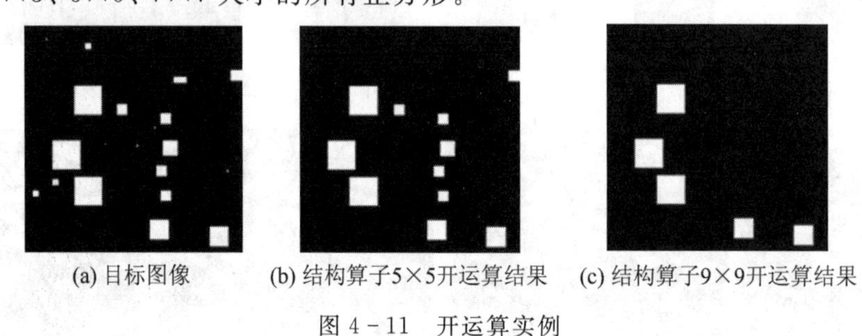

(a) 目标图像　(b) 结构算子5×5开运算结果　(c) 结构算子9×9开运算结果

图 4－11　开运算实例

2. 闭运算

设目标图像为 A，结构元素为 B，则 B 对 A 的闭运算可以定义为

$$A \cdot B = (A \oplus B) \ominus B \tag{4-10}$$

根据式(4－10)可知，闭运算是先用结构元素 B 对目标图像 A 进行膨胀，然后对其结果再用同一个结构元素 B 对目标图像 A 进行腐蚀。

根据闭运算定义可知，结构元素 B 对目标图像 A 膨胀后，所得结果比目标图像 A 要大，其中比结构元素 B 小的空隙被填满；在此基础上，当结构元素 B 对膨胀后的目标图像 A 进行腐蚀时，目标图像 A 恢复基本轮廓，且其中细小的空隙被填满。

如图 4－12 所示，二值目标图像和结构元素分别如图 4－12(a)和图 4－12(b)所示，其中结构元素原点标记为“$\underline{1}$”。根据式(4－10)，对比闭运算输出结果(见图 4－12(d))和目标图像

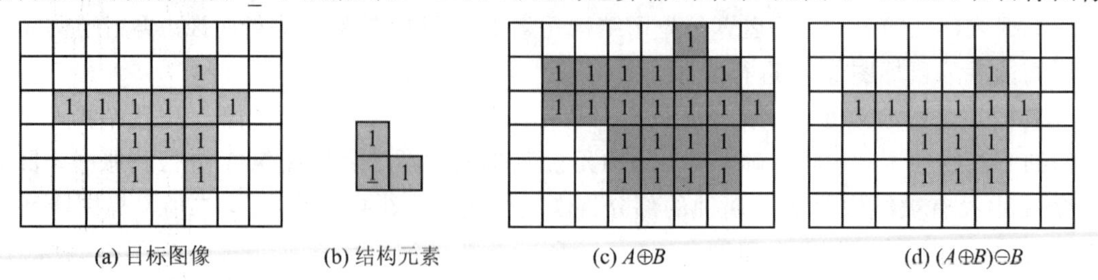

(a) 目标图像　(b) 结构元素　(c) $A \oplus B$　(d) $(A \oplus B) \ominus B$

图 4－12　闭运算示例

（见图 4－12(a)），可以看到目标图像经过闭运算后，其几何结构保持，同时细小缝隙被填充。

此外，当目标图像中存在噪声时，闭运算可以填补目标图像 A 的细小缝隙，同时保留目标图像 A 的基本轮廓。在图 4　13 中，目标图像中含有若干正方形像素，大小分别为 1×1、3×3、5×5、7×7、9×9、13×13。当结构元素有 5×5 的正方形时，可以滤除小于该尺寸的所有白色正方形；当结构元素增大到 9×9 大小时，可以滤除 1×1、3×3、5×5、7×7 大小的所有正方形。

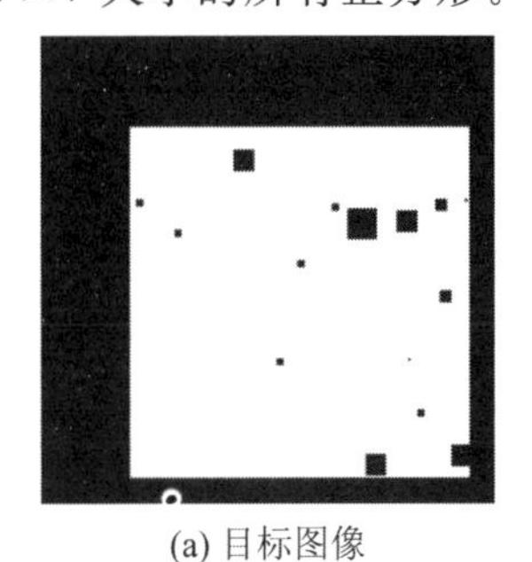

(a) 目标图像

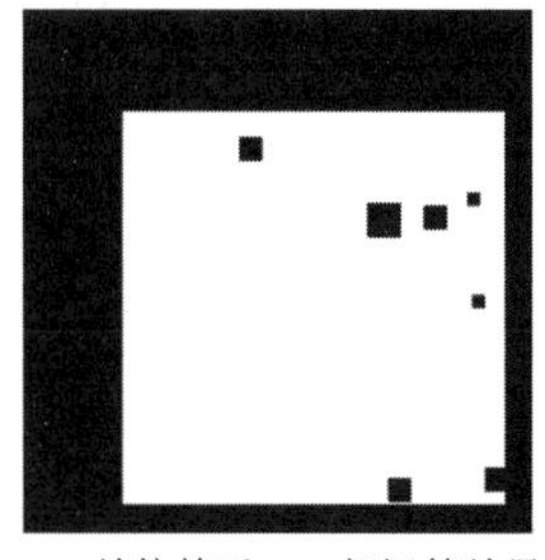

(b) 结构算子5×5闭运算结果

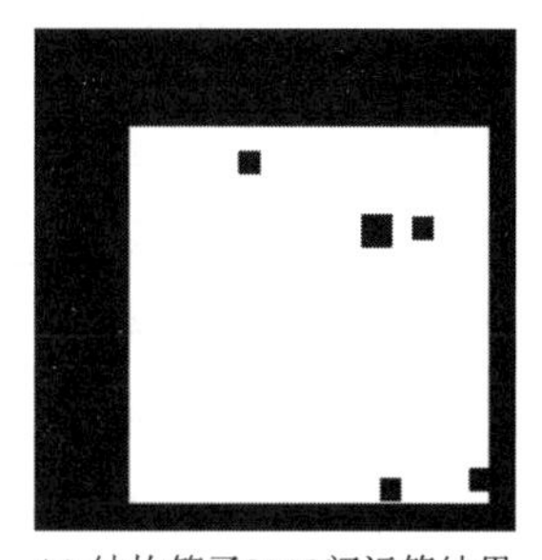

(c) 结构算子9×9闭运算结果

图 4－13　闭运算实例

3. 开运算与闭运算的性质

与腐蚀膨胀一样，开运算和闭运算也存在一些性质，具体介绍如下。

1）对偶性

对偶性的数学表达式为

$$\begin{aligned}(A^c \bullet B)^c &= A \circ B \\ (A^c \circ B)^c &= A \bullet B\end{aligned} \qquad (4-11)$$

由图 4－14 可见，对目标图像的闭运算，相当于对图像背景的开运算；对目标图像的开

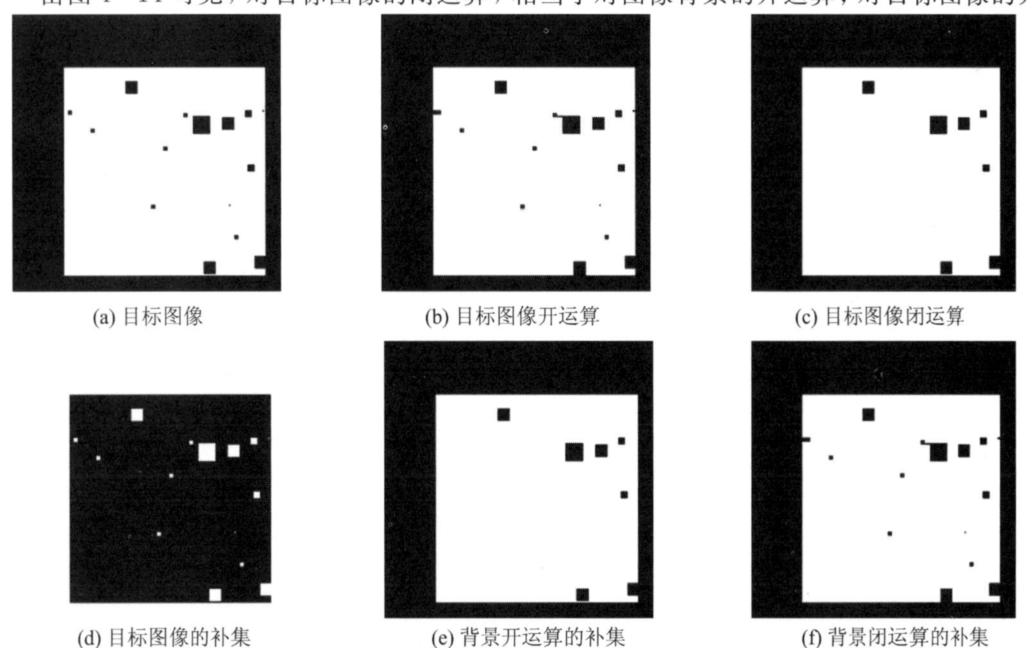

(a) 目标图像　(b) 目标图像开运算　(c) 目标图像闭运算

(d) 目标图像的补集　(e) 背景开运算的补集　(f) 背景闭运算的补集

图 4－14　开运算和闭运算的对偶性

运算，相当于对图像背景的闭运算。

2）单调性

对于任意目标图像 $A'\subseteq A$，可以得到：

$$\begin{aligned} A' \circ B \subseteq A \circ B \\ A' \bullet B \subseteq A \bullet B \end{aligned} \tag{4-12}$$

对于任意结构元素 $B'\subseteq B$，且 $B'\circ B=B$，可以得到：

$$\begin{aligned} A \circ B' \supseteq A \circ B \\ A \bullet B' \supseteq A \bullet B \end{aligned} \tag{4-13}$$

类似于腐蚀和膨胀运算，可以利用这种性质构建一个与原结构元素外接矩形或圆相匹配的结构元素。这样，我们就可以处理那些经过不规则结构元素开运算或闭运算处理过的目标图像。通过使用新构造的结构元素，目标图像的轮廓可以变得更加规则。但需要注意的是，这种性质只有当 $B'\circ B=B$ 时，单调性才成立，否则，在大多数情况下，这种性质并不成立。

3）扩展(收缩)性

扩展(收缩)性的数学表达式为

$$A \circ B \subseteq A \subseteq A \bullet B \tag{4-14}$$

从递增(减)性可以看出，闭运算是对目标图像的扩展，开运算是对目标图像的收缩。

4）平移不变性

与腐蚀、膨胀运算类似，当结构元素保持不变时，平移目标图像后再进行开运算或闭运算，输出的结果会和原输出结果之间有一个平移，且偏移的向量与目标图像平移方向相同。而保持目标图像不变、平移结构元素时，所得结果不会发生改变。

5）等幂性

等幂性的数学表达式为

$$\begin{aligned} (A \circ B) \circ B = A \circ B \\ (A \bullet B) \bullet B = A \bullet B \end{aligned} \tag{4-15}$$

开闭运算的等幂性说明，利用开闭运算对目标图像进行处理时，只需要处理一次就可以达到最终目标，不需要反复用相同运算进行处理。

拓展与讨论

对图 4-11 进行图像识别，选择合适的二值形态学的基本运算，分别完成下面两个需求：

(1) 识别图中最大的正方形。

(2) 识别图中 3×3 大小的长方形。

要求识别后图像的大小、位置与实际大小一致，无偏差。

4.2.3 形态学滤波

在 4.2.2 小节中介绍了利用开运算可以滤除比结构元素小的白色噪声，利用闭运算可以填补比结构元素小的黑色噪声。由此可见，两种运算可以被视为最基本的形态学滤波。在二值图像中，当噪声颜色单一时，如噪声灰度值为 0 或者 1，那么用单一的开、闭运算可以达到滤波的效果。但是在实际应用中，往往噪声颜色不单一，如椒盐噪声的灰度值为 0 和 1，单一的基础形态学滤波不能达到较好的效果。因此，往往需要对开、闭运算进行组合。

形态开-闭运算定义为

$$(A \circ B) \bullet B = \{[(A \ominus B) \oplus B] \oplus B\} \ominus B \tag{4-16}$$

形态闭-开运算定义为

$$(A \bullet B) \circ B = \{[(A \oplus B) \ominus B] \ominus B\} \oplus B \tag{4-17}$$

图 4-15 中，图像中还有像素大小分别为 1×1、3×3、5×5 的噪声。根据噪声的特性，目标内部含有黑色的噪声，背景中含有白色噪声。根据开、闭运算特点，可以运用形态学开-闭滤波器来滤除背景中的白色噪声，同时滤除目标中的黑色噪声。值得注意的是，为了有效地消除图像中存在的背景噪声和目标图像中的噪声，所选取的结构元素要比这两种噪声都大，这里我们选择的是 7×7 大小的结构算子。

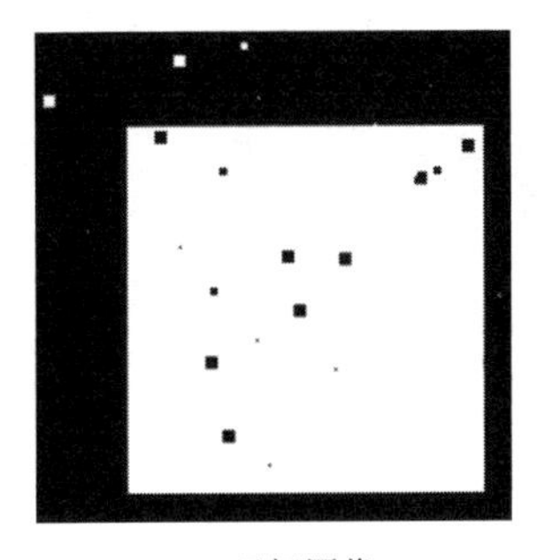

(a) 目标图像

(b) 形态学开-闭滤波后的图像(结构算子7×7)

图 4-15　形态学滤波实例

4.3　二值图像的形态学应用

在腐蚀、膨胀、开运算和闭运算 4 种二值形态学基本运算的基础上，这一节将这几种运算与交、并、补等集合运算结合，进一步对前面内容进行拓展。

4.3.1　边缘提取

在 4.2.1 小节中，我们学习了腐蚀和膨胀的基本性质，可以了解到腐蚀处理可以将目标图像收缩，而膨胀可以扩充目标图像。利用这一性质，通过简单的逻辑运算可以较精准地提取目标图像的内外边界。

1）内边界

内边界如图 4-16(b)所示，其数学表达式为

$$\beta_1(A) = A - (A \ominus B) \tag{4-18}$$

利用腐蚀使图像收缩这一性质，目标图像 A 的内边界可通过目标图像与收缩结果的差集得到。

2）外边界

外边界如图 4-16(c)所示，其数学表达式为

$$\beta_2(A)=(A \oplus B)-A \tag{4-19}$$

利用膨胀使图像扩展这一性质，目标图像 A 的外边界可通过扩展结果与目标图像的差集得到。

3）形态学边界

形态学边界如图 4-16(d)所示，其数学表达式为

$$\beta_{3(A)}=(A \oplus B)-(A \ominus B) \tag{4-20}$$

综合利用膨胀和腐蚀使图像扩展和收缩的性质，目标图像 A 的形态学边界可通过扩展结果与收缩结果的差集得到。

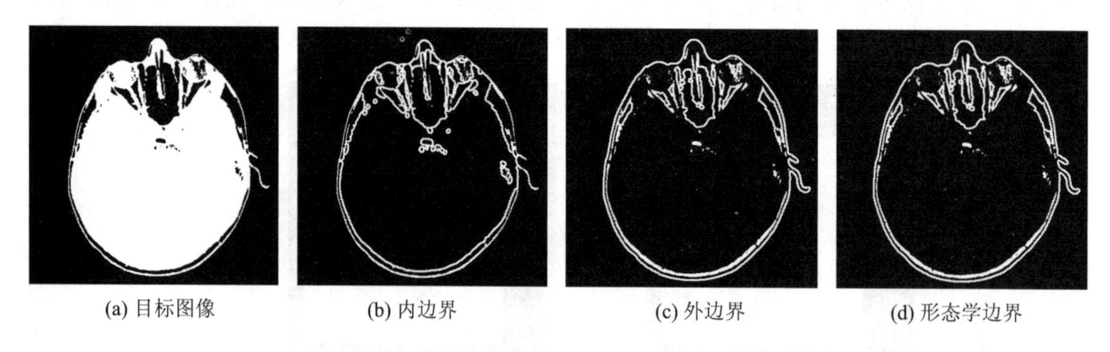

(a) 目标图像　(b) 内边界　(c) 外边界　(d) 形态学边界

图 4-16　边界提取

回顾与思考

在第 3 章中学习了使用一阶和二阶算子来提取图像的边缘信息，而本小节学习的是利用形态学方法来提取边界，与同学们讨论这两种方法的适用范围以及它们各自的优缺点。包括但不限于：在哪些情况下更适合使用一阶和二阶算子提取边缘信息？这种方法的优点是什么？存在着什么缺点？形态学方法在哪些场景下更有优势？它的优点和限制是什么？

讨论的目的：通过回顾和比较，理解在解决同类工程问题时，可能存在多个解决方案，对于每个问题，需要仔细分析其特点和具体需求，并在此基础上选择合适的方法来解决问题，而不是固定地使用单一方法来解决同类型的问题。

4.3.2　区域填充

区域填充是在已知目标图像边缘信息的基础上，对该目标图像内部进行填充，如图 4-17 所示。对目标图像内部进行区域填充需要通过式(4-21)的迭代来完成。

$$X_k=(X_{k+1} \oplus B) \cap A^c \tag{4-21}$$

当 $X_k=X_{k+1}$ 时，迭代停止。此时再将结果与图像边界进行并运算，即 $X_k \cup A$，则可得到一个边界加填充区域。

对于迭代算法，需要注意如下三个问题：

(1) 初始点的选择。该算法的初始点需要选择为填充区域内的任意一点。起始点选取的不同可能会影响填充迭代的次数，但不影响区域填充的结果。

(2) 迭代算法。如果对膨胀的结果不加控制，就会超过目标边界，每一步与 A^c 的交集可以将结果限制在感兴趣的区域内。

(3) 迭代停止与收敛。该区域填充算法中，当前一次结果与后一次结果相同时，即可视为区域填充算法收敛。迭代停止后的结果即为区域填充的最终结果。

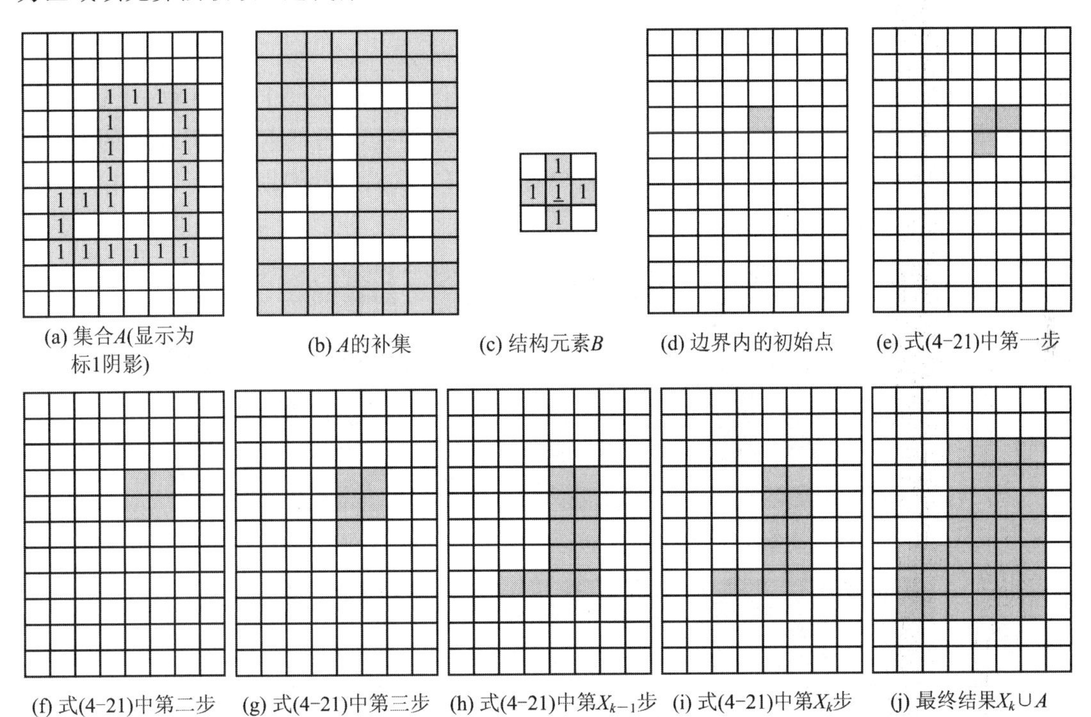

图 4-17　区域填充过程示意图

4.3.3　骨架抽取

对于图像而言，骨架可以反映目标图像的形状结构，它是几何形状和拓扑性质的重要特征之一。通过提取骨架，可以为文字识别、形状识别等提供有用信息。通过逐次去掉边缘的方法把具有一定宽度的目标图像轮廓腐蚀成宽度仅为一个像素的骨架。骨架的获取主要有基于烈火模拟的骨架提取和基于最大圆盘的骨架提取。这里我们主要介绍基于最大圆盘的骨架提取。(烈火模拟的骨架提取将目标的边缘线想象成被同时点燃的火焰，火焰以匀速向内部蔓延，当两股火焰相遇时，火焰熄灭。最终，火焰熄灭的地方所形成的连线就是图形的骨架。)

令目标图像 A 的骨架为 $S(A)$，骨架子集 $S_n(A)$ 为目标图像 A 内所有最大内切圆盘 nB 的圆心构成的集合，骨架是所有骨架子集的并，可以表示为

$$\begin{cases} S(A)=\bigcup\limits_{n=0}^{N} S_n(A) \\ S_n(A)=(A\ominus nB)-(A\ominus nB)\circ B \end{cases} \tag{4-22}$$

其中：$A\ominus nB$ 表示对 A 连续腐蚀 n 次，即 $A\ominus nB=((\cdots(A\ominus B)\ominus B)\ominus\cdots)\ominus B$；$N$ 为 A 被腐蚀为空集前的最后一次迭代，$N=\max\{n\,|\,(A\ominus nB)\neq\varnothing\}$。由式(4-22)可知，已知目标图像 A 的骨架可通过 n 次 B 膨胀重建原始图像。目标图像 A 用骨架子集 $S_n(A)$ 重构可以表示为

$$A=\bigcup_{n=0}^{N}(S_n(A)\oplus nB) \tag{4-23}$$

其中：B 为结构元素，表示连续 n 次用 B 对 $S_n(A)$ 膨胀得到 A，即 $S_n(A)\oplus nB=((\cdots(A\oplus B)\oplus B)\oplus\cdots)\oplus B$。如图 4-18 所示为“五”字样的图像进行骨架提取的结果。值得注意的是，骨架提取最终结果中，由于图片显示原因，骨架看似断开，然而由骨架细节图(如图 4-18(f)所示)可以看到实际像素是连在一起的。

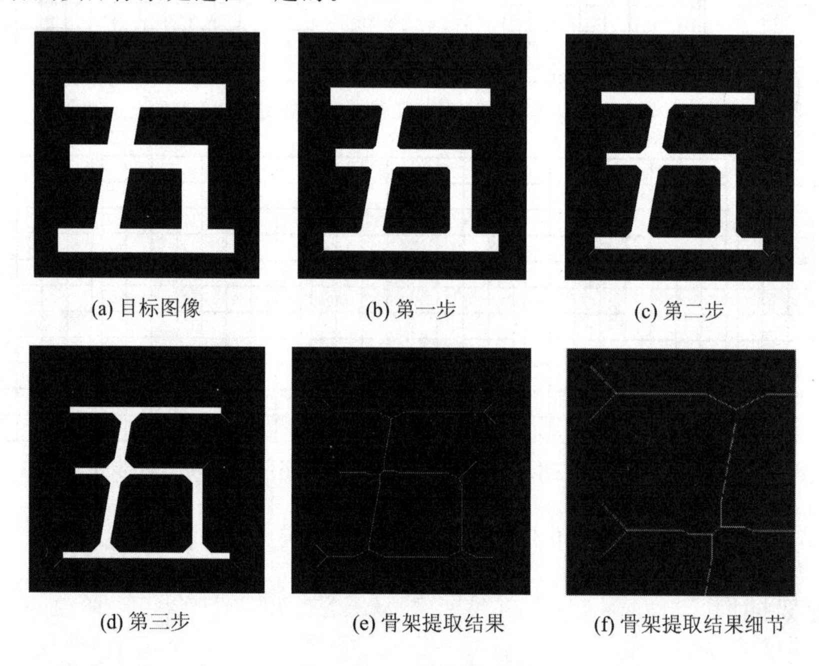

图 4-18　骨架抽取示例

4.3.4　击中/击不中运算

实际应用中，在需要保留目标图像某种几何特征的同时，也需要去除不符合几何特征要求的部分。然而，前面的各种方法每一步只能实现一个要求。因此，根据腐蚀运算的性质可知，腐蚀运算可以去除目标图像中与结构元素几何特征不符的部分，同时保留符合某种几何特征的部分。可将结构算子分为互斥的两部分，通过击中/击不中运算达到这一目标。

设目标图像 A(如图 4-19(a)所示)，结构元素 $B=B_1\cup B_2$(如图 4-19(b)所示)，其中 B_1、B_2 为两个不同结构元素且 $B_1\cap B_2=\varnothing$，则击中/击不中运算可以表示为

$$A\otimes B=(A\ominus B_1)\cap(A^c\oplus B_2)=(A\ominus B_1)-(A\ominus B_2) \tag{4-24}$$

可见被击中的部分是 A 中具有 B_1 几何特征的部分与 A 中具有 B_2 几何特征的部分的差集。

假设目标图像为 A，结构元素(核)B_1 和结构元素 B_2 击中/击不中算法的运算如下：

(1) 使用结构元素 B_1 对目标图像 A 进行腐蚀操作(如图 4-19(c)所示)；

(2) 使用结构元素 B_2 对目标图像 A 的互补图(取反)进行腐蚀操作(Erode)(如图 4-19(d)所示)；

(3) 将步骤(1)与步骤(2)的结果进行和操作(AND)，即为输出结果(如图 4-19(e)所示)。

换句话说，定义一个待匹配的形状，其中形状内元素值为 1，表示该位置需要匹配目标图像 A 的前景(白色)；若元素值为 -1，表示该位置需要匹配目标图像 A 的背景(黑色)；若元素值为 0，表示该位置不做要求(前景、背景皆可)。使用该结构元素对目标图像扫描后，根据上述匹配规则，在结构元素中心点位置记为 1 或者非 0 值，若不匹配，则结构元素中心点位置记为 0，最后得到的结果就是输出图像。由此可见，通过设计结构算子，可以利用击中/击不中运算实现简单的图像识别功能。

0	0	0	0	0	0	0	0
0	1	1	1	0	0	0	0
0	1	1	1	0	0	0	0
0	1	1	1	0	1	0	0
0	0	1	0	0	0	1	0
0	0	1	0	0	1	1	1
0	1	0	1	0	0	1	0
0	1	1	0	0	0	0	0

(a) 目标图像

0	1	0
1	0	1
0	1	0

0	0	0
0	−1	0
0	0	0

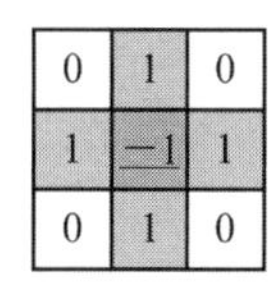

0	1	0
1	−1	1
0	1	0

1：匹配前景
−1：匹配背景
0：允许不完全匹配

(b) 结构算子(用于击中的 B_1 和用于击不中的 B_2 及组合结构元素 B)

0	0	0	0	0	0	0	0
0	0	0	0	0	0	0	0
0	0	0	0	0	0	0	0
0	0	0	0	0	0	0	0
0	0	0	0	0	0	0	0
0	0	0	0	0	0	1	0
0	0	1	0	0	0	0	0
0	0	0	0	0	0	0	0

(c) $A\ominus B_1$

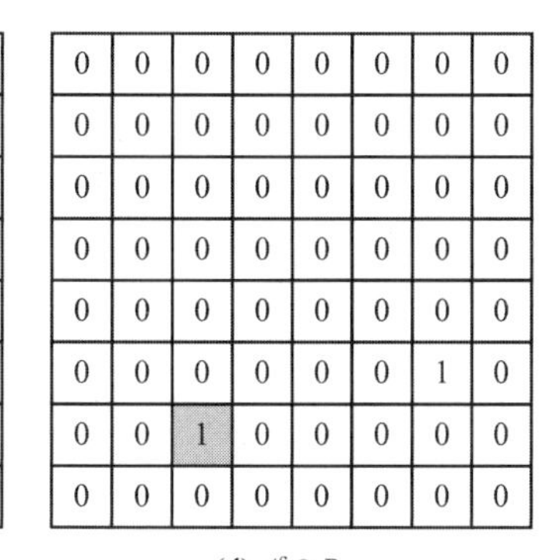

0	0	0	0	0	0	0	0
0	0	0	0	0	0	0	0
0	0	0	0	0	0	0	0
0	0	0	0	0	0	0	0
0	0	0	0	0	0	0	0
0	0	0	0	0	0	1	0
0	0	1	0	0	0	0	0
0	0	0	0	0	0	0	0

(d) $A^c\oplus B_2$

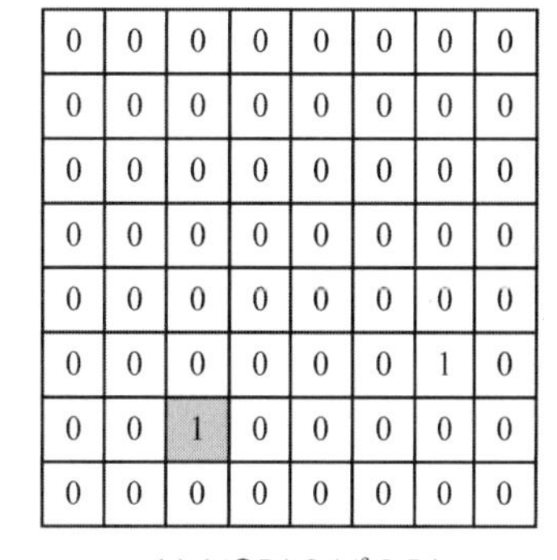

0	0	0	0	0	0	0	0
0	0	0	0	0	0	0	0
0	0	0	0	0	0	0	0
0	0	0	0	0	0	0	0
0	0	0	0	0	0	0	0
0	0	0	0	0	0	1	0
0	0	1	0	0	0	0	0
0	0	0	0	0	0	0	0

(e) $(A\ominus B_1)\cap(A^c\oplus B_2)$

图 4-19　击中/击不中运算

4.4　灰度形态学基本运算

前面介绍的形态学运算是针对二值图像的，为了使形态学应用场景更加广泛，将二值形态学向灰度空间进行扩展。对于二值形态学中的目标图像 A 和结构元素 B，在灰度形态学中分别用 $f(x, y)$表示目标图像函数，用 $b(x, y)$表示结构元素。$b(x, y)$本身是一个子图像函数，(x, y)表示图像中像素点的坐标。类比二值形态学的求交和求并运算，灰度形态学中则分别用求最大值和最小值的运算。为了表述更加精简，下面使用 f 和 b 表示 $f(x, y)$和 $b(x, y)$运算。

4.4.1 灰度腐蚀与灰度膨胀

1. 灰度腐蚀

在灰度图像中，结构元素 $b(x, y)$对目标图像 $f(x, y)$进行灰度腐蚀，可以表示为

$$[f \ominus b](x, y)\ \min_{(s, t)\in b}\{f(x+s, y+t)-b(s, t)\} \tag{4-25}$$

其中：x 和 y 必须在结构元素 $b(x, y)$的定义域内。与二值图像不同，被平移的是目标图像，而不是结构元素。平移与二值形态学腐蚀运算类似，$(x+s)$和$(y+t)$必须在 $f(x, y)$的定义域之内，也就是结构元素必须完全包含在目标图像内。与二值形态学不同的是，灰度腐蚀进行的是类似卷积运算。如图 4-20 所示，模板移动时，计算各点目标图像灰度值与结构元素灰度值之差，从中选取最小值作为结构元素原点对应位置的灰度腐蚀结果。

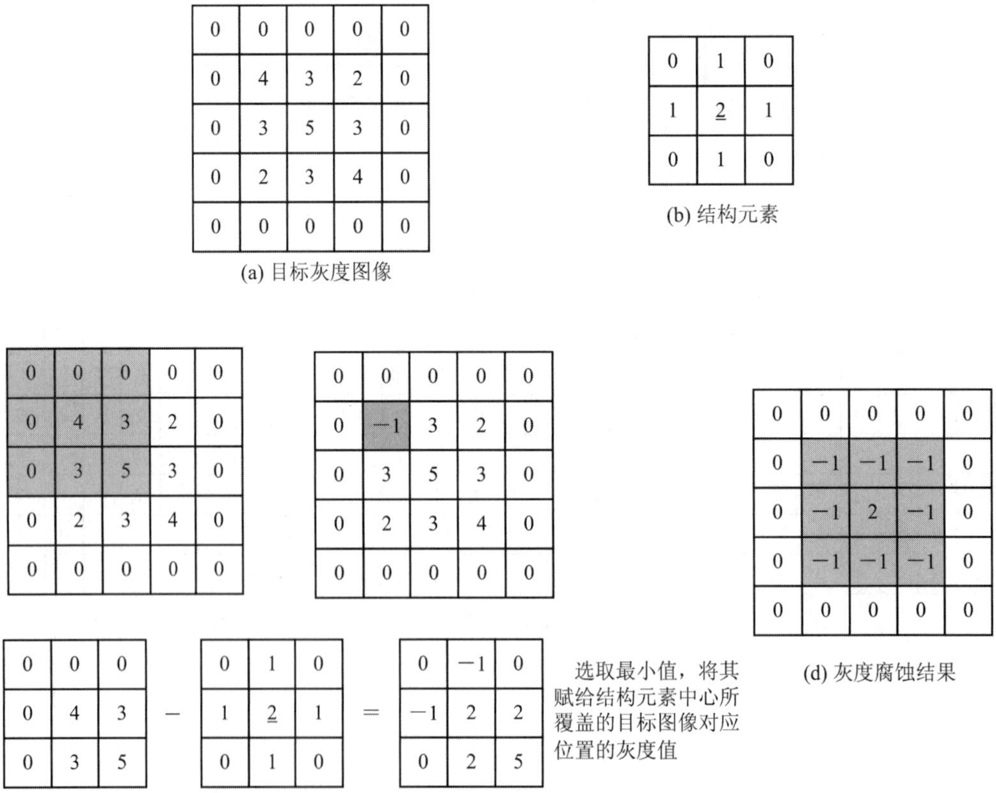

0	0	0	0	0
0	4	3	2	0
0	3	5	3	0
0	2	3	4	0
0	0	0	0	0

(a) 目标灰度图像

0	1	0
1	2	1
0	1	0

(b) 结构元素

0	0	0	0	0
0	4	3	2	0
0	3	5	3	0
0	2	3	4	0
0	0	0	0	0

0	0	0	0	0
0	−1	3	2	0
0	3	5	3	0
0	2	3	4	0
0	0	0	0	0

0	0	0	0	0
0	−1	−1	−1	0
0	−1	2	−1	0
0	−1	−1	−1	0
0	0	0	0	0

(d) 灰度腐蚀结果

0	0	0
0	4	3
0	3	5

−

0	1	0
1	2	1
0	1	0

=

0	−1	0
−1	2	2
0	2	5

选取最小值，将其赋给结构元素中心所覆盖的目标图像对应位置的灰度值

图 4-20 灰度腐蚀示例图

由图 4-21 可以看出，由于灰度腐蚀结果采用灰度值相减后的值，使得输出结果与目

标图像相比灰度值会变小，导致灰度腐蚀后的图像比目标图像整体偏暗。值得注意的是，由于灰度图像的灰度值取值范围为 0～255，当灰度值之差小于 0 时，图像显示自动把负数改为 0，即显示黑色。

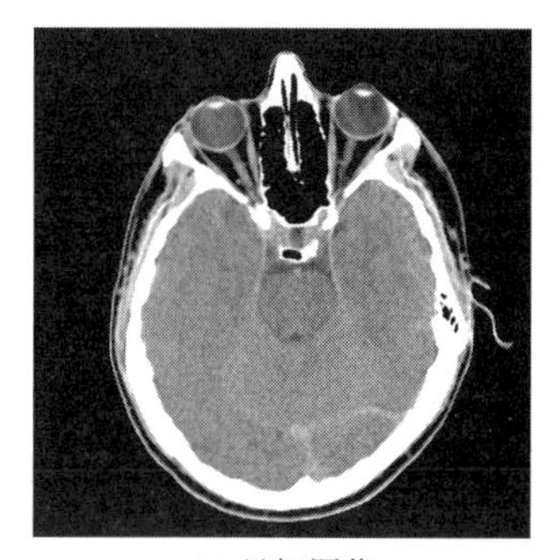

(a) 目标图像

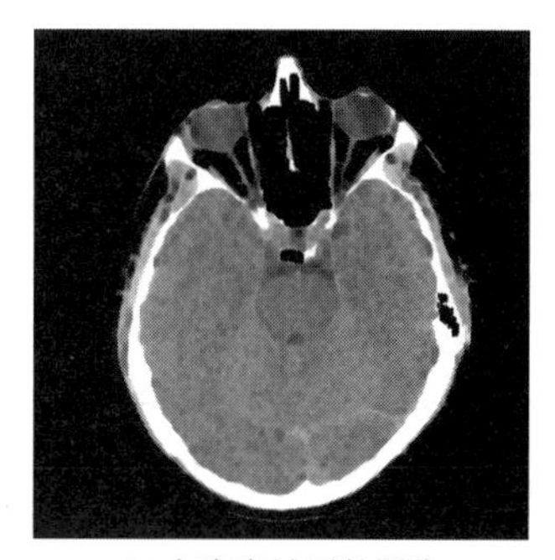

(b) 灰度腐蚀后的图像

图 4-21　灰度腐蚀实例图

如果所有的结构元素都为正，则输出图像会趋向于比输入图像更暗；在输入图像中亮的细节的面积如果比结构元素的面积小，则亮的效果将被削弱。削弱的程度取决于环绕于亮细节周围的灰度值和结构元素自身的形状与幅值。

2. 灰度膨胀

在灰度图像中，结构元素 $b(x, y)$ 对目标图像 $f(x, y)$ 进行灰度膨胀，可以表示为

$$[f \oplus b](x, y) \max_{(s, t) \in b} \{f(x-s, y-t)+b(s, t)\} \tag{4-26}$$

其中：x 和 y 必须在结构元素 $b(x, y)$ 的定义域内。这里被平移的对象与灰度腐蚀一样，也是目标图像，并且 $(x-s)$ 和 $(y-t)$ 必须在 $f(x, y)$ 的定义域之内。此外，灰度膨胀进行的是类似卷积的运算，移动时，计算各点目标图像灰度值与结构元素灰度值之和，从中选取最大值作为结构元素原点对应位置的灰度膨胀结果。

在图 4-22 中，当结构元素为如图 4-22(b)所示的图形时，灰度膨胀的结果采用灰度值相加后的值，使得输出结果与目标图像相比灰度值变大，导致灰度腐蚀后的图像比目标图像整体偏亮。值得注意的是，由于灰度图像的灰度值取值范围为 0～255，当灰度值之差小于 0 时，图像显示自动把负数改为 0，即显示黑色。

从图 4-23 中可以看出，如果所有的结构元素都为正，则输出图像会趋向于比输入图像更亮；在输入图像中暗的细节的面积如果比结构元素的面积小，则暗的效果将被削弱。削弱的程度取决于环绕于暗细节周围的灰度值和结构元素自身的形状与幅值。

回顾与思考

回忆第 3 章学习的统计排序滤波，对比刚刚学习的灰度腐蚀与膨胀运算，想一想两者之间的相同点与不同点，并尝试设计合适的结构元素使得两类算法可以达到相同的效果。

提示：将灰度腐蚀与膨胀的结构元素各点灰度值设为 0，可以使灰度腐蚀的效果与统计排序滤波最小值滤波输出结果相同，这样可以使灰度膨胀的效果与统计排序滤波最大值滤波输出结果相同。

0	0	0	0	0
0	4	3	2	0
0	3	5	3	0
0	2	3	4	0
0	0	0	0	0

(a) 目标灰度图像

0	1	0
1	2	1
0	1	0

(b) 结构元素

0	0	0	0	0
0	4	3	2	0
0	3	5	3	0
0	2	3	4	0
0	0	0	0	0

0	0	0	0	0
0	6	3	2	0
0	3	5	3	0
0	2	3	4	0
0	0	0	0	0

0	0	0		0	1	0		0	1	0
0	4	3	+	1	2	1	=	1	6	4
0	3	5		0	1	0		0	4	5

选取最大值，将其赋给结构元素中心所覆盖的目标图像对应位置的灰度值

(c) 灰度膨胀过程

0	0	0	0	0
0	6	6	5	0
0	6	7	6	0
0	5	6	6	0
0	0	0	0	0

(d) 灰度膨胀结果

图 4-22 灰度膨胀示意图

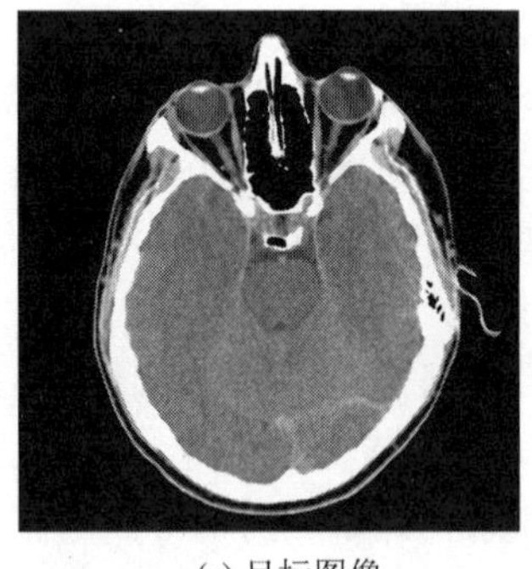

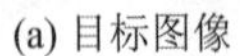

(a) 目标图像

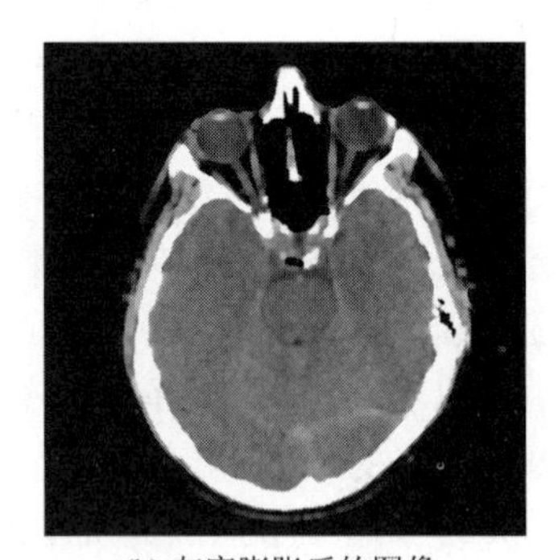

(b) 灰度膨胀后的图像

图 4-23 灰度膨胀实例图

4.4.2 灰度开运算与灰度闭运算

与二值形态学运算一样，可以在灰度腐蚀和膨胀运算的基础上，通过组合运算进一步定义灰度开运算和灰度闭运算。

1. 灰度开运算

在灰度图像中，结构元素 $b(x, y)$ 对目标图像 $f(x, y)$ 进行灰度开运算，可以表示为

$$f \circ b = (f \ominus b) \oplus b \tag{4-27}$$

通过先用腐蚀去除小的亮细节，后膨胀恢复由腐蚀带来的图像变暗问题，使得整张图在开处理之后图像整体亮度不变。因此，灰度开运算是用来消除细小亮点的，尤其是暗背景中的亮点。

在图 4-24 中可以看到，亮细节的尺寸减小，而对暗的灰度没有影响。

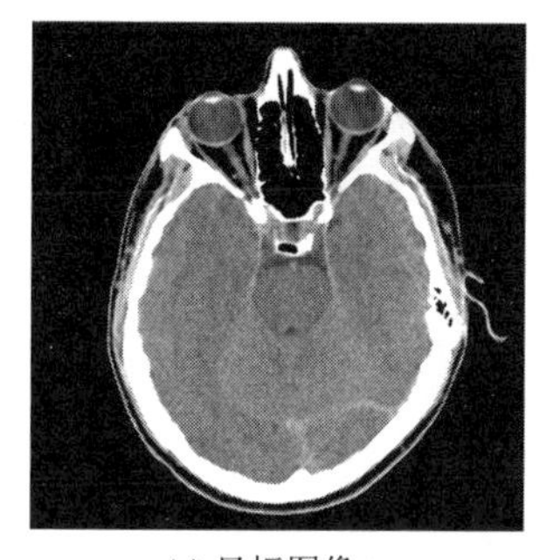

(a) 目标图像

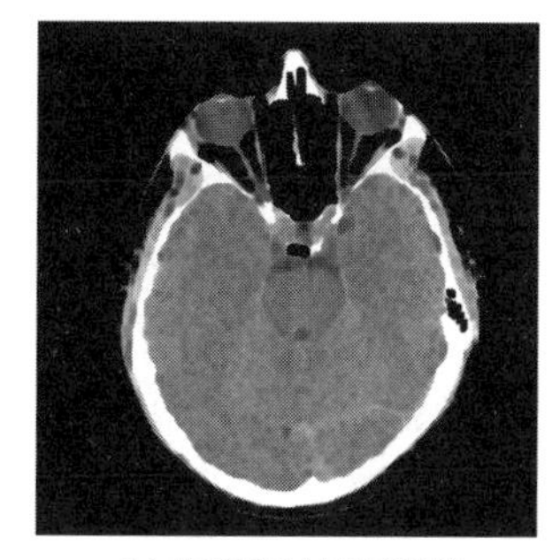

(b) 灰度腐蚀目标图像

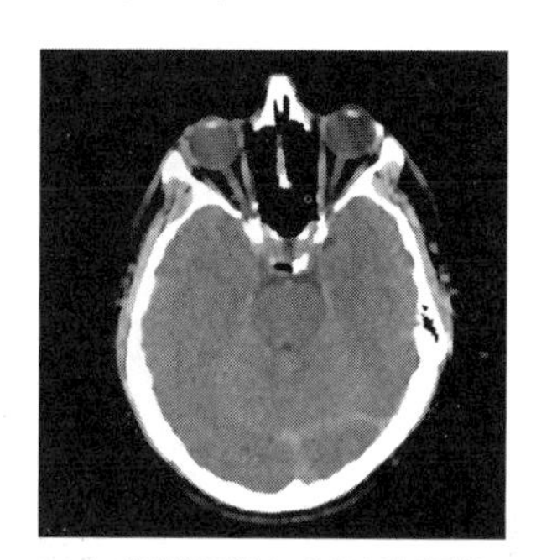

(c) 灰度膨胀腐蚀后的目标图像

图 4-24　灰度开运算实例图

2. 灰度闭运算

在灰度图像中，结构元素 $b(x, y)$ 对目标图像 $f(x, y)$ 进行灰度闭运算，可以表示为

$$f \bullet b = (f \oplus b) \ominus b \tag{4-28}$$

通过先用膨胀填充小的暗细节，后腐蚀恢复由膨胀带来的图像变亮问题，使得整张图在开处理之后图像整体亮度不变。因此，灰度开运算是用来减少细小暗细节的，尤其是亮背景中的暗细节。

在图 4-25 中可以看到，暗细节尺寸减小，而对亮特征没有什么效果。

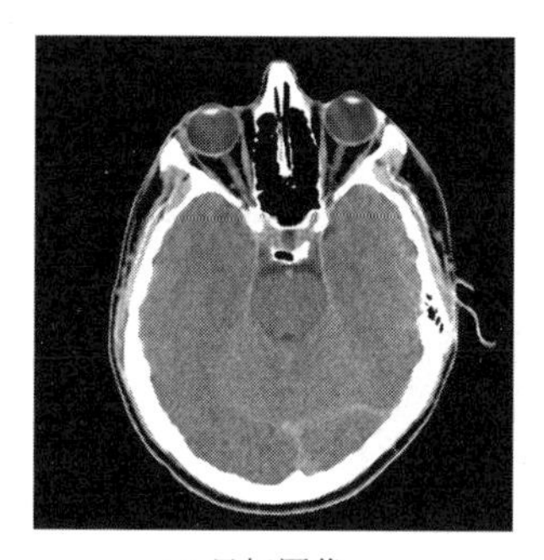

(a) 目标图像

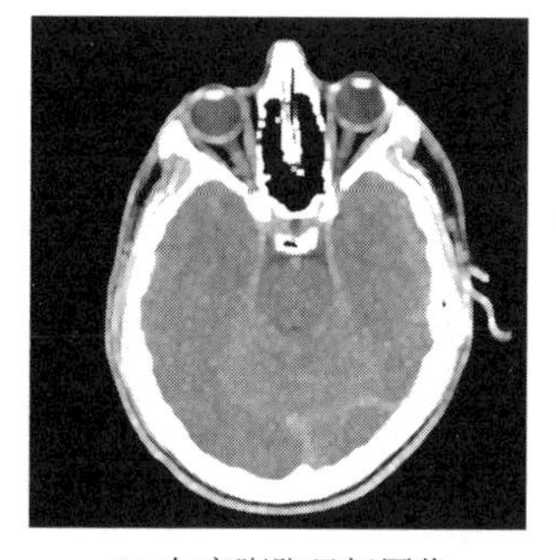

(b) 灰度膨胀目标图像

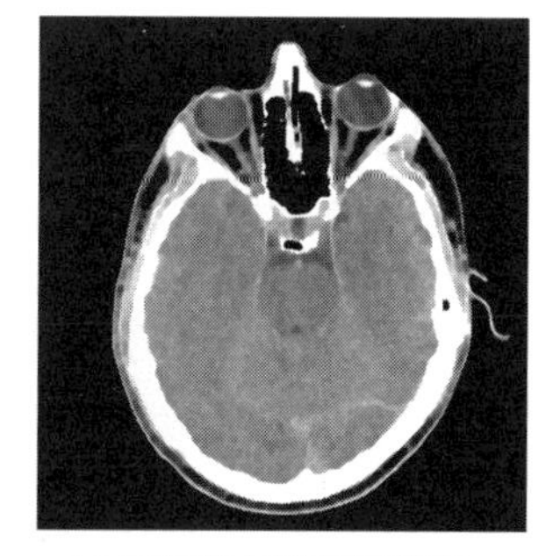

(c) 灰度腐蚀膨胀目标图像

图 4-25　灰度闭运算实例图

回顾与思考

如果目标灰度图像含有椒盐噪声(见 3.2.2 小节定义)，则如何采用灰度开运算和闭运算去除噪声，并将此结果对比第 3 章中的中值滤波得到的结果？

提示： 如果灰度图像有椒盐噪声，则可以用开运算消除白色噪声，再用闭运算消除黑色噪声。

4.4.3 形态学梯度

图像边缘提取是图像边界检测中的重要步骤之一。对于灰度图像而言，图像的边缘灰度分布往往具有较大的梯度。因此，可以利用图像的形态学边界来提取图像的边缘。

设灰度图像的形态学边界为 $\beta(A)$，则形态学梯度可以表示为

$$\beta(A)=(f\oplus b)-(f\ominus b) \tag{4-29}$$

即先通过对目标灰度图像进行膨胀，再对目标灰度图进行腐蚀，两者之间的差则为形态学边界，如图 4-26 所示。

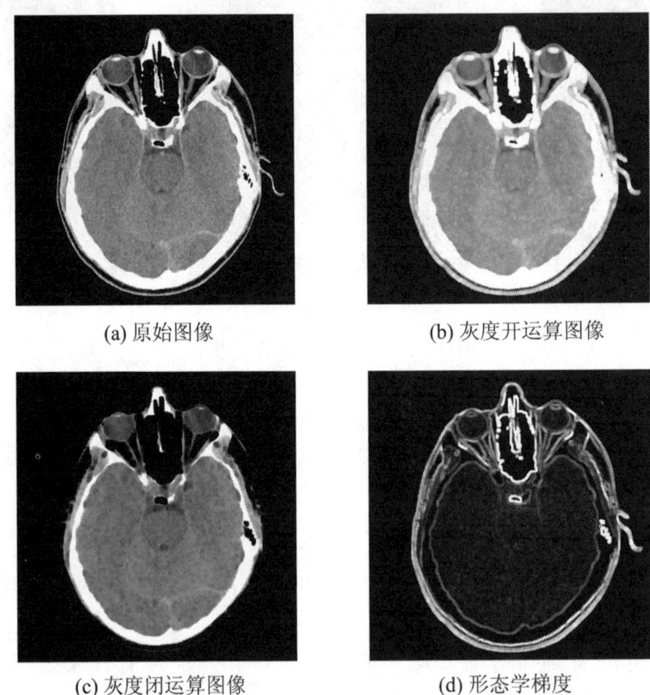

(a) 原始图像　(b) 灰度开运算图像

(c) 灰度闭运算图像　(d) 形态学梯度

图 4-26　形态学梯度实例

由图 4-27 可见，用灰度形态学边界可以很好地勾勒灰度图像的边缘，不会在求取梯度时增强图像中的噪声。在第 3 章中，空间梯度算子都是基于局部差分来计算梯度值的，

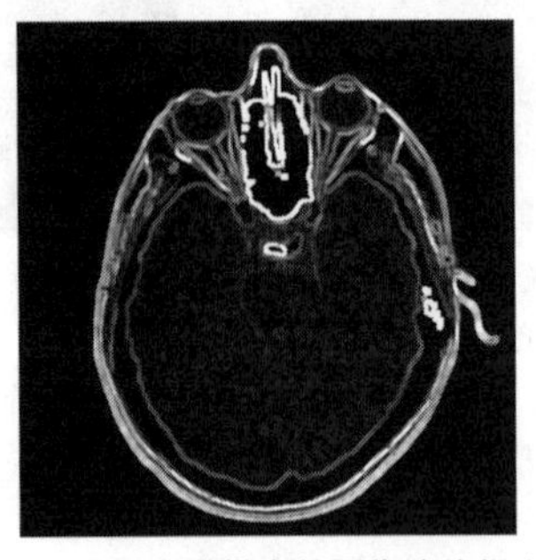

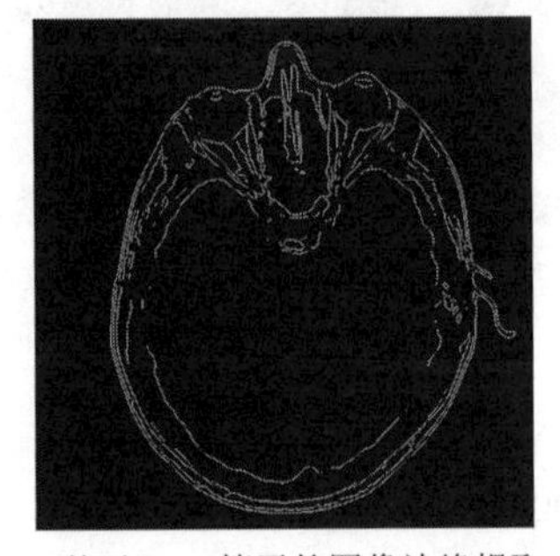

(a) 基于形态学梯度的图像边缘提取　(b) 基于Sobel算子的图像边缘提取

图 4-27　灰度图像的形态学梯度与空间梯度算子的比较

这些算法不同程度地都会拓宽边缘，因此对噪声十分敏感。然而，由于灰度形态学是用结构元素来求图像的形态学梯度的，因此其不会放大噪声。

4.4.4　形态学平滑滤波

灰度图像中利用灰度开运算通过减法运算，可以去除相对于结构元素较小的亮细节；而灰度闭运算通过加法运算，可以去除相对于结构元素较小的暗细节。在实际的图像处理中，仅仅采用灰度开运算或闭运算的效果不能令人满意，此时就需要设计形态开-闭和形态闭-开组合滤波器，更好地发挥其滤波性能。其具体设计如下：

（1）形态学开-闭运算表示为

$$(f \circ b) \bullet b = \{[(f \ominus b) \oplus b] \oplus b\} \ominus b \tag{4-30}$$

（2）形态学闭-开运算表示为

$$(f \bullet b) \circ b = \{[(f \oplus b) \ominus b] \ominus b\} \oplus b \tag{4-31}$$

如图 4-28 所示，对含椒盐噪声的灰度图像。根据灰度开和闭运算的特点，选择形态学开-闭滤波器或者闭-开滤波器，可以看到灰度中的椒盐噪声都得到了很好的滤除。

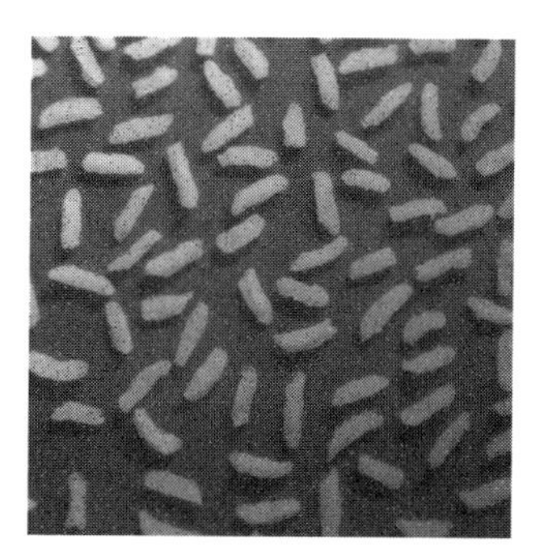
(a) 目标图像

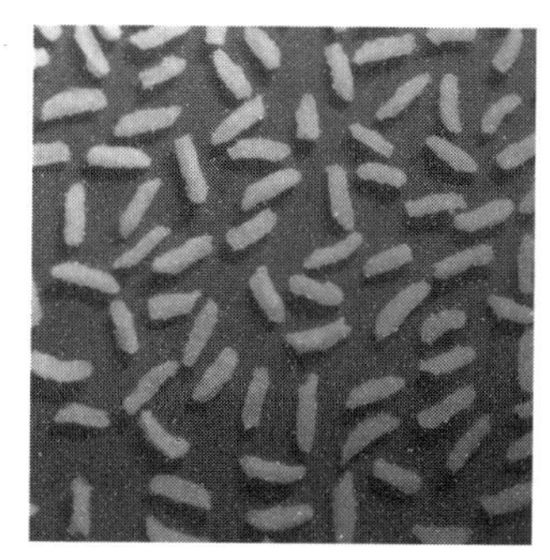
(b) 闭运算目标图像

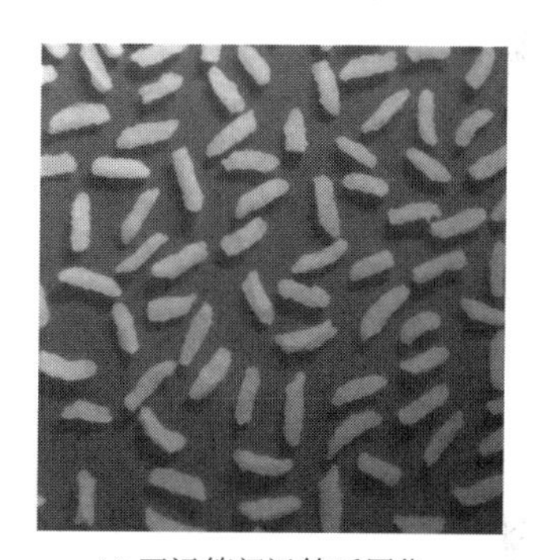
(c) 开运算闭运算后图像

图 4-28　形态学平滑滤波实例

4.4.5　顶帽变换和底帽变换

除了噪声对灰度图像的影响外，光照不均为图像处理也带来了挑战。当需要通过阈值将图像前景和背景分离开来时，光照不均会使所求的图像分割阈值不准确，导致图像分割往往达不到要求。因此，在寻找阈值前，需要解决光照不均对灰度图像的影响。

在图 4-29 中，由于光照不均，图像上部分比图像下部分要浅，即图像上部分的背景灰度值比图像下部分的背景灰度值要小。在不作任何处理时直接通过阈值划分前景和背景时，导致部分米粒的分割不准确。

顶帽算法利用开运算可以删除灰度图像中相对周围比较亮的点，而对其他区域影响不大。通过计算目标图像与开运算的差值，可以保留灰度值较大的像素。其数学表达式为

$$T_{\text{hat}}(f) = f - (f \circ b) \tag{4-32}$$

由此可见，顶帽算法可以保留图像中相对像素值较高的点，并且结构元素越大，保留的亮点数目越多。它可以用来检测出图像中较尖锐的波峰，从较暗且平滑的背景中提取出较亮的细节；可以用来增强图像阴影部分的细节、对灰度图像进行物体分割，检测灰度图

像中波峰和波谷及细长图像等。当采用顶帽算法运算后，黑背景下的光照不均问题得到了解决，如图 4－30 所示。具体而言，在图 4－30(b)中图像上半部分背景和下半部分背景灰度值差别不可见。基于阈值的二值化的图像可以很好地区分前景和背景，如图 4－30(c)所示。

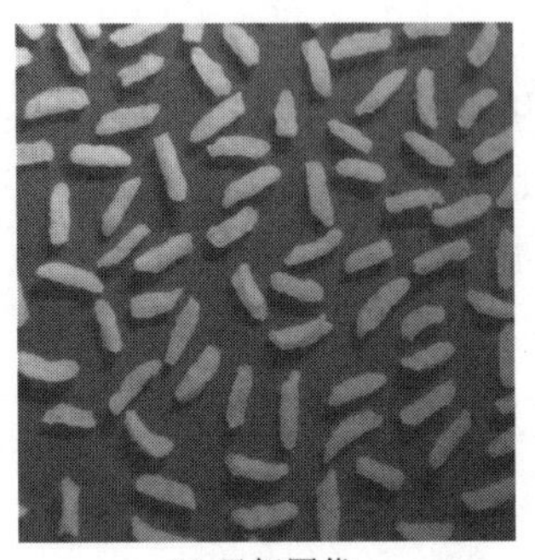

(a) 目标图像

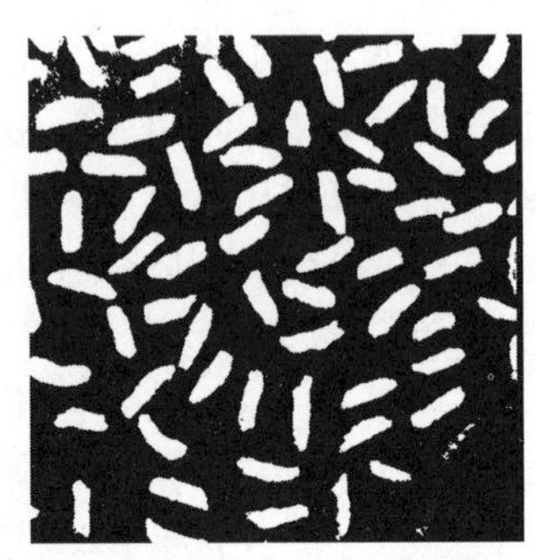

(b) 大津算法处理后二值图像

图 4－29 光照不均下的基于阈值的二值化

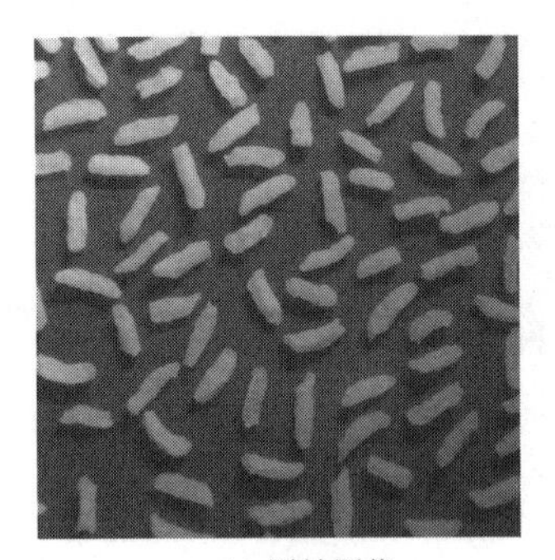

(a) 原始图像

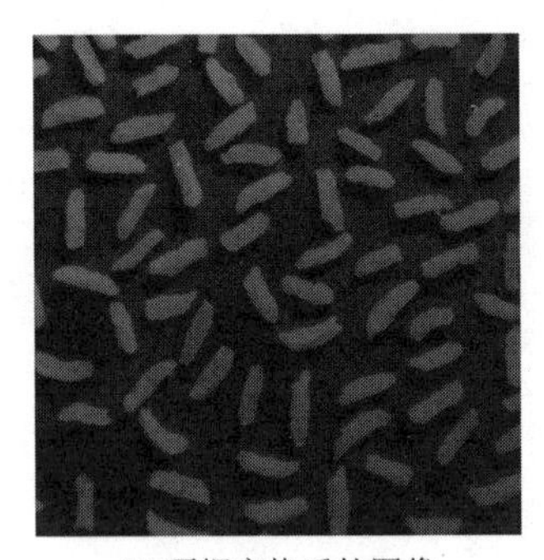

(b) 顶帽变换后的图像

(c) 大津算法处理后二值图像

图 4－30 顶帽运算实例

在图 4－31 中，由于光照不均，图像上部分比图像下部分要浅，即图像上部分的灰度值比图像下部分的灰度值要小。在不作任何处理直接通过阈值划分前景和背景时，导致部分米粒的分割不准确。

(a) 目标图像

(b) 大津算法处理后二值图像

图 4－31 光照不均下的基于阈值的二值化

底帽算法利用闭运算可以删除灰度图像中相对周围比较暗的点，而对其他区域影响不大。通过计算目标图像的闭运算和原图的差值，可以保留灰度值较小的像素。其数学表达式为

$$B_{\text{hat}}(f)=(f \cdot b)-f \tag{4-33}$$

由此可见，底帽算法可以保留图像中相对像素值较暗的点，并且结构元素越大，保留的暗点数目越多。它可以用来检测出图像中较低的波谷，从较亮的背景中提取出较暗的细节。当采用底帽运算后，白背景下的光照不均问题得到了解决，如图 4-32 所示。具体而言，在图 4-32(b)中图像白色背景下的黑色前景上半部分和下半部分的灰度值差别不可见。基于阈值的二值化的图像可以很好地区分前景和背景，如图 4-32(c)所示。

(a) 目标图像

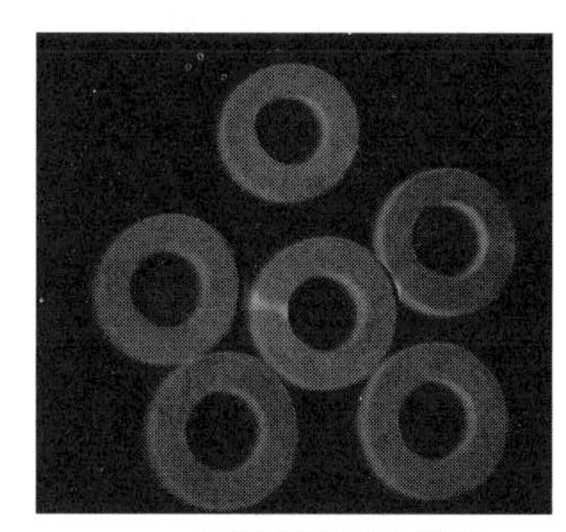

(b) 底帽变换后的图像

(c) 大津算法处理后二值图像

图 4-32　底帽运算实例

拓展与实践

近年来，数字图像处理在农业科研中的应用越来越受到关注。对于农业科研单位来说，了解种子的数量对于作物的生长和产量具有重要的意义。某单位的工业相机拍摄的灰度图像清晰度较高，并且图片中有大米种子(如图 4-30(a)所示)。请设计一种基于数字灰度形态学的大米种子数量计算方法，通过图像处理的方法来计算每张图像中的种子数量，以提高工作效率。

解题思路：以下是一种简单的算法流程，旨在实现种子数量的计算。

(1) 预处理。对于每张灰度图像，进行预处理操作以提高后续处理的准确性。可以使用图像增强技术如直方图均衡化来增加图像的对比度，并进行图像降噪操作如中值滤波来去除不必要的细节。

(2) 二值化。将预处理后的图像进行二值化处理，将图像分为种子和背景两部分。可以使用阈值分割的方法，选择适当的阈值来分割图像。

(3) 形态学处理。利用数学形态学的方法来进一步处理图像，以获取种子的形状和信息。可以使用形态学运算如腐蚀和膨胀算法来去除噪声并增强种子的形态特征。

(4) 特征提取。对处理后的图像进行特征提取操作以计算种子的数量。可以使用连通组件分析或区域标记的方法来标记每个种子的区域，并计算区域的数量。

(5) 种子数量计算。根据标记的种子区域数量，即可得到每张图像中的种子数量。

通过以上算法流程，可以实现对每张图像中大米种子数量的计算。使用数字灰度形态学结合其他图像处理技术，能够在保持图像清晰度的同时，提高种子数量计算的准确性和效率。

本章小结

本章详细介绍了数学形态学图像处理的方法和技术。首先，了解了数学形态学的发展历史，并对其基本定义、分类和逻辑运算进行了介绍。针对二值图像，学习了二值形态学的基本运算，包括腐蚀、膨胀、开操作和闭操作等。还学习了形态学的应用，包括形态学边界提取、区域的填充及击中击不中等算法。其次，学习了灰度形态学。在灰度形态学中，探讨了基本的形态学运算，如灰度腐蚀、灰度膨胀以及开、闭运算。还学习了形态学滤波、平滑、顶帽变换和底帽变换等应用。这些方法可以在图像处理中起到平滑、增强或者突出图像特定区域的作用。

第 5 章

图像分割

图像分割是计算机视觉领域中的重要任务，旨在将图像的不同区域或对象进行有效的分离和提取。在对图像或视频的分析与识别研究中，一般需要对图像中某些特定的、具有独特性质的区域进行分析和识别。这些独特的性质可以是像素灰度值、颜色、纹理等。为了进一步分析和识别，需要采用图像分割方法将目标从图像中的相关区域分离开来。因此，图像分割是由图像处理到图像分析过程中的关键步骤，属于中级处理操作。本书第 3 章中介绍的图像锐化属于图像分割的初级处理。通过图像分割，可以实现目标识别、场景理解和图像编辑等应用。近年来，随着深度学习的兴起，图像分割技术在准确性和效率性方面取得了显著的进展。

本章将深入介绍图像分割的基本概念、方法和应用。我们将学习图像分割方法，如阈值分割、边缘检测、边缘跟踪、Hough 变换，以及阈值分割、区域生长和区域的分裂与合并。我们将学习如何利用图像的灰度值、边缘信息和纹理特征来实现分割。我们将讨论基于全局和局部阈值的方法、基于边缘检测的方法以及基于区域生长的方法，并解释它们的原理和适用场景。最后，将探讨图像分割在各种领域中的实际应用，如医学图像分割、自动驾驶和图像编辑等。通过这些应用案例，读者将能够更好地了解图像分割的实际应用场景和挑战。

通过本章的学习，读者将全面了解图像分割的基本知识和方法，并能够应用这些知识解决实际问题。图像分割技术在计算机视觉和图像处理领域具有广阔的应用前景，为图像内容分析和理解提供了强大的工具和支持。希望本章的内容能够引发读者对图像分割的兴趣，并鼓励其进一步研究和应用相关技术。

5.1 图像分割的概念和分类

5.1.1 图像分割的概念

图像分割(Image Segmentation)是根据图像的灰度、颜色、纹理、边缘等特征，将图像划分成互不交叠、有意义的区域，并提取其中感兴趣目标的技术和过程。

假设整个图像集合为 R，将其分成若干满足下列条件非空子集合 R_1，R_2，…，R_n：

(1) $\bigcup_{i=1}^{n} R_i = R$，分割成所有子集合的并集构成原区域 R。

(2) $R_i \cap R_j = \varnothing (i \neq j)$，分割的各个子区域互不重叠，或者一个像素不能同时属于两个不同的区域。

(3) $P(R_i) = \text{TRUE}(i=1, 2, \cdots, n)$，分割得到的同一区域的像素应具有某些相同的特性。

(4) $P(R_i \cup R_j) = \text{FALSE}(i \neq j)$，分割得到属于不同区域的像素应具有不同的特性。

(5) $R_i(i=1, 2, \cdots, n)$是连通的区域，同一子区域的像素应当是连通的。

上述是图像分割必须满足的条件。在图像分割算法设计时，一般遵从"从简到难，逐级分割"的原则，通过控制背景环境来降低分割难度，把注意力集中在感兴趣的目标图像，缩小不相干图像成分的干扰。

值得注意的是，在实际应用中，图像分割要根据特定需求来进行设计，暂时没有一个通用的方法。与此同时，图像分割也没有统一的评价准则来判断分割结果的好坏，无法根据准则来指导合适的分割算法的选择。

5.1.2 图像分割的分类

在实际应用中，可以依据灰度、颜色、纹理、几何形状等特征，将图像分割成为互不重叠的区域，使得这些特征在同一区域内表现出一致性，在不同区域内表现出明显不同。

灰度图像的分割可建立在像素间的"相似性"和"不连续性"两个基本概念上。"相似性"是指图像中某区域的像素具有某种特性，例如像素灰度相等或接近，像素排列所形成的纹理相同或相近。"不连续性"是指在不同区域之间边缘上的像素灰度跳变带来的不连续性，或者是像素排列形成纹理结构的突变。因此，灰度图像分割方法可以分为基于灰度不连续性的方法和基于灰度相似性的方法。基于灰度不连续性的方法就是通过检测局部的不连续性，找到目标图像的边界，通过边界将图像分成不同的区域，如基于边缘检测的图像分割、基于边缘跟踪的图像分割、Hough 变换等。基于灰度相似性的方法则是将具有同一灰度级或者相同组织结构的像素聚集在一起，形成图像的不同区域，如阈值分割、区域生长、区域分裂与合并等方法。

此外，图像分割除了结合图像自身的特点进行处理外，还可以借助其他学科的方法来完成，例如基于统计模式的分割、基于数学形态学的图像分割、基于神经网络的分割、基于信息论的分割等。

5.2 基于边界的边缘检测

颜色相近的像素在图像上会形成不同的区域，而不同区域之间的边缘则表现为颜色或灰度的明显跃变。基于边界的边缘检测依靠微分的方法，通过分析图像上的灰度跃变来寻找区域边缘的技术。一般来说，边缘检测是基于像素灰度差分的原理，通过计算邻域内像素灰度的一阶导数、二阶导数或梯度来实现的。常用的边缘检测算子包括梯度算子、Robert 算子、Prewitt 算子、Sobel 算子及 Laplace 算子等。这些算子作为边缘检测的基础方法，其检测效果通常比较粗糙。

5.2.1 带有方向信息的边缘检测

在边缘检测中，有时我们并不希望对所有的边缘进行检测，而只想检测特定方向上的边缘，这就需要对边缘进行筛选。为了实现这一目的，我们可以将图像的边缘按照需要分成8个方向，并使用带有方向性的算子进行检测。在第3章中已经介绍了垂直方向和水平方向的算子，本小节将进一步细化方向，具体包括东(***E***)、西(***W***)、南(***S***)、北(***N***)、东南(***SE***)、西南(***SW***)、东北(***NE***)和西北(***NW***)方向。常用的带方向的边缘检测模板主要有三种，分别是Prewitt算子、Kirsch算子和Robinson算子。这些算子在特定方向上能够更加敏锐地检测边缘，以满足具体需求。

Prewitt给出的包含8个方向信息的边缘检测模板如下：

$$
\begin{aligned}
&\boldsymbol{N}=\begin{bmatrix}1 & 1 & 1\\ 1 & -2 & 1\\ -1 & -1 & -1\end{bmatrix},\ \boldsymbol{W}=\begin{bmatrix}1 & 1 & -1\\ 1 & -2 & -1\\ 1 & 1 & -1\end{bmatrix},\\
&\boldsymbol{NW}=\begin{bmatrix}1 & 1 & 1\\ 1 & -2 & -1\\ 1 & -1 & -1\end{bmatrix},\ \boldsymbol{SE}=\begin{bmatrix}-1 & -1 & 1\\ -1 & -2 & 1\\ 1 & -1 & 1\end{bmatrix},\\
&\boldsymbol{S}=\begin{bmatrix}-1 & -1 & -1\\ 1 & -2 & 1\\ 1 & 1 & 1\end{bmatrix},\ \boldsymbol{E}=\begin{bmatrix}-1 & 1 & 1\\ -1 & -2 & 1\\ -1 & 1 & 1\end{bmatrix},\\
&\boldsymbol{SW}=\begin{bmatrix}1 & -1 & -1\\ 1 & -2 & -1\\ 1 & 1 & 1\end{bmatrix},\ \boldsymbol{NE}=\begin{bmatrix}1 & -1 & 1\\ -1 & -2 & 1\\ -1 & -1 & 1\end{bmatrix}
\end{aligned}
\tag{5-1}
$$

Krisch提出的包含方向信息的边缘检测模板如下：

$$
\begin{aligned}
&\boldsymbol{N}=\begin{bmatrix}5 & 5 & 5\\ -3 & 0 & -3\\ -3 & -3 & -3\end{bmatrix},\ \boldsymbol{W}=\begin{bmatrix}5 & -3 & -3\\ 5 & 0 & -3\\ 5 & -3 & -3\end{bmatrix},\\
&\boldsymbol{NW}=\begin{bmatrix}5 & 5 & -3\\ 5 & 0 & -3\\ -3 & -3 & -3\end{bmatrix},\ \boldsymbol{SE}=\begin{bmatrix}-3 & -3 & -3\\ -3 & 0 & 5\\ -3 & 5 & 5\end{bmatrix},\\
&\boldsymbol{S}=\begin{bmatrix}-3 & -3 & -3\\ -3 & 0 & -3\\ 5 & 5 & 5\end{bmatrix},\ \boldsymbol{E}=\begin{bmatrix}-3 & -3 & 5\\ -3 & 0 & 5\\ -3 & -3 & 5\end{bmatrix},\\
&\boldsymbol{SW}=\begin{bmatrix}-3 & -3 & -3\\ 5 & 0 & -3\\ 5 & 5 & -3\end{bmatrix},\ \boldsymbol{NE}=\begin{bmatrix}-3 & 5 & 5\\ -3 & 0 & 5\\ -3 & -3 & -3\end{bmatrix}
\end{aligned}
\tag{5-2}
$$

Robinson在Prewitt算子上进行了简单的拓展，得到“3-level”的Robinson算子，即

$$\boldsymbol{N}=\begin{bmatrix}1 & 1 & 1\\0 & 0 & 0\\-1 & -1 & -1\end{bmatrix},\ \boldsymbol{W}=\begin{bmatrix}1 & 0 & -1\\1 & 0 & -1\\1 & 0 & -1\end{bmatrix},\ \boldsymbol{NW}=\begin{bmatrix}1 & 1 & 0\\1 & 0 & -1\\0 & -1 & -1\end{bmatrix} \tag{5-3}$$

目前广泛应用的是“5-level”的 Robinson 算子为

$$\begin{aligned}
&\boldsymbol{N}=\begin{bmatrix}1 & 2 & 1\\0 & 0 & 0\\-1 & -2 & -1\end{bmatrix},\ \boldsymbol{W}=\begin{bmatrix}1 & 0 & -1\\2 & 0 & -2\\1 & 0 & -1\end{bmatrix},\\
&\boldsymbol{NW}=\begin{bmatrix}2 & 1 & 0\\1 & 0 & -1\\0 & -1 & -2\end{bmatrix},\ \boldsymbol{SE}=\begin{bmatrix}-2 & -1 & 0\\-1 & 0 & 1\\0 & 1 & 2\end{bmatrix},\\
&\boldsymbol{S}=\begin{bmatrix}-1 & -2 & -1\\0 & 0 & 0\\1 & 2 & 1\end{bmatrix},\ \boldsymbol{E}=\begin{bmatrix}-1 & 0 & 1\\-2 & 0 & 2\\-1 & 0 & 1\end{bmatrix},\\
&\boldsymbol{SW}=\begin{bmatrix}0 & -1 & -2\\1 & 0 & -1\\2 & 1 & 0\end{bmatrix},\ \boldsymbol{NE}=\begin{bmatrix}0 & 1 & 2\\-1 & 0 & 1\\-2 & -1 & 0\end{bmatrix}
\end{aligned} \tag{5-4}$$

值得注意的是，上述模板中邻域内各处权值相加的结果为 0，也就是说，当邻域内各像素相等时，算子的运算结果为 0，而邻域内各像素灰度差别越大，算子的运算结果的差别也就越大。

采用了 $\boldsymbol{S}$、$\boldsymbol{N}$、$\boldsymbol{W}$、$\boldsymbol{E}$ 四个方向的 Robinson 算子对图 5－1(a)进行边缘检测。从图 5－1(b)～(e)中可以看到，不同方向的模板只对特定斜率范围内的边缘敏感。同时，对于斜率相同的边缘，模板还会对边缘两侧灰度跃变的方向作出区分。例如，对于垂直方向的边缘，沿水平向右方向灰度向高跃变和向低跃变的检测结果是截然不同的。

(a) 原始图像

(b) 基于N-Robinson算子的边缘检测

(c) 基于W-Robinson算子的边缘检测

(d) 基于S-Robinson算子的边缘检测

(e) 基于E-Robinson算子的边缘检测

图 5-1　带方向的边缘检测结果

5.2.2　基于 LoG 和 DoG 的边缘检测

1. 高斯 Laplace 算子(LoG)

第 3 章中介绍了基于二阶差分的 Laplace 算子。图像中边缘位置可以通过检测 Laplace 算子二阶差分后形成的过零点来确定。然而，受到随机噪声的影响，一些错误的零交叉点可能被误检测到。因此，需要考虑是否能采用已定的方法抑制噪声对边缘检测结果的影响。

考虑到高斯低通滤波器对图像有平滑作用，因此可以利用高斯低通滤波器先对图像进行平滑处理，然后再作拉普拉斯边缘检测。设二维高斯函数为

$$G_{\sigma(x,\ y)}=\frac{1}{\sqrt{2\pi\sigma^2}}\exp\left(-\frac{x^2+y^2}{2\sigma^2}\right)$$

对图像先作高斯平滑，再作拉普拉斯检测，即可得：

$$\nabla^2[G_\sigma(x,\ y)*f(x,\ y)]=\nabla^2[G_\sigma(x,\ y)]*f(x,\ y)$$

这样可以看成二阶导数$\nabla^2[G_\sigma(x,\ y)]$为卷积模板对 $f(x,\ y)$进行卷积运算。式中二阶导数$\nabla^2[G_\sigma(x,\ y)]$可由两次求导求得，如：

$$\frac{\partial}{\partial x}[G_\sigma(x,\ y)]=\frac{\partial}{\partial x}\mathrm{e}^{-\frac{x^2+y^2}{2\sigma^2}}=-\frac{x}{\sigma^2}\mathrm{e}^{-\frac{x^2+y^2}{2\sigma^2}}$$

$$\frac{\partial^2}{\partial x}[G_\sigma(x,\ y)]=\frac{x^2}{\sigma^4}\mathrm{e}^{-\frac{x^2+y^2}{2\sigma^2}}-\frac{1}{\sigma^2}\mathrm{e}^{-\frac{x^2+y^2}{2\sigma^2}}=\frac{x^2-\sigma^2}{\sigma^4}\mathrm{e}^{-\frac{x^2+y^2}{2\sigma^2}}$$

$$\frac{\partial^2}{\partial y}[G_\sigma(x,\ y)]=\frac{y^2-\sigma^2}{\sigma^4}\mathrm{e}^{-\frac{x^2+y^2}{2\sigma^2}}$$

这样就可以得到 LoG 算子，其数学表达式为

$$\text{LoG} \triangleq \nabla^2[G_\sigma(x,y)] = \frac{\partial^2}{\partial x}[G_\sigma(x,y)] + \frac{\partial^2}{\partial y}[G_\sigma(x,y)] = \frac{x^2+y^2-2\sigma^2}{\sigma^4}\mathrm{e}^{-\frac{x^2+y^2}{2\sigma^2}} \tag{5-5}$$

根据式(5-5)，二维 5×5 LoG 算子可表示为

$$\begin{bmatrix} 0 & 0 & -1 & 0 & 0 \\ 0 & -1 & -2 & -1 & 0 \\ -1 & -2 & 16 & -2 & -1 \\ 0 & -1 & -2 & -1 & 0 \\ 0 & 0 & -1 & 0 & 0 \end{bmatrix}$$

同样，该算子所有权重之和为零。利用 LoG 算子，图像的边缘可以通过如下 3 步获得：

(1) 用 LoG 算子对图像进行卷积运算。

(2) 检测图像中的零交叉点。

(3) 通过设定阈值，筛选不满足条件的点。

为了降低噪声干扰，可以通过设置阈值来抑制弱零交叉点。如图 5-2 所示，当阈值合理设置时，可以滤出不合格的边缘信息点。

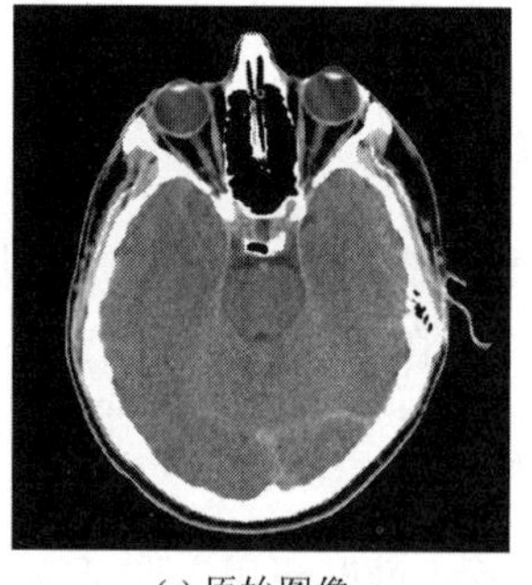

(a) 原始图像

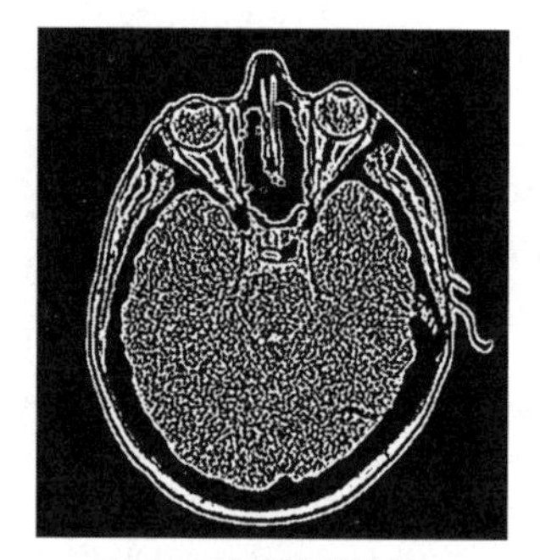

(b) LoG边缘检测结果

图 5-2 基于 LoG 的图像边缘检测

2. 高斯差分算子(DoG)

与高斯 Laplace 算子的处理类似，先引入方差为 σ_1 的高斯低通滤波器对图像进行降噪，即

$$G_{\sigma_1}(x,y) = \frac{1}{\sqrt{2\pi\sigma_1^2}}\exp\left(-\frac{x^2+y^2}{2\sigma_1^2}\right)$$

可得到降噪后图像 $g_1(x,y)$，即

$$g_1(x,y) = G_{\sigma_1}(x,y) * f(x,y)$$

再使用一个具有不同方差 σ_2 的高斯模板来平滑图像，于是得到平滑后的图像 $g_2(x,y)$，即

$$g_2(x,y) = G_{\sigma_2}(x,y) * f(x,y)$$

将上述两个高斯平滑之后的结果图像作差分，称之为高斯差分(Difference of Gaussian, DoG)以此来对图像进行边缘检测，即

$$g_1(x,y) - g_2(x,y) = (G_{\sigma_1}(x,y) - G_{\sigma_2}(x,y)) * f(x,y) = \text{DoG} * f(x,y)$$

将 DoG 作为一个算子，可以定义为如下形式：

$$\mathrm{DoG}=\frac{1}{\sqrt{2\pi}}\left[\frac{1}{\sigma_1}\mathrm{e}^{-\frac{x^2+y^2}{2\sigma_1^2}}-\frac{1}{\sigma_2}\mathrm{e}^{-\frac{x^2+y^2}{2\sigma_2^2}}\right] \tag{5-6}$$

由此可见，DoG 算子实际上是一个带通滤波器，它既可以剔除信号中的高频部分，又可以剔除低频部分，从而实现对图像的边缘检测。与 LoG 类似，都需要通过阈值抑制那些弱的零交叉点来降低噪声干扰。如图 5－3 所示，当设置合适阈值时，可以得到较好的边缘检测。与此同时，对比图 5－3 和图 5－2，可以看到，在相同阈值下，基于 DoG 的图像边缘检测效果比基于 LoG 的图像边缘检测效果有显著提高。

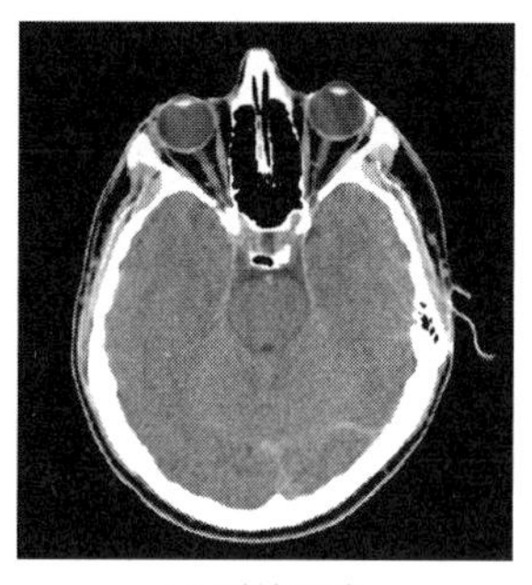
(a) 原始图像

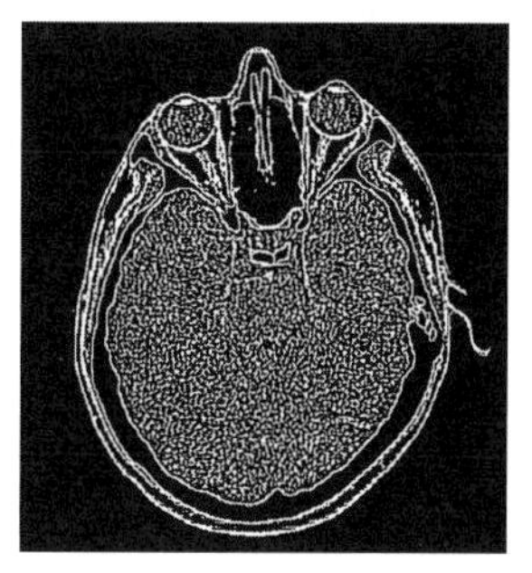
(b) DoG边缘检测结果

图 5－3　基于 DoG 的图像边缘检测

5.2.3　Canny 边缘检测

Canny 算子是计算机科学家 John Canny 在过往一些边缘检测方法和应用的基础上，设计的多级边缘检测算法，是当前最为广泛使用的图像边缘检测算法。其检测方案大致分为 5 步。

(1) 用高斯滤波器平滑图像。

首先用二维高斯函数对图像进行平滑，即

$$G_{\sigma_1}(x, y)=\frac{1}{\sqrt{2\pi\sigma^2}}\exp\left(-\frac{x^2+y^2}{2\sigma^2}\right)$$

其中：σ 为高斯函数的分布参数，控制滤波器的平滑程度。σ 值越小，平滑效果越差，但边缘定位精度高。因此，在应用中需要选择合适的方差 σ。由于基于二阶导数的差分算子对噪声敏感，因此引入二维高斯滤波函数对图像进行平滑处理，以降低噪声带来的误差。

(2) 用一阶偏导数的有限差分来计算梯度的幅度和方向。

可以使用第 3 章中介绍的梯度算子或者本章介绍的一阶带方向性的算子，找到图像沿着对应方向的偏导数，求出梯度大小，从而计算出梯度方向。

(3) 对梯度幅值进行非极大值抑制。

通常情况下，梯度幅值阵列的数值越大，对应的图像梯度值也越大。然而，由于随机噪声的存在，我们不能确定某个点是否真正代表边缘。为了更精确地定位边缘，我们需要对梯度幅值阵列中所有非最大值的幅值进行抑制，以突出幅值局部变化最大的点，也就是所谓的屋脊带(Ridge)。我们可以通过比较中心像素点周围左上和右下相邻像素的梯度幅值来判断中心像素是否为局部最大值。通过判断局部最大值，我们可以将非最大值像素的值置为 0，而最大值像素的值置为 1，从而将宽屋脊细化为只有一个像素点宽。它可以帮助我们提取图像中细节的边缘。通过细化边缘，可以更准确地表示图像中的边缘结构，去除多余的信息，从而获得更清晰的边缘表达。

（4）用双阈值算法检测和连接边缘。

在进行非极大值抑制后，会得到一个二值化的图像，但仍然会存在噪声或其他原因导致的假边缘。为了减少假边缘的数量，通常会使用阈值来将低于阈值的像素值置为0。然而，确定最佳阈值往往需要多次试验，这并不方便。因此，我们常常采用双阈值算法来处理。双阈值算法会为非极大值抑制后的图像设置两个阈值，得到两个边缘图像。通过高阈值得到的图像，能够减少假边缘的数量，但同时也可能存在边缘轮廓的间断。为了解决间断的问题，当出现轮廓的端点时，我们会在低阈值得到的图像中对应位置的8个邻点中寻找满足低阈值的点，并持续重复这个过程，直到整个图像的边缘闭合。通过双阈值算法，才能够更加准确地检测和连接图像中的边缘。这种方法在降低假边缘数量的同时，也能保持边缘轮廓的完整性和连续性。

（5）利用多尺度综合技术对结果进行优化。该步骤的优化方法不唯一，可以根据具体应用或者针对具体图像特征作考虑。

如图5-4所示，对脑部CT图像进行Canny边缘检测，可以得到细致的边缘信息。

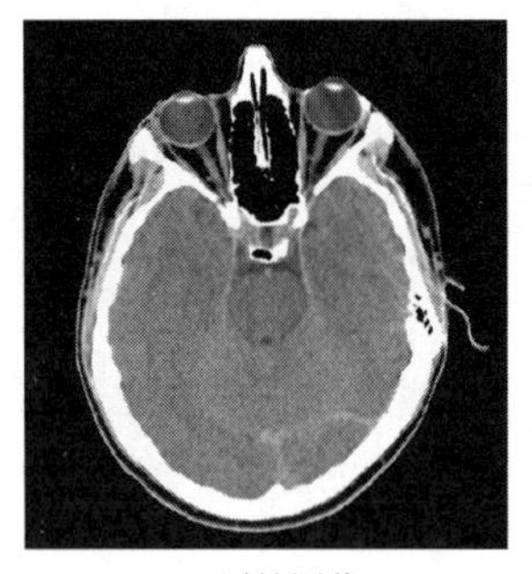
(a) 原始图像

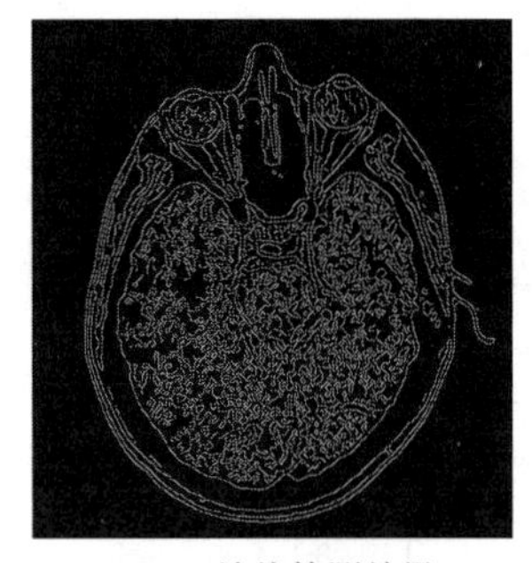
(b) Canny边缘检测结果

图5-4 Canny边缘检测

拓展阅读

本章从梯度的定义出发，介绍了多个图像锐化算子，并展示了它们在图像锐化中的效果。在20世纪60年代到80年代，边缘检测理论经历了迅猛的发展，被认为是边缘检测的黄金时期。1963年，Lawrence Robert 提出了第一个边缘检测算子，即 Robert 算子。Prewitt 算子的提出者是关于梯度边缘检测理论的集大成者和代表人物，其主要理论收录在1970年的相关作品中。梯度方法在处理灰度值变化强烈的边缘时，效果非常明显，但在处理过渡平缓的边缘时效果则不太明显。针对多次求导的 Laplace 算子得到的边缘图像对噪声响应较大的问题，Marr 作为视觉计算理论的创始人，将神经生理学、心理学和人工智能相结合，提出了新的视觉模型。他从人类视觉的角度出发，引入了高斯滤波器的方法来降低噪声影响，并进一步提出了 LoG 算法。到了1986年，美国计算机科学家 John Canny 总结了过去的检测方法和应用，提出了著名的 Canny 准则。这个准则被广泛应用于边缘检测，并成了标准算法。

由此可以看出，任何学问或解决方案的发展都是一个漫长而循序渐进的过程。这个过程可能需要几十年，甚至上百年的时间。然而，现在我们可以在几天甚至一堂课的时间内学习到这些内容。因此，在有限的时间内最大限度地吸收前人几十年思想的精髓成为现在学习中需要认真体会的重点。如果我们仅仅零散地学习一些知识点，则这些孤立的知识点无法构建起稳健而完备的知识体系。因此，在学习过程中，我们应该注重理清学问的发展脉络，努力理解和揣摩先贤们是如何发现问题、解决问题的。通过这种方式，我们可以在学习和工作中以同样的方式思考和解决所遇到的问题。这种方法有助于培养我们的学习能力和问题解决能力，并且使得我们能够站在前人的肩膀上，更加高效地应对各种挑战。因此，我们应该在学习中注重思考学问的演进历程，并尽力吸收和应用前辈们的智慧和经验。

5.2.4 边缘跟踪

由于存在噪声、不均匀照明等因素，图像的边缘往往会出现间断，不能完整地描绘边缘的一组像素。为了解决这个问题，常见的做法是在边缘检测算法之后使用连接过程，将边缘像素组合成有意义的连续边缘。边缘连接是一种针对局部区域进行的连接操作，通过分析图像中每个边缘点的邻域内的像素，并根据某种准则将所有相似的像素进行连接。通过满足该准则的像素连接，可以形成一条完整的边缘，这个过程被称为边缘连接或边缘跟踪。通过边缘连接的方式，可以有效地将断断续续的边缘像素连接起来，得到连续且有意义的边缘线段。这样的边缘线段更能准确地描述图像中的边缘特征。因此，在图像处理中，边缘连接是一项重要的处理步骤，它有助于提高图像分析和识别的精度与准确性。

连接原则一般有如下4个：

(1) 比较两个边缘点梯度算子的响应强度和梯度方向来确定两个点是否属于一条边。

(2) 比较边缘像素的梯度算子的响应强度。

(3) 比较边缘像素的梯度方向。

(4) 比较梯度向量的方向角。

在设计边缘连接时，选择特定的边缘连接设计原则是非常重要的。下面介绍一个包含4个步骤的边缘连接设计过程：首先，设定接受对象点和检测阈值的大小，并确定邻域的大小；接着，对图像中的每个像素的邻域点进行分析，判断是否需要进行连接；然后，记录像素连接的情况，并为不同的边缘线赋予不同的标记；最后，删除孤立的线段并尝试连接断开的线段。

需要注意的是，边缘连接设计的检测准则和跟踪准则并不基于灰度值，而是基于其他局部性质的量，如对比度、梯度等。

边缘连接有很多不同的方法，这里介绍光栅扫描跟踪法。光栅扫描跟踪法是一种使用电视光栅行扫描顺序对像素进行分析，以确定是否为边缘的跟踪方法。其基本思想是，根据检测准则确定和接受对象点，并根据已接受的对象点和跟踪准则确定和接受新的对象点，最终将所有被标记为1且相邻的对象点连接起来，形成精细的曲线。

使用光栅跟踪方法时，需要遵循下面的3个准则：

(1) 参数准则：需要事先确定检测阈值 d，高于该阈值的像素作为对象点；跟踪阈值 t，且 $d>t$，该阈值可以根据灰度差、梯度方向或对比度等作为准则来选择。

(2) 检测准则：对图像逐行扫描，将每一行中灰度值大于或等于检测阈值 d 的所有点(称为接受对象点)记为1。

(3) 跟踪准则：设置位于第 i 行的点(i, j) 为已接受的对象点，如果位于第 $i+1$ 行上的相邻点$(i+1, j-1)$、$(i+1, j)$和$(i+1, j+1)$的灰度值大于或等于跟踪阈值 t，就将其接受为新的对象点，并记为 1。注意邻域的选择不唯一。

下面通过一个例题来理解光栅跟踪的具体步骤。

【例 5-1】 图 5-5(a)所示为一幅原始图像中隐约含有三条曲线，没有标灰度值的位置认为其灰度值为 0。假设在任何一点上，曲线斜率均不超过 90°，且检测阈值 d 为 7，邻域跟踪阈值 t 为 4，使用光栅扫描跟踪法从该图中检测出这三条曲线。

解 光栅扫描跟踪的具体步骤如下：

(1) 根据阈值 $d=7$，从第一行起用检测阈值 d 逐行对图像进行扫描，在图 5-5(a)中依次将灰度值大于或等于检测阈值 d 的像素作为对象点，位置记为 1。

(2) 确定跟踪邻域，本例中选择邻域为中心像素(i, j)下的三个像素点，即$(i+1, j-1)$、$(i+1, j)$、$(i+1, j+1)$。

(3) 从第二行起逐行扫描图像，若图像中的(i, j)点为对象点，则在第 $i+1$ 行上找该点跟踪邻域中灰度差小于或等于跟踪阈值 t 的邻点，并确定为新的对象点，将相应位置记为 1。

(4) 对于已检测出来的某个对象点，进行跟踪结束、分支和合并的处理。如果某个对象点(由于步骤(3)的原因产生的对象点)在上一行的对应邻域中没有对象点，则说明一条新的曲线可开始。

9		5		8		4	5		3
	5				6		4	2	
		9		1	5			5	
6			5			7		2	
	3		6	2		9			7
4		6			5		3		5
		5		2	6			5	
6	4		3		7			4	2

(a) 输入图像

1				1					
		1							
						1			
						1			1
					1				

(b) d=7时检测接受点

1				1					
	1				1				
		1			1				
			1			1			
			1			1			1
		1			1				1
		1			1			1	
	1				1			1	

(c) t=4时的跟踪结果

第一次跟踪后接受对象点

第二次跟踪后接受对象点

第三次跟踪后接受对象点

第四次跟踪后接受对象点

第五次跟踪后接受对象点

图 5-5 光栅扫描跟踪

(5) 重复(3)和(4)这两个步骤，直至图像中最末一行被扫描完为止。

下面对米粒进行光栅跟踪。如图 5-6 所示，采用光栅跟踪也可以较好的输出米粒边缘坐标，得到比较完整的边界信息。

(a) 原始图像

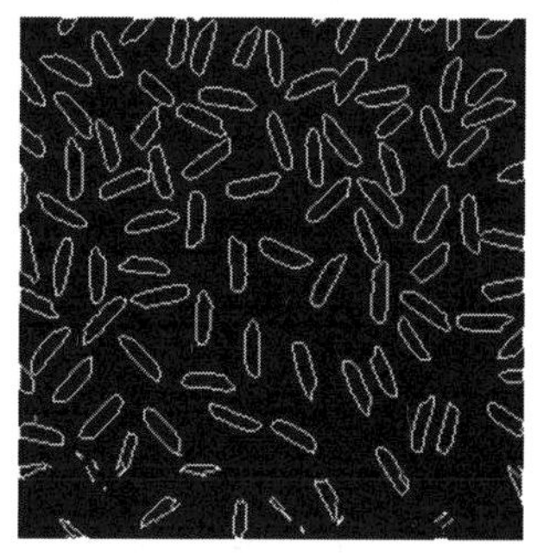

(b) 光栅扫描跟踪结果

图 5-6　采用光栅扫描法对米粒进行边缘跟踪

5.3　基于形状的图像分割

在计算机视觉中，经常需要从图像中寻找特定形状的对象。然而，使用通过卷积运算来识别形状的图像点阵算子往往较为困难。为了解决这个问题，可以使用一种将图像像素映射到参数空间的算法。霍夫变换(Hough)提供了这样一种方法，即将图像像素的信息按照坐标映射到参数空间，通过这个参数空间我们能够轻松地对特定形状进行判定。

霍夫变换利用了不同平面坐标系之间的映射关系，使得在已知形状条件下寻找轮廓像素变得简化。通过利用图像的全局特征，霍夫变换可以将特定形状的边缘像素连接起来，形成连续平滑的边缘。这个过程能够有效地提取出感兴趣的对象形状，为后续的处理和分析提供有价值的信息。

5.3.1　霍夫变换基本原理

霍夫变换是指将图像空间中的像素映射到参数空间中，通过在参数空间中的累积操作，找到值最大的点对应的特定形状。

1. 图像空间与参数空间的对偶性

1) 图像空间的点与参数空间直线间的对偶性

在(x, y)坐标系下的图像空间，直线可以表示为

$$y = kx + b \tag{5-7}$$

其中：k 是直线的斜率，b 是截距。过某一点 $A(x_0, y_0)$可以确定一簇直线，这些直线的参数均满足方程 $y_0 = kx_0 + b$，如果将这一簇直线转化为(k, b) 参数空间，则可以将方程改写为

$$b = -kx_0 + y_0 \tag{5-8}$$

那么，在参数空间就对应一条直线。如图 5-7 所示，在(x, y)图像空间的一个点与

(k, b)参数空间的一条直线一一对应。

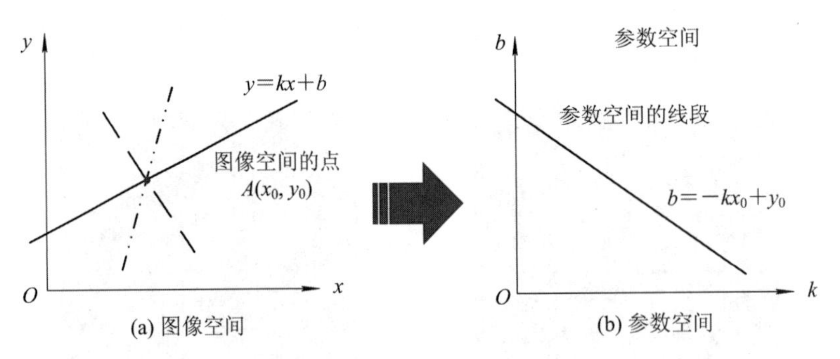

图 5-7 图像坐标的点与参数空间的线一一对应

2）图像空间中直线与参数空间中点之间的对偶性

在图像空间中，在直线 $y=kx+b$ 上再增加一个点 $B(x_1, y_1)$，那么点 $B(x_1, y_1)$在参数空间中同样对应了一簇线。那么，在(x, y)图像空间中点 $A(x_0, y_0)$和 $B(x_1, y_1)$在(k, b)参数空间中对应直线的交点，如果(x, y)图像空间中很多个点在(k, b)参数空间中相交于一点，那么这个交点就是我们要检测的直线。这也说明，图像空间中直线与参数中点之间一一对应，如图 5-8 所示。

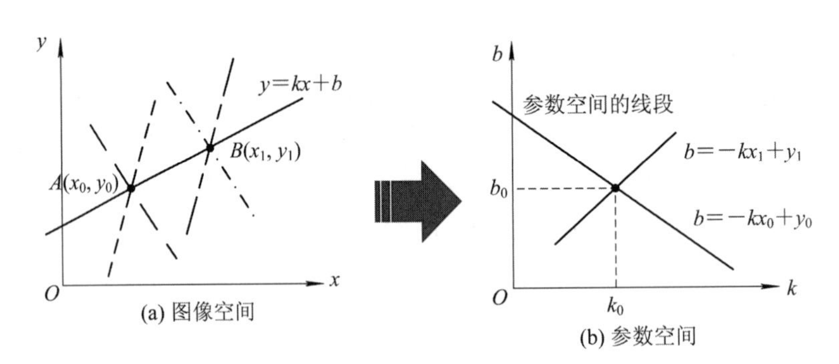

图 5-8 图像空间的线与参数空间的点一一对应

2. 直线在(k, b)参数空间的检测

若已知(x, y)图像空间的像素点坐标，可以根据式(5-8)得到(x, y)图像空间的像素点在(k, b)参数空间的直线，即

$$(1, 0)\rightarrow b=-k$$
$$(1, 1)\rightarrow b=-k+1$$
$$(2, 1)\rightarrow b=-2k+1$$
$$(4, 1)\rightarrow b=-4k+1$$
$$(3, 2)\rightarrow b=-3k+2$$

在图 5-9 中可以看到，(k, b)参数空间，多条直线两两相交。通过投票，选取最多直线相交的点，如图 5-9(b)所示，点 A 和 B 是三条直线的交点。通过点 A 和 B 在(k, b)参数空间的位置反推(x, y)图像空间内的直线，即

点 A 的坐标为(0, 1)，即 $k=0$，$b=1$ ⇔ 在图像空间坐标中斜率为 0，截距为 1；

点 B 的坐标为(1, −1)，即 $k=1$，$b=-1$ ⇔ 在图像空间坐标中斜率为 1，截距为−1。

从而可以得到(x, y)图像空间的两条直线(见图5-9(c)),达到直线检测的目的。

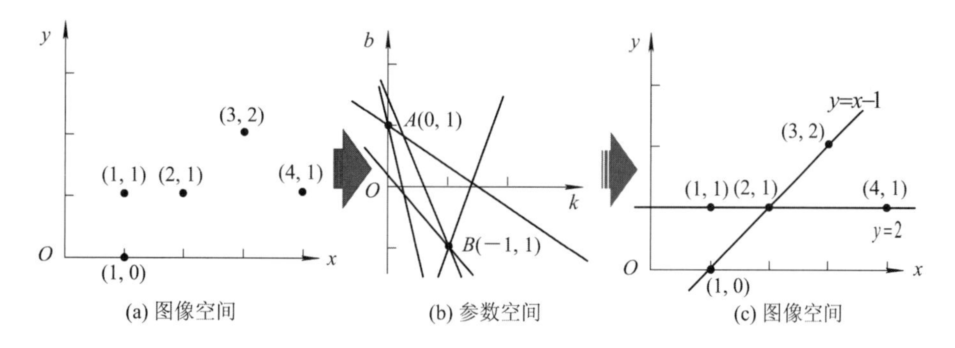

图5-9 参数空间检测图像空间的线

3. 参数空间的选择

从图5-9中可以看到,(k, b)参数空间可以通过图像空间的点来检测出图像空间中可能存在的直线。但如果图像空间的直线是垂直的,那么斜率k则无穷大,参数空间的线不相交,因此无法找到图像空间中的线,如图5-10所示。为了避免这个问题,霍夫变换采用“距离-角度”参数空间,即极坐标空间。

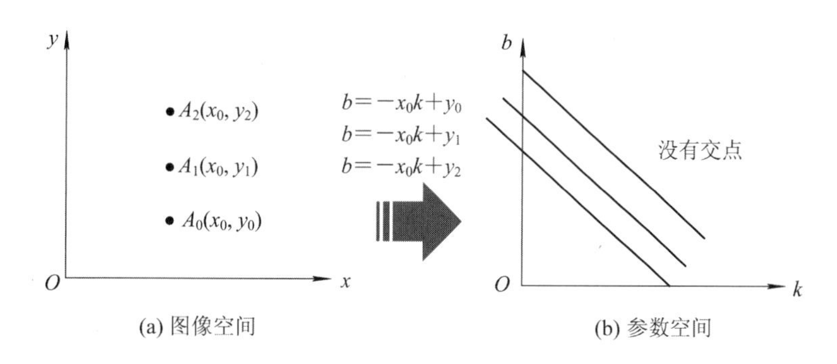

图5-10 (k, b)参数空间的局限性

5.3.2 直线的霍夫变换

下面介绍基于极坐标空间霍夫变化检测直线的基本原理。在图像空间坐标中,任意一点(x, y)都可以表示为极坐标的形式,即

$$x=\rho\cos\theta, \ y=\rho\sin\theta \tag{5-9}$$

对于固定点(x_0, y_0),在角度θ取$[0, 2\pi]$时,ρ的取值范围为

$$\rho=\cos\theta x_0+\sin\theta y_0 \tag{5-10}$$

正弦曲线的形状取决于点到原点的距离ρ。通常ρ越大,正弦曲线的振幅越大,反之则会越小。如图5-11所示,图像空间中的(3,4)通过霍夫变换变成了一条曲线。

图像空间坐标中的任意一条直线都是由若干个离散点组成的。对于直线L:$y=kx+b$而言,从原点引出一条射线OA垂直于直线L,并与直线相交于A点。对于任意直线L都有唯一的OA与之一一对应。因此,(x, y)图像空间中的任意一条直线可以由线段OA来表示。线段OA的长度为ρ,OA与极坐标的夹角为θ,固定原点O点,点A可以由霍夫空间中的(ρ_0，θ_0)表示，如图 5－12 所示。

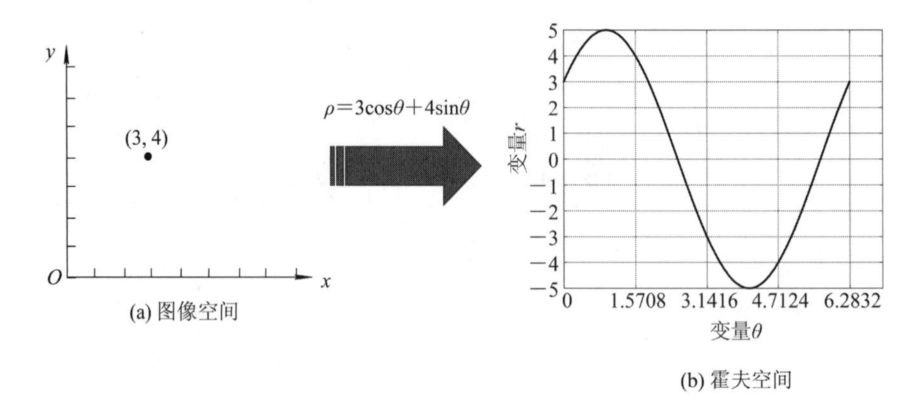

图 5－11　图像空间的点与霍夫空间的曲线一一对应

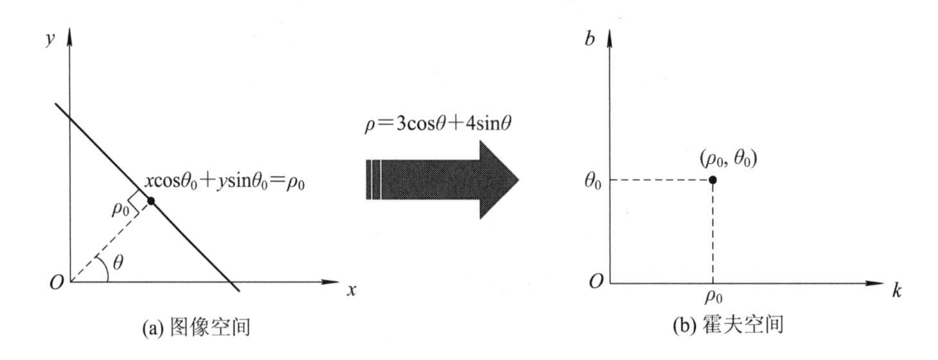

图 5－12　图像空间直线与极坐标的点一一对应

那么，图像空间中的直线 L 可以表示为

$$y=-\frac{\cos\theta}{\sin\theta}x+\frac{\rho}{\sin\theta} \tag{5-11}$$

无论采用直角坐标系还是极坐标，原空间的点都对应参数空间的曲线，原空间的直线都对应参数空间中的曲线交点。也就是说，属于同一条直线上的点在霍夫空间(ρ，θ)必然在一个点上出现最强信号。根据此反算平面坐标，就可以得到直线上各点的像素坐标，从而得到直线。如图 5－13 所示，在图像空间中的直线是由若干个离散的像素点组成的，而每一个点都对应霍夫空间的一条曲线；那么在霍夫空间内，同一条直线上的所有点对应的曲线必然相交于霍夫空间的一点；根据这一交点可以根据式(5－11)反推出(x，y)坐标下直线的相关信息，从而检测出对应的直线。

在理论上，一个点对应无数条直线或者是任意方向的直线，但在实际应用中，直线的数量是有限的，对应的霍夫空间中方向 θ 为有限个等间距的离散值，参数 ρ 为离散化的有限个值，那么对应的参数空间也被离散量化成了一个个等大小的网格单元。

将图像空间中每一个像素点坐标变换到参数空间中，所得值会落在某个网格内，使该网格的累加计数器加 1。当图像空间中所有的像素都经过霍夫变换后，对网格单元进行统计，找到累加计数值最大的网格所对应的(ρ_0，θ_0)。通过 $\rho_0=\cos\theta_0 x+\sin\theta_0 y$ 反推出图像空间内的直线。

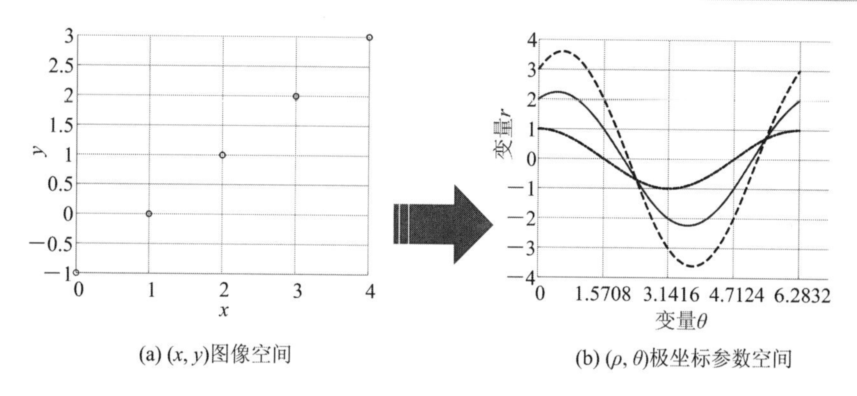

(a) (x, y)图像空间　　(b) (ρ, θ)极坐标参数空间

图 5－13　(x, y)坐标图像空间与(ρ, θ)极坐标空间的转换

【例 5－2】 在如图 5－14 所示的二值图中，图像空间中位置(1，0)、(2，1)和(3，2)的值为 1，用霍夫变换检测图中的直线。

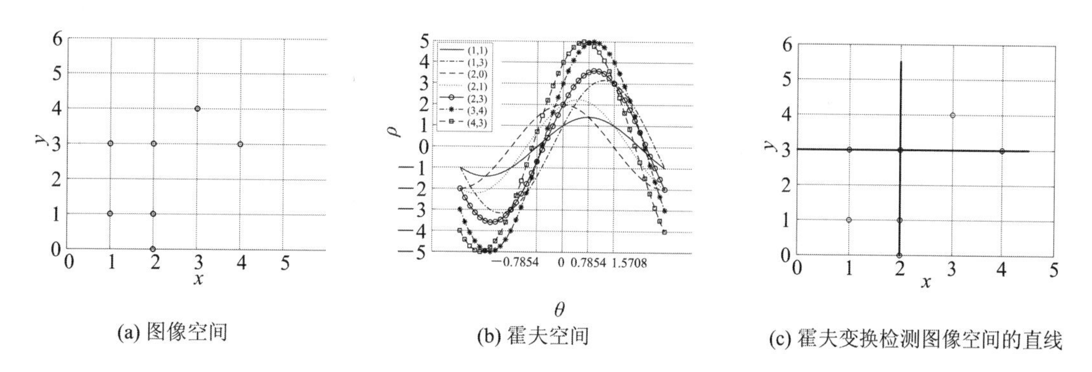

(a) 图像空间　　(b) 霍夫空间　　(c) 霍夫变换检测图像空间的直线

图 5－14　霍夫变换检测直线示例

解　第一步，先找到图像空间的点对应的霍夫空间中的曲线，如表 5－1 所示。

表 5－1　第一步表格

图像空间 $x\cos\theta+y\sin\theta=\rho$	霍夫空间 $\rho=\cos\theta x+\sin\theta y$
(1，1)	$\rho-\cos\theta+\sin\theta$
(1，3)	$\rho=\cos\theta+3\sin\theta$
(2，0)	$\rho=2\cos\theta$
(2，1)	$\rho=2\cos\theta+\sin\theta$
(2，3)	$\rho=2\cos\theta+3\sin\theta$
(3，4)	$\rho=3\cos\theta+4\sin\theta$
(4，3)	$\rho=4\cos\theta+3\sin\theta$

对于连续曲线，可以看到最多曲线相交的交点为$(\rho, \theta)=(2, 0°)$和$(\rho, \theta)-(3, 90°)$。但在离散空间，需要通过投票法找到最多曲线相交的交点。

第二步，对 θ 进行离散化，如 $\theta=-45°、0°、45°、90°$，那么可以得到表 5-2。

表 5-2 第二步表格

(x, y)	(ρ, θ)	$-45°$	$0°$	$45°$	$90°$
(1, 1)	$\rho=\cos\theta+\sin\theta$	0	1	1.4	1
(1, 3)	$\rho=\cos\theta+3\sin\theta$	−1.4	1	2.8	3
(2, 0)	$\rho=2\cos\theta$	1.4	2	1.4	0
(2, 1)	$\rho=2\cos\theta+\sin\theta$	0.7	2	2.1	1
(2, 3)	$\rho=2\cos\theta+3\sin\theta$	0.7	2	3.5	3
(3, 4)	$\rho=3\cos\theta+4\sin\theta$	−0.7	3	4.9	3
(4, 3)	$\rho=4\cos\theta+3\sin\theta$	−0.7	3	4.9	4

第三步，统计 (ρ, θ) 出现的次数，如表 5-3 所示。

表 5-3 第三步表格

	−1.4	−0.7	0	0.7	1	1.4	2	2.1	2.8	3	3.5	4	4.9
−45°	1	2	1	2		1							
0°					2		3			1		1	
45°						2		1	1		1		2
90°			1		2					3		2	

统计得到最大次数 3 出现在 $(\rho, \theta)=(2, 0°)$ 和 $(\rho, \theta)=(3, 90°)$。

第四步，由 $(\rho, \theta)=(2, 0°)$ 和 $(\rho, \theta)=(3, 90°)$ 反推图像空间的直线参数，如表 5-4 所示。

表 5-4 第四步表格

(ρ, θ)	$x\cos\theta+y\sin\theta=\rho$	
(2, 0°)	$x\cos 0°+y\sin 0°=2$	$x=2$
(3, 90°)	$x\cos 90°+y\sin 90°=3$	$y=3$

可以看到，用霍夫变换后，对于垂直的线也可以非常准确的检测到。

值得注意的是，霍夫变换检测直线是检测二值图。因此对于彩色图或者灰度图，一般需要先去除噪声，并用第 3 章和本章介绍的算子对图像进行边缘提取，将边缘提取后的图像进行二值化后，才可以使用霍夫变换来检测特定特征的形状。

5.3.3 圆的霍夫变换

在图像空间中，圆的方程可以表示为

$$(x-a)^2+(y-b)^2=r^2$$

可知，(x, y) 图像空间一个圆对应三维参数空间的一个点 (a, b, r)；(x, y) 图像空间一个点 (x_0, y_0) 对应三维参数空间的一条曲线；(x, y) 图像空间 n 个点对应三维参数空间的 n 条相交于一点的曲线；那么，在参数空间内，经过曲线最多的点为图像空间圆的参数。

为了正确检测圆形，我们可以借鉴霍夫变换检测直线的步骤。下面是描述霍夫变换检测圆形的简要步骤：

(1) 将原图像处理成为二值边缘图像，并对图像中的每个像素点进行扫描。背景点不作处理，而目标点则会在参数空间上的对应曲线上所有点的值上累加1，以确定曲线的存在。

(2) 循环扫描所有点，并统计离散间隔内参数(a, b, r)的数目。

(3) 确定参数空间上累计值最大的点(a^*, b^*, r^*)，并将其作为所求圆的参数。

经典的霍夫变换检测圆形方法具有高精度和强抗干扰能力。然而，由于该方法的参数空间为三维，需要在三维空间中进行证据累积，因此会占用较大的时间和空间。因此，在实际应用中，这种方法并不适用。为了加快圆形检测的速度，学者们提出了许多改进的霍夫变换检测圆形的方法。例如，利用图像梯度信息的霍夫变换、基于边界斜率的霍夫变换、快速随机霍夫变换等。这些方法都有利于加速圆形检测的过程，同时保持较高的准确性。然而，这里不一一展开介绍，读者可以通过引用文献自行深入了解这些改进方法。

拓展思考与讨论

从数学的角度来看，霍夫变换是一种重要的图像处理方法，它通过将图像从图像空间变换到霍夫空间进行分析。类似地，在日常生活中，也需要从不同的角度看待和分析问题，并进行领域转换。这本质上就是从另一个角度对问题进行分析和解决。

在面对问题时，应该从多个角度进行分析，而不仅仅是固守自己的观点。通过转换角度来思考问题，可能会得到不同的见解，甚至完全不同的解读。这种拓展思考的方法可以帮助我们获取更全面的信息、更准确的判断和更富创造力的解决方案。换个角度思考问题可以打破狭窄的思维模式，带来新的视角和思路。这种能力不仅在学术领域有着重要的意义，也在生活中的决策、团队合作和社会交往中起着重要的作用。因此，学会从不同角度分析问题、解读问题，并实现思维的转换是不断拓宽视野和提高创新能力的关键所在。

5.4 基于灰度阈值的图像分割

5.4.1 阈值化分割原理

阈值化分割是一种基于灰度值的图像分割方法，通过数学统计图像的灰度直方图来选择一个或多个阈值，将像素分成不同的类别。通常情况下，当图像由灰度值相差较大的目标和背景组成时，可以使用这种方法进行分割。具体而言，当目标区域和背景之间有明显的差异，并且目标区域内的像素具有一致的灰度分布，背景区域也有一致的灰度分布时，图像的灰度直方图将展现出双峰的特征。在这种情况下，可以通过观察直方图，并人工选择位于这两个峰值之间相对谷底的灰度值作为阈值，将图像分成两个部分。选取的阈值可以将灰度值大于或小于该阈值的像素分为不同的类别，从而实现图像的分割。

经过阈值化处理后的图像可以表示为

$$g(x, y)=\begin{cases}1, & f(x, y)>T \\ 0, & f(x, y) \leqslant T\end{cases} \tag{5-12}$$

其中：$f(x, y)$为原图像，$g(x, y)$是分割后产生的二值图，1 用来标记目标区域，0 用来标记背景区域。这种单一阈值的方法，称为单阈值分割法。若图像中有多个灰度值不同的区域，那么可以选择多个阈值对图像进行分割。

值得注意的是，基于灰度阈值的分割法非常简单，但由于人眼对像素值细微变化的分辨能力不强，因此无法通过输出结果确定最佳阈值 T。如图 5-15 所示，人眼很难分辨图 5-15(c)和图 5-15(d)之间的差别，因此需要引入客观指标来指导阈值 t 的取值。

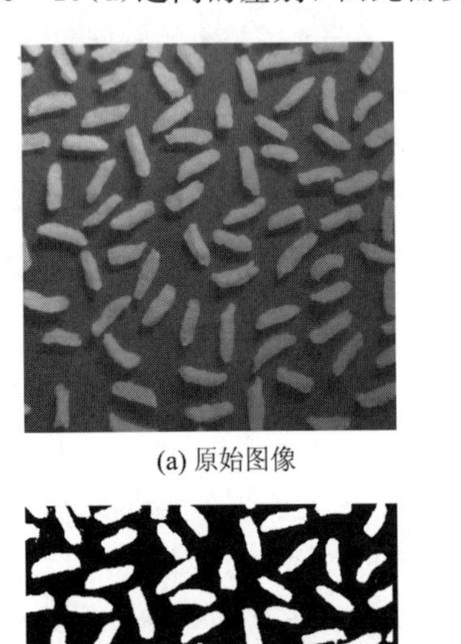

(a) 原始图像

(b) $T=100$阈值分割结果

(c) $T=140$阈值分割结果

(d) $T=145$阈值分割结果

图 5-15　不同阈值下的图像分割效果

阈值化分割方法的优势在于它的简单性和高效性，适用于许多应用场景。然而，这种方法也存在一些限制，如难以处理灰度值分布不均匀的图像以及目标和背景灰度差异不明显的情况。在实际应用中，为了提高分割效果，人们还开发了许多改进的阈值化分割方法，如自适应阈值化分割、基于区域的阈值化分割等。这些方法可以根据图像的局部特征来动态调整阈值，从而更好地适应不同的图像内容和背景。

5.4.2　基于灰度值统计特征的图像分割法

基于灰度值统计特征的图像分割法是一种常用的图像分割方法，它通过分析图像的灰度值分布特征来实现图像的分割。在这种方法中，常用的灰度值统计特征包括灰度均值、灰度方差、灰度梯度等。这些特征可以通过计算图像中像素的灰度值之间的差异来描述图像的灰度分布情况。一般包括以下步骤：

(1) 特征计算。通过对图像中的像素进行灰度值统计，计算出相应的灰度值特征，比如灰度均值、灰度方差等。

(2) 阈值选择。根据计算得到的特征值，选择一个或多个合适的阈值作为分割的判据。阈值的选择可以根据实际需求进行自动化处理，也可以手动设置。

(3) 分割过程。将图像中的像素根据阈值进行分类，并将其分为不同的区域或对象。一般情况下，大于阈值的像素属于一个区域，小于阈值的像素属于另一个区域。

基于灰度值统计特征的图像分割法相对简单且易于实现。它适用于许多图像分割任务，如目标检测、图像增强等。然而，它也存在一些局限性，如对于复杂的图像场景或具有不均匀灰度分布的图像，其分割效果可能不理想。因此，在实际应用中，需要结合具体情况选择合适的分割方法来获得更好的结果。下面介绍两种常见的基于灰度值统计特征的图像分割法。

1. 迭代阈值图像分割法

迭代阈值图像分割法是一种常用的图像分割方法。在灰度值统计特征中，常用的特征之一是灰度均值。迭代阈值分割的基本思想是通过反复迭代，使得图像分割后两部分的灰度均值相对稳定。

如图 5-16 所示，迭代阈值图像分割法的步骤如下：

(1) 根据图像中目标灰度分布情况，选择一个初始阈值作为分割的起点，将其作为初始阈值 t。

(2) 根据阈值，将图像中的像素根据阈值进行分割，将图像的灰度图分为 R_1 和 R_2 两部分。

(3) 分别计算 R_1 的均值 μ_1 和 R_2 的均值 μ_2。

(4) 计算选择新的阈值 $T=(\mu_1+\mu_2)/2$。

(5) 重复第(1)步到第(4)步，直到分割后两部分的灰度均值相对稳定，即均值的变化小于一个预定的阈值，以及 R_1 的均值 μ_1 和 R_2 的均值 μ_2 之间的差小于一定阈值或者不再变化为止。

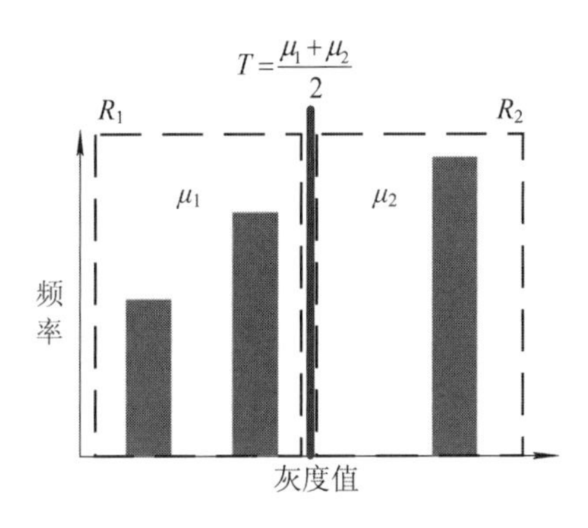

图 5-16 基于灰度值均值的阈值划分法示意图

如图 5-17 所示，采用基于灰度值均值的阈值分割法进行图像划分，此时计算所得阈值 $t=78$。与直接根据直方图谷底简单确定阈值的图像分割方法相比，两者输出结果虽然差别不大，但基于灰度值均值的阈值分割法不需要统计多人的主观判断结果来确定阈值，而是直接通过计算得到阈值，因此更加容易通过计算机实现。

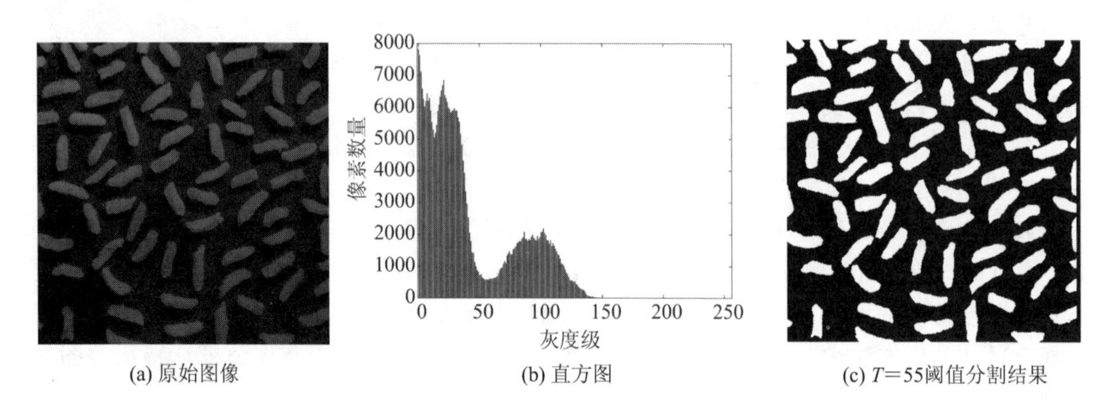

(a) 原始图像 (b) 直方图 (c) $T=55$阈值分割结果

图 5-17 对"双峰"明显的图像进行迭代阈值分割

然而，如图 5-18 所示，当图像直方图的双峰效应不那么明显时(见图 5-18(b))，直接通过人工选取阈值将变得十分困难。而指纹和背景两部分的均值相对稳定，因此可采用迭代阈值分割法对图像进行分割。

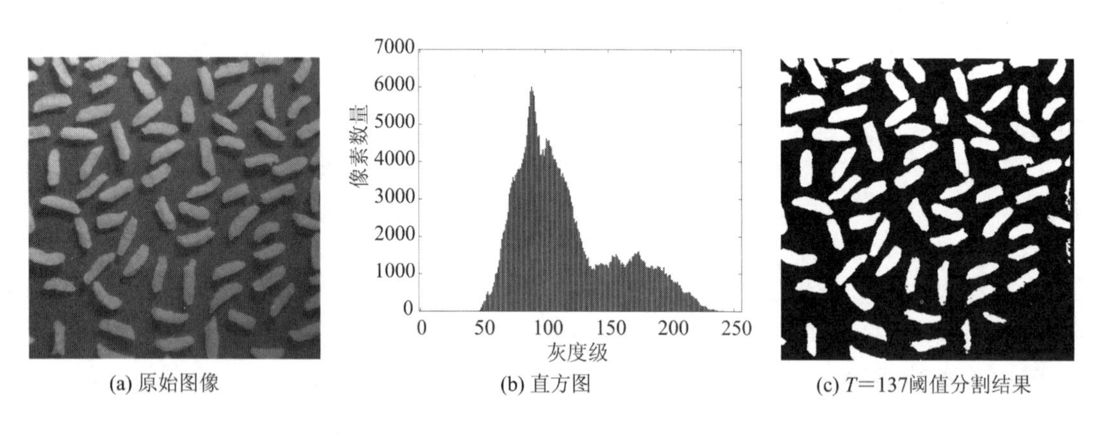

(a) 原始图像 (b) 直方图 (c) $T=137$阈值分割结果

图 5-18 对"双峰"不明显的图像进行迭代阈值分割

通过对图 5-17 和图 5-18 这两幅图进行迭代阈值分割，可以看到，当目标与背景的面积相当时，可以将初始阈值 T 设置为整个图像的平均灰度值；当目标与背景的面积相差较大时，更好地选择是将初始阈值 T 设置为最大灰度值和最小灰度值的中间值。

2. 大津(Otsu)算法

上述介绍的方法是基于图像灰度值的统计分布来设计的阈值分割法，这种方法的实现非常简单，只需使用平均数或中位数作为二值化阈值，然而这种方法对众数的影响较大，在某些情况下可能并不合理，特别是在实际情况中，目标图像在整张图像中的占比较小时，采用上述方式确定的阈值可能并不有效。为了解决这个问题，可以使用大津算法来进行阈值选取。大津算法基于类间方差的原理，通过分析图像的灰度直方图，选择能使目标和背景之间类间方差最大或者最小的阈值。类间方差是用来衡量图像分割效果的指标，其值越大说明分割结果越好。使用大津算法可以提高阈值的准确性，尤其适用于目标图像在整张图像中占比较小的情况。通过找到使类间方差最大或最小的阈值，可以更好地将目标和背景分开。

假设图像 $f(x, y)$ 为 $M\times N$ 大小的图像在 (x, y) 点的灰度值，$f(x, y)$ 的取值为 $[0, K]$，记 $p(k)$ 为灰度级 k 出现的概率，即

$$p(k)=\frac{1}{MN}\sum_{f(x, y)=k}1 \tag{5-13}$$

假设灰度阈值为 t，像素灰度值大于阈值 t 的像素归为一类，记作 R_1 区域；像素灰度值小于阈值 t 的像素归为一类，记作 R_2 区域。因此，R_1 区域所占比例为

$$w_1(t)=\sum_{k=0}^{t}p(k) \tag{5-14}$$

其平均灰度值为

$$\mu_1(t)=\sum_{k=0}^{t}\frac{kp(k)}{w_1} \tag{5-15}$$

R_2 区域所占比例为

$$w_2(t)=\sum_{k=t+1}^{K}p(k) \tag{5-16}$$

其平均灰度值为

$$\mu_2(t)=\sum_{k=t+1}^{K}\frac{kp(k)}{w_2} \tag{5-17}$$

图像的平均灰度值为

$$\mu=w_1(t)\mu_1(t)+w_2(t)\mu_2(t) \tag{5-18}$$

大津算法则通过最大化图像类间方差找到最优阈值 T，即

$$T=\arg\max_{0\leqslant t\leqslant M}\{w_1(t)[\mu_1(t)-\mu]^2+w_2(t)[\mu_2(t)-\mu]^2\} \tag{5-19}$$

当图像灰度直方图中具有明显的波峰波谷时，大津算法可以得到较好效果。但当图像目标与背景灰度值接近时，通过大津算法所求阈值有偏差。此外，大津算法的抗噪声性能也不高，对于较大噪声不具备鲁棒性。

如图 5-19 所示，与前两种图像分割方法相比，采用大津算法输出图像中的目标和背景分割得更加清晰。

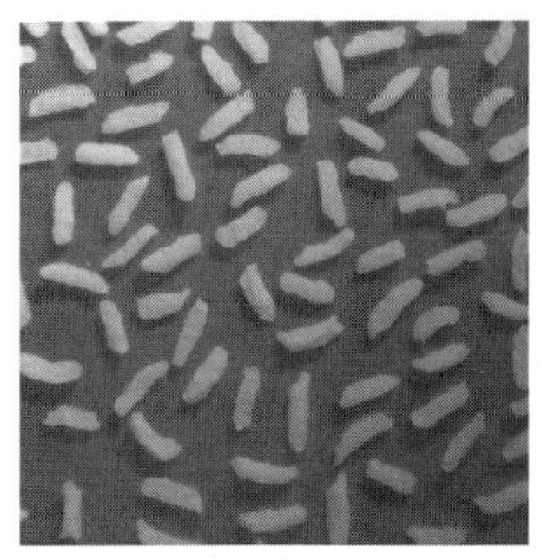

(a) 原始图像

(b) T=80阈值分割结果

(c) 大津算法阈值分割结果

图 5-19 单阈值大津算法效果图

需要注意的是，大津算法虽然相比起简单阈值分割方法更加准确，但仍然有一些应用限制。对于具有复杂灰度分布或背景噪声较多的图像，其分割效果可能不理想。

拓展与讨论

在智能汽车竞赛的常见问题之一是识别蓝布上的白色赛道。请使用观察法确定阈值、基于灰度值均值的阈值划分法、大津算法三种方法，对如图 5-20 所示的三张图分别进行二值化分割。观察图像分割结果，与小组同学讨论，总结三种方法适用的场景。

提示：从图 5-20 三个图的直方图入手，分析三种方法的适用场景。

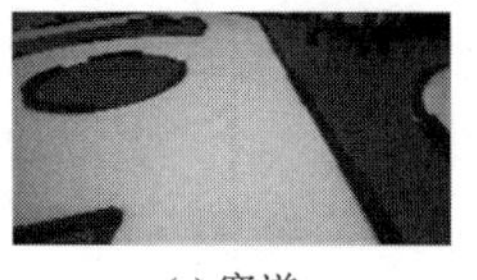

(a) 赛道一

(b) 赛道二

(c) 赛道三

图 5-20　智能汽车赛道识别问题

5.5　基于区域的图像分割

5.5.1　区域生长法

种子填充是一种图像分割方法，它从一组初始种子点开始，根据事先定义的区域生长规则，将与种子点性质相似的邻域像素逐步添加到每个种子点上，直到满足区域生长的终止条件，形成最终的生长区域。种子填充的基本方法如下：首先确定待分割的区域数量，在每个待分割的区域中选择一个种子作为生长起点，这个种子可以是单个像素，也可以是某个小区域。然后以该种子为中心向外扩展，将种子周围邻域中与种子具有相同或相似性质的像素合并到种子所在的区域中。同时，不断地将与已经合并的像素连通且满足给定条件的像素添加到集合中，直到再也没有满足相似性条件的像素可以合并进来为止。通过种子填充方法，能够有效地将图像分割为不同的区域，并且保持每个区域内像素的相似性。这种方法在计算机图形学领域被广泛应用，可用于对象提取、边界检测、图像分析等各种应用场景。

在实际应用区域生长法进行图像分割时，需要解决以下 3 个关键问题。

1. 选择或确定种子

选择种子是区域填充中的第一步，种子的选取是否合理直接关系到区域生长出的目标是否正确。只有种子的数目合适，才能使分割数目不过多，也不会丢失目标信息。种子像素可以通过人工交互的方式实现，或者可以按照下面的一般原则选择和确定一组种子。

(1) 接近聚类中心的像素可作为种子像素，例如直方图中像素最多且处在聚类中心的像素。

(2) 红外图像中可选择最亮的像素作为种子像素。

(3) 按位置要求确定的种子像素。

(4) 根据先验经验确定种子像素。

2. 选择生长准则

一般来说，大多数区域生长准则是基于图像的局部性质来确定的。选择合适的生长准则既取决于具体问题本身，也取决于所使用的图像数据类型。其中，常见的生长准则之一是中心连接区域生长法。这种方法基于一个假设，即同一区域中的像素灰度级不会有很大的差异。因此，它以某种相似性为基准，在各个方向上进行区域生长。

在处理彩色图像时，通常会采用绝对容差作为相似性的准则。容差可以理解为两个颜色相似的像素之间允许的最大颜色误差。容差越小，填充的精度越高；容差越大，填充的精度越低。假设种子像素的基准颜色为 C，它的颜色三个分量的灰度分别为 Cr、Cg 和 Cb，容差误差为 δ，那么区域内像素颜色的三个分量 r、g、b 满足：

$$\max(\mathrm{abs}(r-Cr), \mathrm{abs}(g-Cg), \mathrm{abs}(b-Cb))\leqslant\delta$$

对于灰度图像一般采用平均灰度的均匀测量作为区域增场的相似性检验准则。假设图像区域 P 中的像素数目为 N，当各个像素的灰度值和总体像素的灰度平均值之差不超过某个阈值 K 时，其均匀测度度量为真，将该像素点纳入生长区域。其数学表达式为

$$\max_{(x, y)\in P}|f(x, y)-m|<K$$

其中：m 为图像的灰度平均值，$m=\frac{1}{N}\sum_{(x, y)\in P}f(x, y)$。

选择适当的生长准则对于有效的图像分割非常重要。它能够确保区域生长的结果符合预期，并且能够满足特定应用的需求。因此，在实际应用中，我们需要根据具体情况选择适合的生长准则，以获得最佳的分割效果。

3. 确定终止条件

一般而言，确定终止生长的条件是生长过程进行到没有满足生长准则的像素为止，或生长区域满足所需的尺寸、形状等全局特征。

【例 5-3】 设有一个数字图像(见图 5-21)，检测灰度值为 9，平均灰度均匀测度度量的阈值为 2，采用区域增长技术对图像进行分割。

1	2	6	4	6
1	5	6	8	5
5	8	9	7	6
5	7	8	5	8
5	6	7	8	3

图 5-21　区域生长示意

解　第一步，根据检测灰度值，找出图像中的种子，如图 5-22(a)所示。

第二步，根据“平均灰度均匀测度度量的阈值为 2”的相似性准则，检查种子邻域内 8 个像素值，将满足条件的像素值合并进同一个区域中。

(1) $m_0=9$，$\max_{(x, y)\in P}|f(x, y)-9|<2$，纳入邻域满足条件的所有像素点(见图 5-22(b)所示)，并重新计算平均值 $m_1=\frac{9+8+8+8}{4}=8.25$。

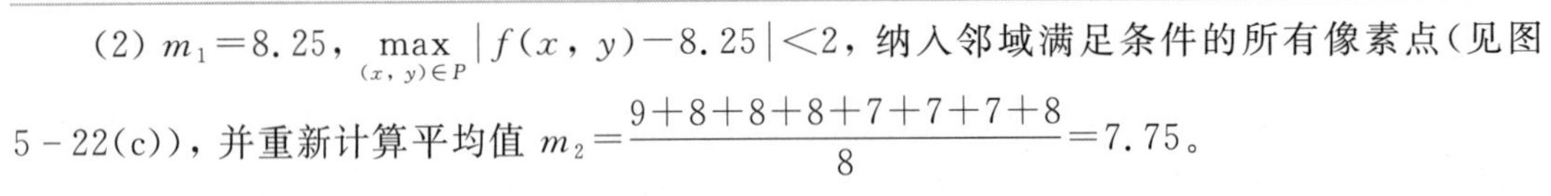

(2) $m_1=8.25$，$\max\limits_{(x,y)\in P}|f(x,y)-8.25|<2$，纳入邻域满足条件的所有像素点(见图5-22(c))，并重新计算平均值 $m_2=\dfrac{9+8+8+8+7+7+7+8}{8}=7.75$。

(3) $m_2=7.75$，$\max\limits_{(x,y)\in P}|f(x,y)-7.75|<2$，纳入邻域满足条件的所有像素点(见图5-22(d))，并重新计算平均值 $m_3=\dfrac{9+8+8+8+7+7+7+8+6+6+6+6+7+8}{14}\approx7.21$。

(4) 再次检查周围像素，没有满足条件的像素可以纳入，终止生长过程。

1	2	6	4	6
1	5	6	8	5
5	8	9	7	6
5	7	8	5	8
5	6	7	8	3

(a) 第一步

1	2	6	4	6
1	5	6	8	5
5	8	9	7	6
5	7	8	5	8
5	6	7	8	3

(b) 第二步(1)

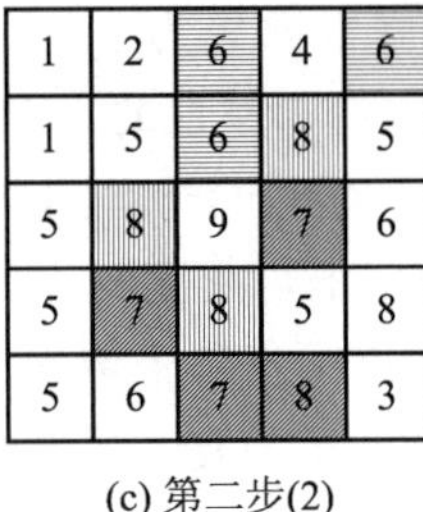

1	2	6	4	6
1	5	6	8	5
5	8	9	7	6
5	7	8	5	8
5	6	7	8	3

(c) 第二步(2)

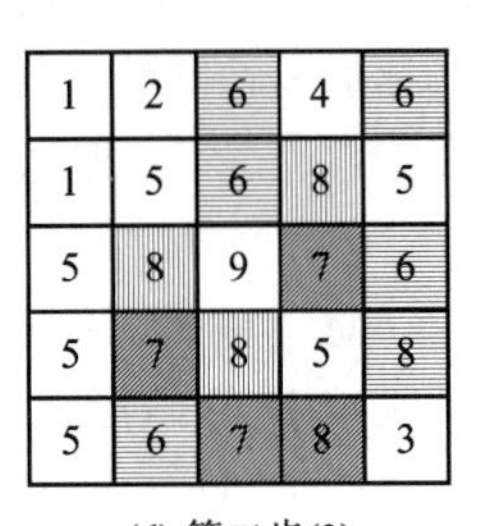

1	2	6	4	6
1	5	6	8	5
5	8	9	7	6
5	7	8	5	8
5	6	7	8	3

(d) 第二步(3)

图 5-22 区域生长步骤

在设计算法实现时，从初始点出发，按照递归方式遍历填充区域，对每一个像素按照相似条件判断是否被填充，是则填充该点并移动该点继续上述判断，否则继续判断下一个方向上的邻近像素。填充中，对已填的像素或边界像素不予填充。这个算法虽然直观，但递归调用执行效率低，可以通过堆栈的方法消除递归调用，常用算法为漫水法，步骤如下：

(1) 选取一个起始种子点，获得基准颜色，将种子点压入堆栈。

(2) 从堆栈中取出一个像素，对其进行填充，然后搜索其4-邻域或者8-邻域，如果有需要填充的像素就压入堆栈中。

(3) 重复步骤(2)，直到堆栈为空。

漫水法的执行效率会大大提高，但当图像较大时，漫水法的堆栈大小将限制可填充区域的面积。为了解决这一问题，可采用扫描法，即在填充过程中，采用每次填充一整行像素的方法，减少搜索填充区域的运算量，对堆栈的容量要求也很小。大致步骤如下：

(1) 选取一个起始种子点，获得基准颜色，将种子点压入堆栈。

(2) 从堆栈中取出一个像素，依次对该像素的左、右连通像素进行填充，并在填充过程中判断每一个填充位置上、下两行中相邻像素是否需要填充，将需要填充的相邻像素压入堆栈中。

(3) 对堆栈中的像素进行检查，去除已被填充的像素。

(4) 重复(2)、(3)步骤，直到堆栈为空。

根据图5-23可以看出，分割效果依赖于种子点的选择、生长准则和停止准则。当种子点分别为(271, 259)和(300, 400)时，图5-23(b)和(c)所得的图像分割效果完全不同。

由此可知，基于区域的生长法存在一些局限性：

(1) 敏感性。区域生长法对初始种子点的选择非常敏感。不同的种子点可能导致不同的分割结果，而很难确定最佳的种子点位置。

(2) 参数选择。区域生长法通常需要根据图像的特征选择合适的生长准则和停止准则。但是，选择合适的参数并不是一件轻松的事情。参数的选择通常需要根据具体的图像和应

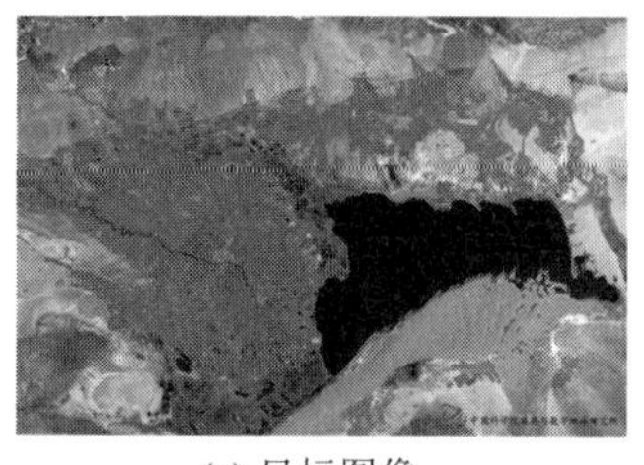

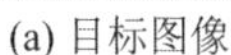
(a) 目标图像

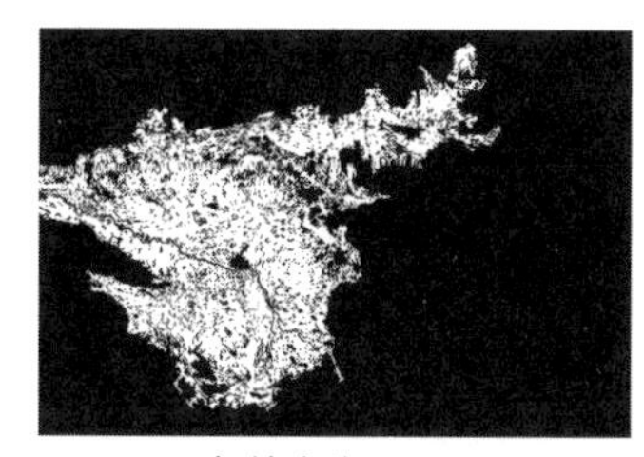
(b) 起始点为(271, 259)

(c) 起始点为(300, 400)

图 5-23 不同起始点的基于区域生长法图像分割效果

用领域进行尝试和调整。

(3) 无法处理非连通区域。区域生长法通常是基于像素的连通性来进行分割的。因此，如果目标区域内部存在非连通的区域，则区域生长法可能无法正确地将它们分割出来。

除上述缺点外，当图像中存在大量噪声或纹理时，区域生长法对噪声和纹理较为敏感，可能会产生不理想的分割结果，同时可能导致较长的计算时间和较高的计算资源需求。

5.5.2 区域的分裂与合并

区域分裂与合并是图像分割领域常用的一种算法，它利用了四叉树数据结构的层次概念。与区域生长算法不同，区域分裂与合并算法从图像和各区域的不一致性出发，一开始就将图像分割成一系列任意不相交的区域，并根据相邻区域的一致性将相邻的子区域合并成较大的区域。通过这种分裂与合并的操作，区域分裂与合并算法可以消除种子点选择和生长顺序对分割结果的影响。它不受限于种子点的位置，而是根据图像的特征自动进行分割。这种算法可以提高分割的准确性和稳定性。

如图 5-24 所示，设整幅图像用 R 来表示，R_i 代表示分裂成第 i 层图像子区域，选择一个逻辑谓词 $P(\cdot)$，当同一区域内 R_i 满足某一相似准则，即 $P(R_i)=\text{TRUE}$，则不分裂；当同一区域内 R_i 不满足某一相似准则，$P(R_i)=\text{FALSE}$，则将 R_i 分成 4 个子区域，并如此不断地继续下去，直到任何子区域都满足 $P(R_i)=\text{TRUE}$。

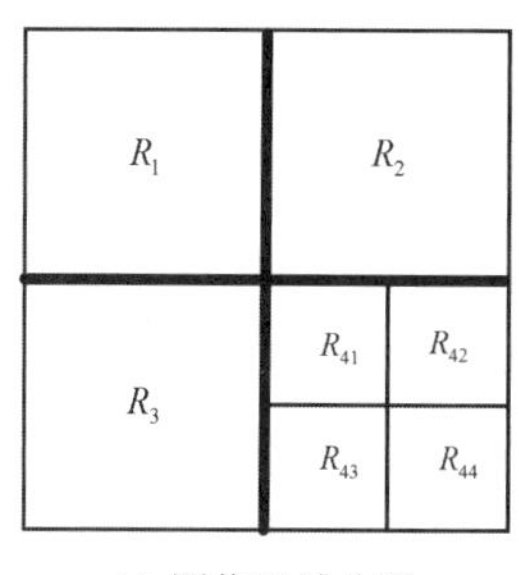

(a) 图像区域分裂

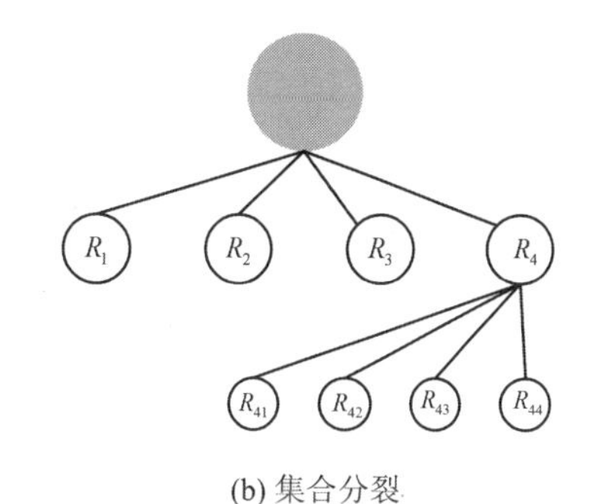

(b) 集合分裂

图 5-24 被分裂的图像以及对应的四叉树

【例 5-4】 对图 5-25 按照最大值与最小值之差小于等于 6 的准则进行区域分裂。

解 第一步，根据相似性原则“最大值与最小值之差小于等于 6”，对图像进行遍历。

第二步，全图按照相似性原则进行分裂。

(1) $|40-1|>6$，R 分裂成 R_1、R_2、R_3、R_4，如图 5-26(a)所示。

1	1	1	1	2	3	6	6
1	1	2	1	4	5	6	8
1	1	1	1	7	7	7	7
1	1	1	1	6	6	5	5
20	22	20	22	1	2	3	4
20	22	22	20	5	4	7	8
20	22	20	20	9	12	40	10
20	22	20	20	13	14	10	10

图 5-25　图像灰度值示意图

(2) $|1-1|<6$，R_1 不分裂；$|8-2|\leqslant 6$，R_2 不分裂；$|22-20|<6$，R_3 不分裂；$|40-1|>6$，R_4 分裂成 R_{41}、R_{42}、R_{43}、R_{44}，如图 5-26(b)所示。

(3) $|5-1|<6$，R_{41} 不分裂；$|8-3|\leqslant 6$，R_{42} 不分裂；$|14-9|<6$，R_{43} 不分裂；$|40-10|>6$，R_{44} 分裂成 R_{441}、R_{442}、R_{443}、R_{444}，如图 5-26(c)所示。

第三步，检查各子块都满足 $P(R_i)=\text{TRUE}$，不再分裂。

第四步：将分裂后所有子块的大小赋予各子块左上角像素，如图 5-26(d)所示。

1	1	1	1	2	3	6	6
1	1	2	1	4	5	6	8
1	1	1	1	7	7	7	7
1	1	1	1	6	6	5	5
20	22	20	22	1	2	3	4
20	22	22	20	5	4	7	8
20	22	20	20	9	12	40	10
20	22	20	20	13	14	10	10

(a) 第一次分裂

1	1	1	1	2	3	6	6
1	1	2	1	4	5	6	8
1	1	1	1	7	7	7	7
1	1	1	1	6	6	5	5
20	22	20	22	1	2	3	4
20	22	22	20	5	4	7	8
20	22	20	20	9	12	40	10
20	22	20	20	13	14	10	10

(b) 第二次分裂

1	1	1	1	2	3	6	6
1	1	2	1	4	5	6	8
1	1	1	1	7	7	7	7
1	1	1	1	6	6	5	5
20	22	20	22	1	2	3	4
20	22	22	20	5	4	7	8
20	22	20	20	9	12	40	10
20	22	20	20	13	14	10	10

(c) 第三次分裂

4	0	0	0	4	0	0	0
0	0	0	0	0	0	0	0
0	0	0	0	0	0	0	0
0	0	0	0	0	0	0	0
4	0	0	0	2	0	2	0
0	0	0	0	0	0	0	0
0	0	0	0	2	0	1	1
0	0	0	0	0	0	1	1

(d) 分裂后分割

图 5-26　区域分裂算法举例

然而，仅仅使用分裂，最后得到的分区可能会包含具有相同性质的相邻区域，带来不必要的图像分割。如图 5-27 所示，仅用四叉树分裂法会使背景产生不必要的分割。因此，引入合并机制以克服这种缺陷。在合并不同区域中相互连接的像素同样必须满足逻辑 $P(\cdot)$，也就是如果存在任意相邻的两个子区域 R_j 和 R_k 使 $P(R_j \cup R_k)=\mathrm{TRUE}$ 成立，就将 R_j 和 R_k 合并组成新的区域。

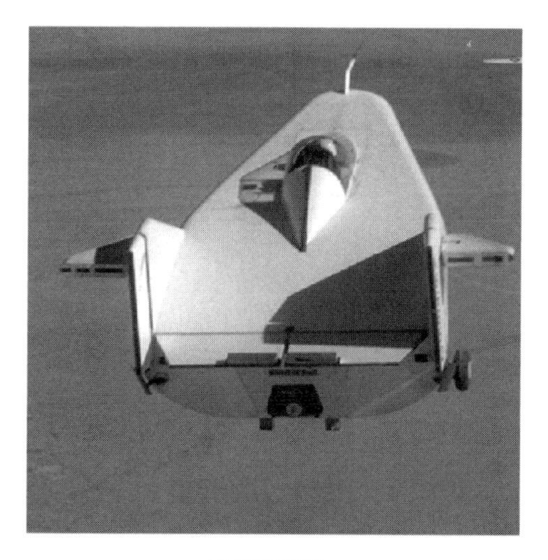

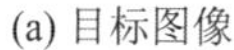

(a) 目标图像

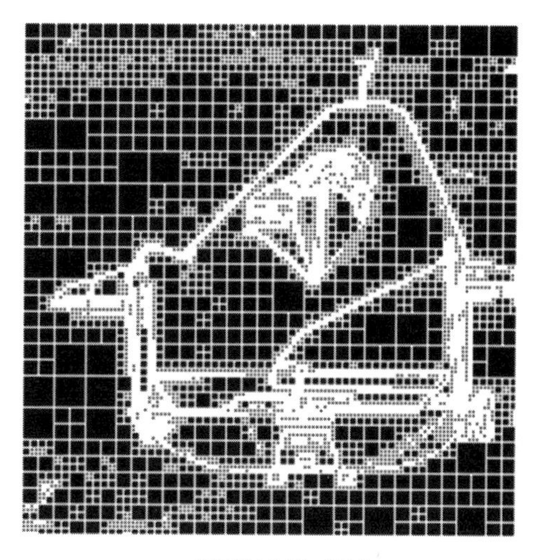

(b) 四叉树分裂后图像

图 5-27 区域分裂效果图

对某个区域是否需要进行分裂和对相邻区域是否需要合并的准则应该是一致的。常用的准则有：

(1) 同一区域内最大灰度值和最小灰度值之差或方差小于某个选定的阈值。

(2) 两个区域的平均灰度值之差及方差小于某个选定的阈值。

(3) 两个灰度分布函数之差小于某个选定的阈值。

(4) 两个区域的某种图像统计特征值的差小于等于某个阈值。

按照上述准则对图 5-25 进行分裂与合并，具体步骤如下：

(1) 根据相似性原则“最大值与最小值之差小于等于 6”，对图像进行遍历。这里要注意的是，相似原则中的最大值和最小值，是指分裂后的区域的平均值。

(2) 按照相似性原则进行分裂，得到图 5-28(a)，并将相邻子区域根据相似性原则合并。

① $|2-1|<6$，R_1 合并，$|8-2|\leqslant 6$，R_2 合并，$|22-20|<6$，R_3 合并；$|5-1|<6$，R_{41} 合并，$|8-3|\leqslant 6$，R_{42} 合并，$|14-9|<6$，R_{43} 合并；$|10-10|<6$，R_{442} 与 R_{444} 合并；合并区域计算平均值，如图 5-28(b)所示。

② $|1.0625-5.625|<6$，相邻子区域 R_1 和 R_2，$P(R_1 \cup R_2)=\mathrm{TRUE}$ 成立，就将 R_1 和 R_2 合并组成新的区域；$|3-5.5|<6$，R_{41} 和 R_{42} 合并；$|10-10|<6$，合并对应区域；合并区域计算平均值，如图 5-28(c)所示。

③ 检查相邻区域，合并对应区域，如图 5-28(d)所示。

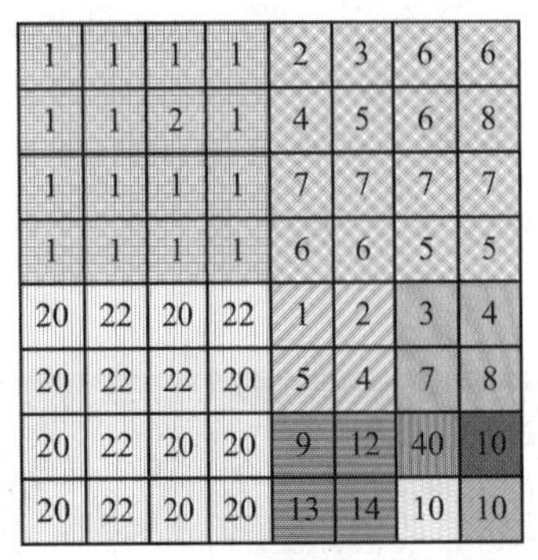

(a) 四叉树分裂

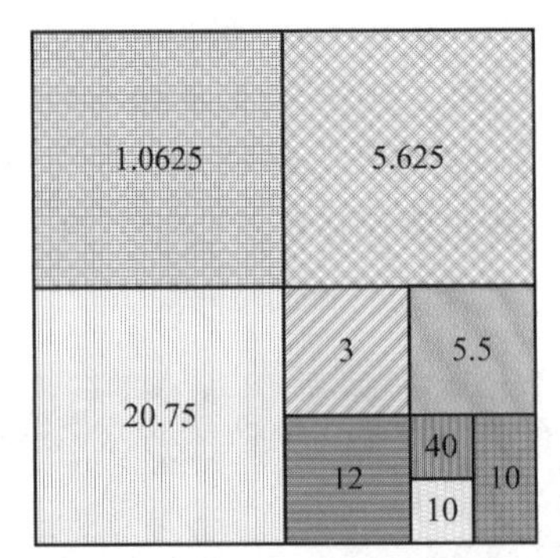

(b) 第一次合并

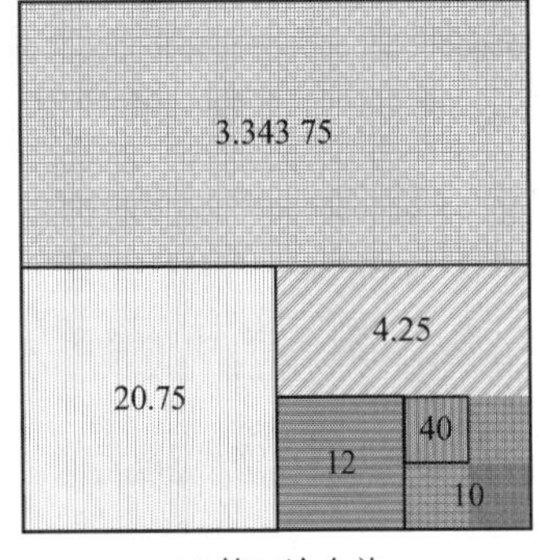

(c) 第二次合并

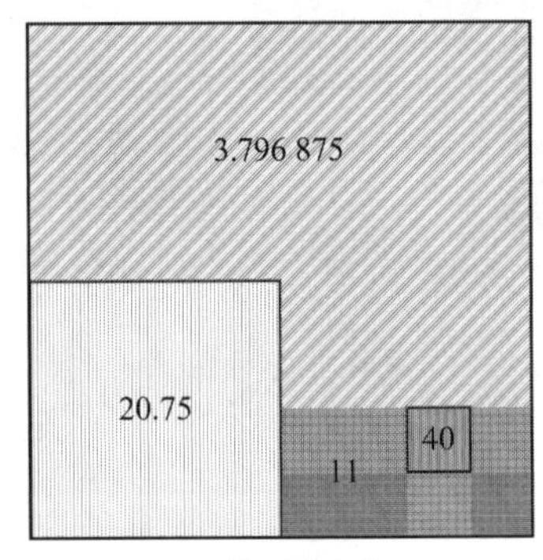

(d) 第三次合并

图 5-28　区域分裂与合并算法举例

(3) 检查各子块都满足 $P(R_i)$=TRUE，不再分裂。

值得注意的是，相邻两个子区域合并顺序不同，可能导致分裂与合并的效果不同。但不管哪种合并顺序，都将大大改善仅仅使用分裂带来的不必要的图像分割。

现对图 5-27(a)进行分裂与合并。对比图 5-29(b)和(c)可以看到，采用分裂与合并后，图像背景中不必要的分割大大减少，符合图像分割需求。

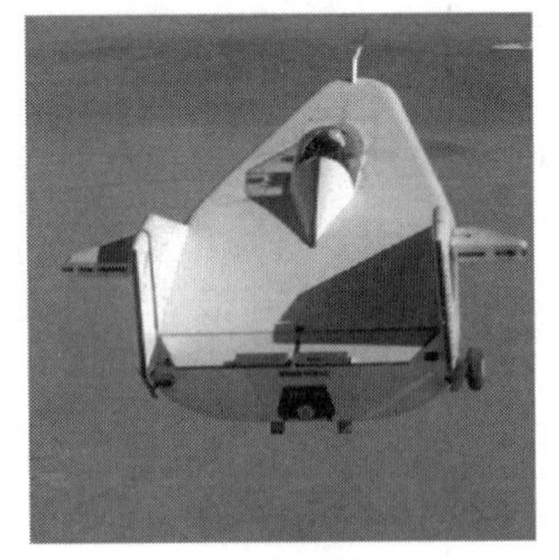

(a) 目标图像

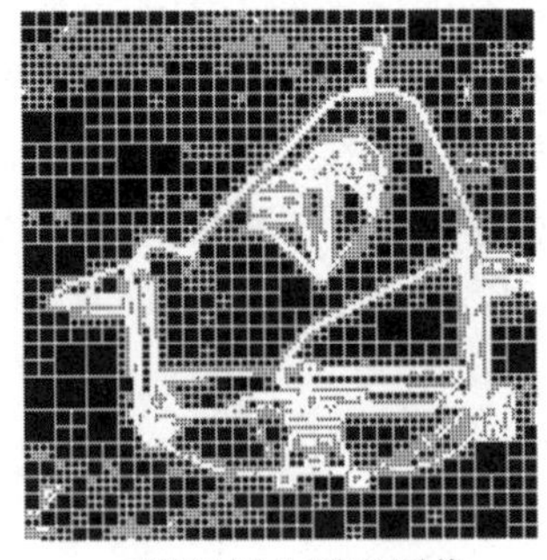

(b) 四叉树分裂后图像

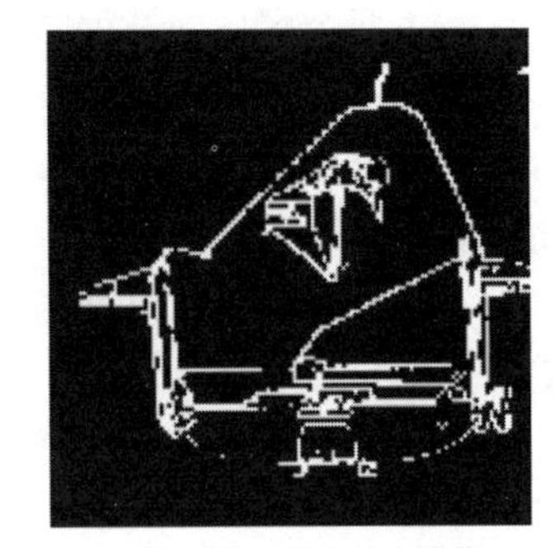

(c) 四叉树分裂合并后图像

图 5-29　区域分裂与合并效果图

区域分裂与合并算法在不同应用中都有广泛的应用，特别适用于处理复杂的图像场景和大型数据集。它能够有效地将图像分割为各个具有一致特征的区域，为后续的图像分析和处理提供良好的基础。

本章小结

本章详细介绍了图像分割的方法和技术。首先，了解了图像分割的基本概念和分类。根据像素值的连续性和不连续性，学习了两种主要的图像分割方法：基于边界的边缘检测和基于灰度阈值的图像分割。在基于边界的边缘检测中，通过对一阶差分和二阶差分的模板进行变形设计，学习了如何设计带有方向信息的边缘检测算法。还介绍了基于高斯拉普拉斯和高斯差分算子的边缘检测方法，以及Canny算子边缘检测方法。为了解决边缘检测中出现的间断问题，进一步学习了边缘跟踪算法，用于连接图像中的离散边缘。在基于灰度阈值的图像分割中，学习了基于灰度值统计特性的图像分割方法，这些方法根据灰度值的特定分布模式对图像进行分割。还学习了基于区域的图像分割方法，该方法将图像分割为具有相似属性的区域。除此之外，根据图像的形状特性，还学习了霍夫变换方法，该方法用于检测图像中的特定形状，如直线、圆等。

第 6 章

图像目标检测

在数字图像处理的广阔领域中，图像目标检测一直是一个备受关注和研究的重要主题。随着计算机视觉和机器学习的快速发展，图像目标检测的技术和应用也日益成熟和广泛。图像目标检测旨在从复杂的图像背景中准确地识别和定位感兴趣的目标，这对于许多实际应用具有重要意义。无论是自动驾驶中的车辆和行人识别，还是安防监控中的异常行为检测，图像目标检测都扮演着关键的角色。它不仅可以提供决策支持和安全保障，还可以在医学影像、遥感图像等领域中帮助我们发现和分析隐藏在图像数据中的有价值的信息。

本章将系统地介绍图像目标检测的基本概念、原理和方法。我们将从目标检测基本概念以及分类开始，深入探讨不同的目标检测算法和技术，重点关注运动目标检测的关键挑战，并针对不同应用场景介绍适用的算法和策略。

通过学习本章内容，读者将掌握图像目标检测的基本原理和技术，了解不同方法之间的优劣比较，并能够根据具体需求选择适合的方法进行目标检测。本章还将介绍一些实际案例和应用，帮助读者将理论知识与实际问题相结合，从而在实践中取得更好的效果。

6.1 目标检测的基本概念与分类

在介绍目标检测具体方法之前，首先学习一下与目标检测相关的几个基本概念以及目标检测的分类。

6.1.1 目标检测的基本概念

目标是指一个待探测、定位、识别和确认的物体，也是图像中感兴趣的物体或内容。背景是指反衬目标的部分。目标和背景都是相对而言的。对于同一幅图像，感兴趣的就是目标，除了目标以外的其他成分就是背景。如果对背景中的某一部分感兴趣，那么它就成为新的目标，原来的目标就变成了背景。

目标特征是指目标最主要的表现形式，能把目标从背景中检测或识别出来。目标检测也叫目标提取，是一种利用目标特征对图像进行分割和定位的过程。广义上讲，目标检测是能够检测到目标所在位置并对目标进行分类、识别和确认的全过程。值得注意的是，本章中的目标检测指的是从背景下检测到目标，即仅完成纯检测，不包含辨别检测。

在实际应用中，针对输入的视频图像，首先经过图像去噪、增强、复原等预处理，然后再利用目标检测算法，检测出潜在目标，获得目标的客观信息；再采用目标跟踪方法跟踪监测到的目标，并记录下目标的运动状态和运动轨迹等信息；通过运动目标特征对目标进行分类和识别，达到判断目标的目的。由此可见，目标检测是目标跟踪和识别的前提，目标跟踪是通过不断检测来捕获目标状态的，两者之间没有明显的界线。

6.1.2　目标检测的分类

一般来说，一个待处理的图像可以分成三部分：目标图像、背景图像和噪声图像。目标检测的基本思路就是利用目标自身特征，通过有效抑制背景和消除噪声，将目标从背景中定位并提取出来。因此，检测的本质就是背景与目标的二元决策问题。

按照目标特性来分，感兴趣的目标检测可以分为单幅图像的目标检测和运动目标检测。单幅图像的目标检测是对图像信息的目标和背景进行分割。对于成像较大的目标，可以采用第 5 章中学习的图像分割方法提取图像中的目标信息。对于小目标或者低信噪比小目标，第 5 章所学习的方法很难准确地根据图像灰度、边缘、角点等特征定位目标图像，所以需要连续采集的图像序列，通过图像序列分析目标的运动在背景中的变化情况，检测目标图像。

按照目标成像大小来分，目标检测可以分为小目标检测和有形大目标检测。由于小目标成像像素较小，缺乏边缘信息、轮廓及纹理等细节，因此在低信噪比条件下，小目标检测是目标检测的重点和难点。对于有形大目标而言，当目标图像单一且与背景区别较大时，可用图像分割法进行目标检测；但是当背景复杂时，可以利用目标图像的几何特征、纹理特征等提取目标。近期有学者将模式识别与机器学习引入到目标检测中，或者将高层语义模型引入特征空间中，使得目标检测更加准确。

6.2　运动目标检测

拍摄设备与目标之间的相对运动有三种基本方式：一种是拍摄设备不动、目标运动而产生的静态背景下的运动目标图像；另一种是目标不动、拍摄设备运动而产生的全局运动；第三种则是拍摄设备和目标都在运动，产生的动态背景下的运动目标图像。运动目标检测的目的是将在序列图像中由于运动产生的前景从背景中提取出来，并尽可能地抑制背景噪声和前景噪声。本节介绍利用帧间运动信息进行目标检测的方法。

6.2.1　运动图像序列背景建模

为了准确地将运动目标从背景中提取出来，首先需要对图像序列中的背景建模，而后通过背景减除法将运动目标提取问题转化为目标与背景的二元问题。下面介绍几种典型背景建模方法。

1. 多帧图像平均的背景建模

多帧图像平均法是以当前某段时间内图像序列的平均值作为参考图像，即产生一个除

运动区域以外与当前静态场景相似的近似背景图像。其数学表达式为

$$B_k=\frac{1}{N}(f_{k-N+1}+f_{k-N+2}+\cdots+f_k)$$

其中：N 为重建的图像序列帧数，B_k 为重建的背景图像，f_k 为第 k 帧图像。建模后的背景图像是由各帧图像的灰度值平均求得的。从图 6-1 可以看出，重建后的背景图像中还存在残存的目标图像，同时也可以看出随着累加平均帧数的增加，目标图像残存的影响可以大大减小。

(a) 第1帧图像

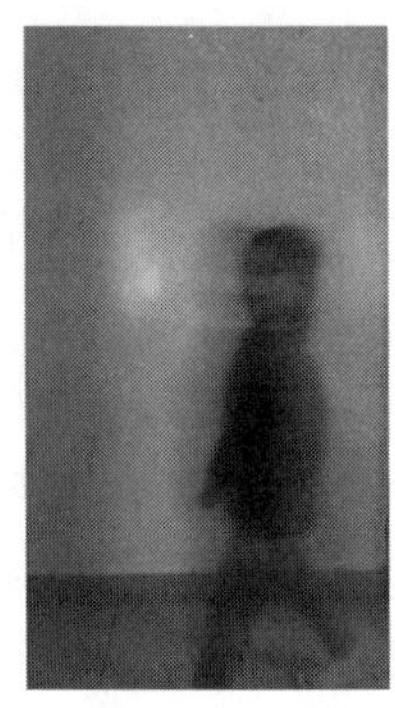
(b) 累加平均10帧背景

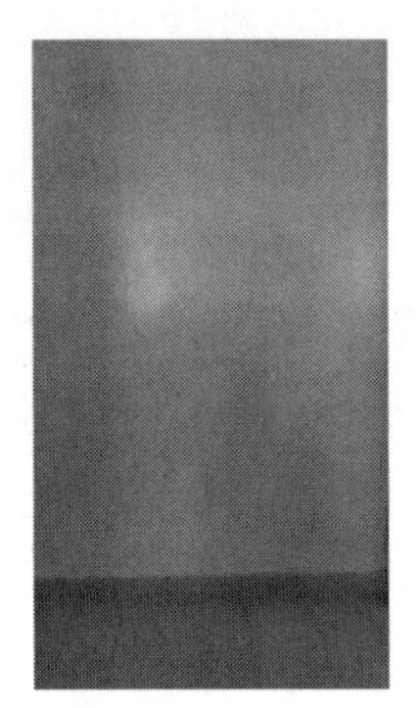
(c) 累加平均100帧背景

图 6-1　基于多帧图像平均的背景建模

值得注意的是，这种方法在目标图像单一且连续不间断运动中效果较好，且计算速度快，但是对环境光照变化和背景的多模态性比较敏感。

2. 单高斯分布背景建模

在许多应用场景，如水面波纹、摇摆的树枝等像素值都呈现多模态特性，而高斯分布则是描述场景背景像素颜色分布的常用概率密度分布之一。

单分布高斯背景模型认为，对于一个背景图像，特定像素亮度在时间上的颜色变化满足高斯分布，即

$$p(\boldsymbol{X})=\frac{1}{(2\pi)^{d/2}\left|\Sigma\right|^{1/2}}\exp\left(-\frac{1}{2}(\boldsymbol{X}-\boldsymbol{\mu})^{\mathrm{T}}\boldsymbol{\Sigma}^{-1}(\boldsymbol{X}-\boldsymbol{\mu})\right)$$

其中：多维变量 $\boldsymbol{X}=(x_1, x_2, \cdots, x_n)$，$\boldsymbol{\mu}=(\mu_1, \mu_2, \cdots, \mu_n)$表示各变量均值，$\boldsymbol{\Sigma}$ 为高斯分布的协方差，n 为变量维度，对于二维图像来说，$n=2$。在一段时间内，计算图像序列中每一个点的均值和方差。若当前颜色值为 $\boldsymbol{g}$，设 $\boldsymbol{d}=\boldsymbol{g}-\boldsymbol{\mu}$，若 $\boldsymbol{d}^{\mathrm{T}}\boldsymbol{\Sigma}^{-1}\boldsymbol{d}$ 的值大于一定阈值，则该点为前景点，否则为背景点。

单高斯分布背景建模大致可以分为以下两个步骤：

(1) 初始化背景图像。计算一段时间内图像序列 $f(x, y)$的平均灰度 μ_0 以及协方差，构成具有高斯分布的初始背景图像 B_0，即

$$B_0=[\mu_0, \Sigma_0]$$

其中：$\mu_0=\frac{1}{T}\sum_{i=0}^{T-1}f_i(x, y)$，$\Sigma_0=\frac{1}{T}\sum_{i=0}^{T-1}[f_i(x, y)-\mu_0]^2$。

(2) 更新背景图像。若场景发生变化，则背景模型可利用视屏序列提供的实时信息，对变化进行响应。也就是根据前一时刻(t 时刻)的背景和变化，对 $t+1$ 时刻的背景进行更新，

其数学表达式为

$$\mu_{t+1}=(1-p)\mu_t+pf_t$$

$$\Sigma_{t+1}=(1-p)\Sigma_t+p(f_t-\mu_t)^2$$

其中：μ_t 为当前背景图像中像素点的灰度值，f_t 为当前帧像素点的灰度值，μ_{t+1} 为参数更新后背景图像的灰度值，p 反映背景更新率。p 越大，背景更新越慢，反之相反。该参数的选取通常取决于经验值，一般选取 0.005。由此可见，单高斯分布模型可以有微小变化或者是慢变化场景。当背景像素值变化较快时，单高斯背景模型可能无法满足背景变化。

6.2.2　静止背景下的运动目标检测

当拍摄设备与目标之间的相对运动属于第一类时，运动目标与背景之间为二元检测问题。目前学者将小波变换、遗传算法等高阶算法应用到图像序列的运动目标检测中。虽然在检测精度上有很大的提升，但计算量大，无法满足实时处理的需求。因此，在实时监控系统中，仍采用传统经典的检测方法，如背景差分法、帧间差分法等。

1. 背景差分法

背景差分法的基本思想是从图像序列中减去静止的背景，仅留下运动目标。假设图像序列的背景模型为 $B_k(x, y)$，当前帧的图像为 $f_{k+1}(x, y)$，则当前帧图像 $f_{k+1}(x, y)$与背景图像 $B_k(x, y)$之间的变化可以用一个二值图像 $D_{k+1}(x, y)$来表示，即为

$$D_{k+1}(x, y)=\begin{cases}1, & |f_{k+1}(x, y)-B_k(x, y)|>T \\ 0, & \text{其他}\end{cases}$$

其中：$B_k(x, y)$可以由多帧图像平均方式建模。把与背景偏离超过一定阈值的区域当成运动目标，这样可以通过相减直接给出目标的位置、大小、形状等信息。

如图 6-2(a)所示，单一物体在光照可控的静止背景中运动时，背景差分法可以较好地提取运动目标；当运动目标变多时，背景差分法的效果可能不尽人意，如图 6-2(b)所示。

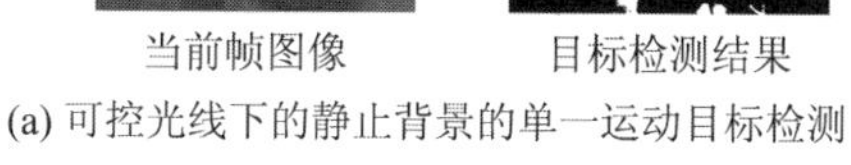

当前帧图像　　目标检测结果

(a) 可控光线下的静止背景的单一运动目标检测

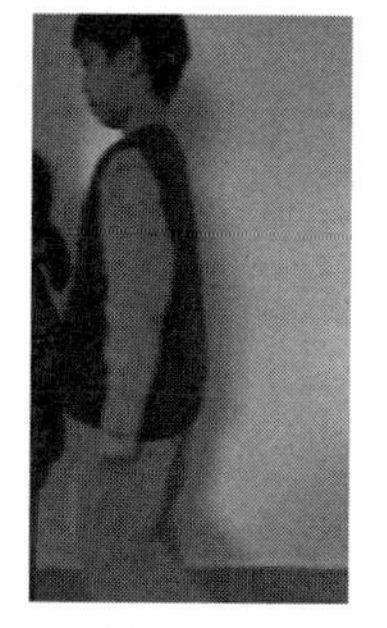

当前帧原始图像　　目标检测结果

(b) 可控光线下的静止背景的多个运动目标检测

图 6-2　背景差分法的运动目标检测

回顾与思考

(1) 基于背景差分的运动目标检测方法中的阈值如何设定呢?

提示：第 5 章中的图像分割阈值算法可以用来选取最优阈值。

（2）观察在图 6-2(b)右图中，提取人物轮廓时检测到了运动物体的噪声点，图像很难在不损失图像细节的前提下被充分平滑。回顾之前章节所学，想一想如何去除这些孤立的白点？

提示：在图 6-2(b)右图中，孤立白点的像素大小与目标图像相比较小，可以认为是噪声。但孤立白点的像素大小通常大于 1，单纯地采用中值滤波可能很难达到理想效果。可以考虑形态学滤波，选择合适的结构算子，进行先腐蚀后膨胀的开运算，这样既可以保持目标图像的边缘轮廓，还可以去除背景中的白色噪点。

2. 帧间差分法

帧间差分法是利用连续的图像序列中相邻几帧图像之间的时间差分，通过阈值化的方式提取图像中的运动变化区域的。由于运动目标的存在，前一帧与后一帧对应位置的像素值会发生较大的变化，由此可以用来判断目标的移动区域。设图像序列中，第 j 帧图像 $f_j(x, y)$ 与第 k 帧图像 $f_k(x, y)$ 之间的变化可用一个二值差分图像 $DP_{jk}f(x, y)$ 来表示，即

$$DP_{jk}f(x, y)=\begin{cases}1, & |f_j(x, y)-f_k(x, y)|>T \\ 0, & 其他\end{cases}$$

根据上式可知，如果对应像素值之差很小，可以认为此处为背景，相减后背景被去除；而运动目标则会产生较大的像素值变化，把超出阈值的部分标记出来，利用标记出来的像素区域，求出运动目标在图像中的位置。

在图 6-3 中采用与图 6-2 相同的图像序列，可以看到帧间差分也可以简单、快速地检测出运动目标。与背景差分法相比，帧间差分法受到的光线变化影响较小，检测结果较为稳定。但是，帧间差分法只能检测相对运动目标，检测出的目标位置不精确，而且其结果受限于帧间差分的选择时机和运动速度。

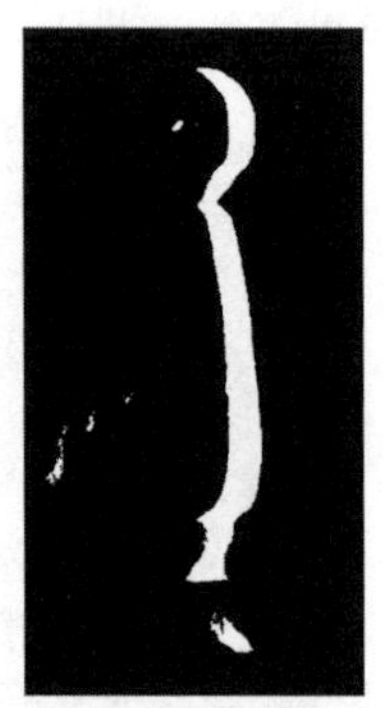

当前帧图像　目标检测结果

(a) 可控光线下的静止背景的单一运动目标检测

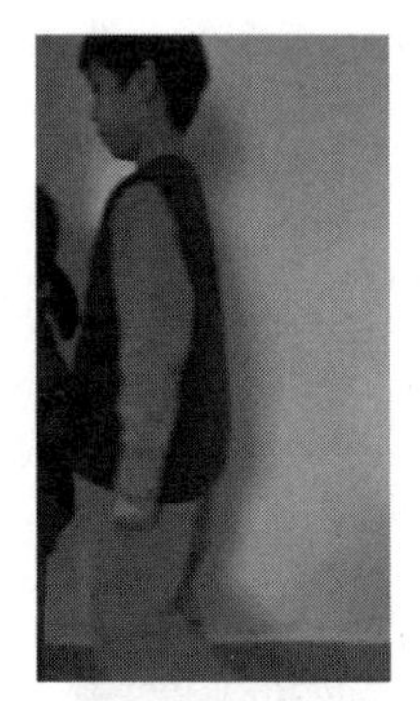

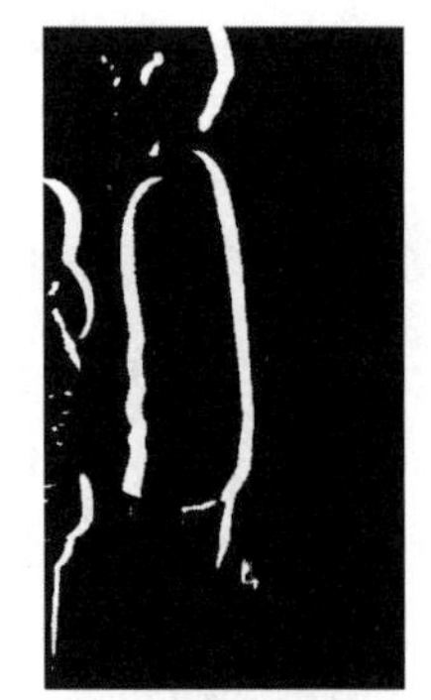

当前帧图像　目标检测结果

(b) 可控光线下的静止背景的多个运动目标检测

图 6-3　帧间差分法的运动目标检测

6.2.3　动态背景下的运动目标检测

在动态背景下，运动目标与背景同时运动，这样图像序列中目标和背景的变化会叠加并重合在一起。由于拍摄设备的运动，可能会导致目标形状、尺寸和光照的变化，同时运动

目标还可能被遮挡，因此动态背景下的运动目标检测比静态背景下的运动目标检测复杂很多。常见的动态背景下的运动目标检测方法主要有光流法。

光流是指运动物体在人的视网膜上产生一系列连续的光亮变化，表达了空间运动物体在观察成像平面上的像素运动的瞬时速度，可以用来描述相对于观察者运动所造成的观测目标、表面或边缘的运动。光流法是指利用图像序列中像素在时间域上的变化以及相邻帧之间的相关性，找到上一帧跟当前帧之间存在的对应关系，从而计算出相邻帧之间物体的运动信息，进而推断出物体移动速度及方向的方法。

在空间中，运动可以用运动场来描述，在图像平面上，物体的运动往往是通过图像序列中不同图像灰度分布的不同来体现的。因此，空间中的运动场在图像上就是光流场。光流场是一个二维矢量场，是带有灰度的像素点在图像平面上运动而产生的瞬时速度场，包含了各像素点的瞬时运动速度矢量信息，反映了图像上每一点灰度的变化趋势。

使用光流法，需要满足两个基本假设条件：

(1) 亮度恒定不变：即同一目标在不同帧间运动时，其亮度不会发生改变。光流法不适用于光线改变多的场景。

(2) 时间连续或者运动是“小运动”：即时间的变化不会引起目标位置的剧烈变化，相邻帧之间位移要比较小。也就是光流瞬时速率在时间间隔很小时，可以等同于目标点的位移。

在满足上述两个基本假设后，假设一个像素在第一帧的光强度为 $I(x, y, t)$，该像素移动了 $(\mathrm{d}x, \mathrm{d}y)$ 的距离到下一帧，用了 $\mathrm{d}t$ 时间。因为是同一个像素点，根据假设条件(1)可知，该像素在运动前后的光强度不变，即有：

$$I(x, y, t)=I(x+\mathrm{d}x, y+\mathrm{d}y, t+\mathrm{d}t)$$

对其进行泰勒展开，得到：

$$I(x, y, t)=I(x, y, t)+\frac{\partial I}{\partial x}\mathrm{d}x+\frac{\partial I}{\partial y}\mathrm{d}y+\frac{\partial I}{\partial t}\mathrm{d}t+\varepsilon$$

其中：ε 为二阶无穷小项，可以忽略不计。

同除 $\mathrm{d}t$，可得：

$$\frac{\partial I}{\partial x}\frac{\mathrm{d}x}{\mathrm{d}t}+\frac{\partial I}{\partial y}\frac{\mathrm{d}y}{\mathrm{d}t}+\frac{\partial I}{\partial t}\frac{\mathrm{d}t}{\mathrm{d}t}=0$$

设 u、v 分别为光流沿 x 轴和 y 轴的速度矢量，即 $u=\frac{\mathrm{d}x}{\mathrm{d}t}$，$v=\frac{\mathrm{d}y}{\mathrm{d}t}$。令 $I_x=\frac{\partial I}{\partial x}$，$I_y=\frac{\partial I}{\partial y}$，$I_t=\frac{\partial I}{\partial t}$，分别表示图像中像素点的灰度沿 x 轴、y 轴和 t 方向导数。综上可得到：

$$I_x u+I_y v+I_t=0$$

在此约束方程有两个未知变量，因此无法求得准确的 u 和 v 的值，此时需要引入其他约束变量，从不同角度引入约束条件。这样光流场的计算方法可以根据数学方法的不同，再细分为四种：基于梯度的方法、基于匹配的方法、基于能量(频率)的方法、基于相位的方法。下面介绍基于梯度的方法中的经典方案 Horn-Schuck 光流法和 Lucas-Kanade(LK)算法。

基于梯度的方法利用时变图像灰度的时空微分来计算像素的速度矢量。

1. Horn-Schuck 光流法

为了解决一个方程两个未知数无法求解的问题，Horn-Schunck 算法引入了第三个假设，即全局平滑假设，也就是运动物体内部的光流场是相同的。因此，物体内部的光流场应当是平滑的，对应内部光流场的梯度为零，故得到第二个约束方程，即

$$\begin{cases}\nabla^2 u=\left(\dfrac{\partial u}{\partial x}\right)^2+\left(\dfrac{\partial u}{\partial y}\right)^2=0\\ \nabla^2 v=\left(\dfrac{\partial v}{\partial x}\right)^2+\left(\dfrac{\partial v}{\partial y}\right)^2=0\end{cases}$$

该式可以用来衡量一个像素点周围光流场的平滑度。该数值越大，表示光流场越不平滑。

为了找到最接近真实的光流场分布，Horn-Schuck 设计了一个总误差参数的平方，即

$$\varepsilon^2=\iint(\alpha^2\varepsilon_c^2+\varepsilon_b^2)\mathrm{d}x\mathrm{d}y=\iint[(I_xu+I_yv+I_t)^2+\alpha^2(\|\nabla u\|^2+\|\nabla v\|^2)]\mathrm{d}x\mathrm{d}y$$

其中 α 的取值主要考虑图像中的噪声情况。如果噪声较强，说明数据的置信度较低，需要更多地依赖光流约束，所以 α 取值较大；反之 α 取值较小。对上式求导后可得：

$$I_x(I_xu+I_yv+I_t)-\alpha^2\nabla^2u=0$$

$$I_y(I_yu+I_yv+I_t)-\alpha^2\nabla^2v=0$$

由于在图像中需要采用离散形式，总误差参数平方的离散形式 ε_c^2 可表示为

$$\varepsilon_c^2=\nabla^2u+\nabla^2v\approx(\bar{u}-u)+(\bar{v}-v)$$

其中：

$$\bar{u}_{i,j}=\frac{1}{6}(u_{i-1,j}+u_{i,j+1}+u_{i+1,j}+u_{i,j-1})+\frac{1}{12}(u_{i-1,j-1}+u_{i-1,j+1}+u_{i+1,j+1}+u_{i+1,j-1})$$

$$\bar{v}_{i,j}=\frac{1}{6}(v_{i-1,j}+v_{i,j+1}+v_{i+1,j}+v_{i,j-1})+\frac{1}{12}(v_{i-1,j-1}+v_{i-1,j+1}+v_{i+1,j+1}+v_{i+1,j-1})$$

用 $\nabla^2u\approx(\bar{u}_{j,k}-u_{j,k})$ 和 $\nabla^2v\approx(\bar{v}_{j,k}-v_{j,k})$ 替换后，上述方程组可写为

$$(I_x^2+\alpha^2)u+I_xI_yv=\alpha^2\bar{u}-I_xI_t$$

$$I_xI_yu+(I_y^2+\alpha^2)v=\alpha^2\bar{v}-I_yI_t$$

上式的矩阵形式为

$$\begin{pmatrix}\alpha^2+I_x^2 & I_xI_y\\ I_xI_y & \alpha^2+I_y^2\end{pmatrix}\begin{pmatrix}u\\ v\end{pmatrix}=\begin{pmatrix}\alpha^2\bar{u}-I_xI_t\\ \alpha^2\bar{v}-I_yI_t\end{pmatrix}$$

$$(\alpha^2+I_x^2+I_y^2)u=(\alpha^2+I_y^2)\bar{u}-I_xI_y\bar{v}-I_xI_t$$

$$(\alpha^2+I_x^2+I_y^2)v=(\alpha^2+I_x^2)\bar{v}-I_xI_y\bar{u}-I_yI_t$$

$$(\alpha^2+I_x^2+I_y^2)(u-\bar{u})=-I_x[I_x\bar{u}+I_y\bar{v}+I_t]$$

$$(\alpha^2+I_x^2+I_y^2)(v-\bar{v})=-I_y[I_x\bar{u}+I_y\bar{v}+I_t]$$

为了解该线性方程组，需要通过迭代法求解 $\bar{u}$ 和 $\bar{v}$，即

$$u^{k+1}=\bar{u}^k-\frac{I_x(I_x\bar{u}^k+I_y\bar{v}^k+I_t)}{\alpha^2+I_x^2+I_y^2}$$

$$v^{k+1}=\bar{v}^k-\frac{I_x(I_x\bar{u}^k+I_y\bar{v}^k+I_t)}{\alpha^2+I_x^2+I_y^2}$$

2. Lucas-Kanade(LK)算法

为了解决一个方程两个未知数无法求解的问题，Lucas-Kanade(LK)算法除了上面提到的两个假设外，新引入了一个假设条件：一个像素点的小邻域内所有的像素点的运动方向与中心点相同，也就是它们有相同的 u 和 v，即它们共享相同的速度向量 $\boldsymbol{U}=(u, v)$，这样就可以引入多个方程来估计 u 和 v。估计方法采用最小二值法，数学表达式如下：

$$\varepsilon=\sum_{(x, y)\in\Omega}W^2(x)(I_x u+I_y v+I_t)^2$$

其中：Ω 表示考虑的窗口区域；$W^2(x)$是一个窗口权重，使得邻域中心区域对约束产生的影响比外围区域更大。I_x 和 I_y 是图像强度的横向和纵向梯度，而 I_t 是时间梯度(即两帧之间的强度变化)。

为了最小化 ε 并求解 u 和 v，可构建如下线性方程组：

$$\boldsymbol{A}^{\mathrm{T}}\boldsymbol{W}^2\boldsymbol{A}\boldsymbol{U}=\boldsymbol{A}^{\mathrm{T}}\boldsymbol{W}^2\boldsymbol{B}$$

其中：$\boldsymbol{A}=[\nabla f(X_1), \cdots, \nabla f(X_n)]^{\mathrm{T}}$ 是由图像梯度和构成的雅可比矩阵，$\boldsymbol{W}=\mathrm{diag}[W(x_1), \cdots, W(x_n)]$是对角矩阵，其对角线上的元素是权重函数 $W(x_n)$的值，$\boldsymbol{B}=-[I_t(X_1), \cdots, I_t(X_n)]^{\mathrm{T}}$ 是由时间梯度 I_t 构成的向量。最终，速度向量场 $\boldsymbol{U}$ 可以通过如下公式求得：

$$\boldsymbol{U}=(\boldsymbol{A}^{\mathrm{T}}\boldsymbol{W}^2\boldsymbol{A})^{-1}\boldsymbol{A}^{\mathrm{T}}\boldsymbol{W}^2\boldsymbol{B}$$

光流法能够检测出独立运动的目标对象，不需要预先知道场景的任何信息，可以用于目标和背景同时运动的场景。但光流法对噪声、光照变化及遮挡等十分敏感，且光流法计算复杂耗时，除非有特殊硬件，否则无法满足实时场景的视频图像处理的需求。

6.3　有形目标检测

目标图像尺寸不同会导致成像特性差异较大，检测方法也不尽相同。有形目标是目标检测中最常见的，一般其尺寸较大，有明显的边缘、轮廓和条纹等细节特征。因此，通常可以根据目标的灰度、几何形状、边缘轮廓、不变矩、频域等特征进行目标检测。常见的方法有基于图像分割的方法、基于模板匹配的方法。另外，近年来兴起的机器学习也引入到目标检测中，通过分类器学习和训练，可以获得更具有鲁棒性的检测结果。下面将介绍几种常见的有形目标检测方法。

6.3.1　基于图像分割的目标检测

基于图像分割的目标检测方法是最常见的一种方法。它利用目标与背景在灰度、形状及分布区域的差异将目标与背景分割开，目的是把图像能够分解成构成它的部件和对象，并有选择性地定位感兴趣的对象在图像中的位置和范围。

以阈值分割为例，基于图像分割的目标检测大致可分成如下几步：

(1) 图像分割。根据目标与背景在灰度上的差异，利用阈值方法对图像进行分割，准确地从图像背景中划分出目标。

(2) 目标定位。利用分割出的全体目标像素位置数据和目标像素的总点数就可以对目

标进行定位，确定出目标的具体位置，即目标的重心位置或形心位置。可以采用图像的矩计算目标重心，即

$$X_c=\frac{\sum_{y=1}^{N}\sum_{x=1}^{M}xf(x,\ y)}{\sum_{y=1}^{N}\sum_{x=1}^{M}f(x,\ y)},\quad Y_c=\frac{\sum_{y=1}^{N}\sum_{x=1}^{M}yf(x,\ y)}{\sum_{y=1}^{N}\sum_{x=1}^{M}f(x,\ y)}$$

其中：$f(x,\ y)$是图像在点$(x,\ y)$的像素灰度值，M 和 N 分别为图像中 x 方向和 y 方向的像素数。若将图像二值化后，$f(x,\ y)=1$，此公式转化为形心计算公式。在目标检测跟踪系统中，重心或者形心数据作为目标检测的结果，可用于目标跟踪的初始位置，启动目标的跟踪过程。

（3）确定目标尺寸和区域。在二值图像上，不为零的像素的边界被视为对应目标的边界，用于确定目标的大小尺寸。以计算出的目标的重心或形心位置为中心，以略大于目标尺寸的矩形框绘制在图像上，就形成了目标区域。在目标跟踪中，这个矩形就是目标跟踪框。

图 6－4 所示为图像背景简单的图像，目标与背景的区别较大，因此可以采用基于阈值的分割法进行目标检测。图 6－4(b)为分割出来的二值图，可以看到目标很好地被检测了出来，再利用形心方法就可以计算出目标位置了。值得注意的是，这类方法不适合复杂背景的图像。对于复杂背景的图像，可以利用目标的形状、纹理、颜色等更多特性进行分析。

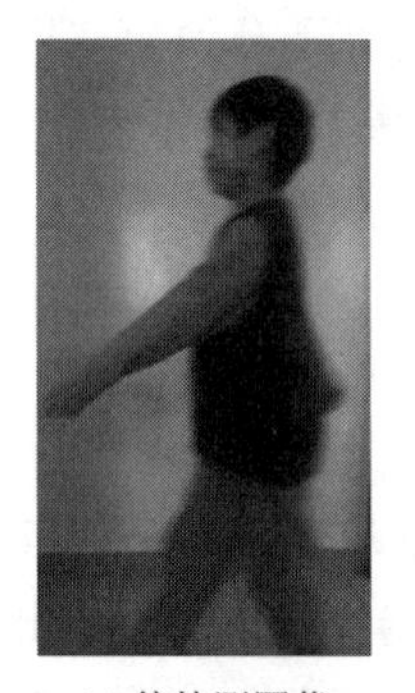

(a) 待检测图像

(b) 阈值分割后二值图像

(c) 检测到的目标位置

图 6－4 基于阈值分割的目标检测

6.3.2 基于模板匹配的目标检测

将感兴趣目标看作一个基准图，将待检测图像看成参考图，可以采用基于模板匹配的方法在参考图上搜索感兴趣的目标。简单来说，模板匹配就是用一幅已知的模板图片在目标图片上依次滑动，每次滑动都计算模板与模板下方子图的相似度。如果是单个目标的匹配，则只需要取相似度最大值所在的位置就可以得到匹配位置。如果要匹配多个目标，则只需要设定阈值，只要相似度大于阈值则认为是匹配的目标。

基于模板匹配的对象检测主要有两个步骤：模板生成、相似性度量。常见的模板度量是绝对差异的总和、差的平方和、归一化互相关系数和欧式距离。

1. 基于区域(灰度值)的模板匹配

基于灰度值的模板匹配常见的方法有：平均绝对差算法、绝对误差和算法、误差平方和算法、平均误差平方和算法。设$G(x, y)$是大小为$m\times n$的搜索图像，$T(x, y)$是$M\times N$的模板图像。以(i, j)为左上角，取$M\times N$大小的子图，计算其与模板的相似度，遍历整个搜索图，在所有能够取到的子图中，找到与模板最相似的子图作为最终结果。

(1) 平均绝对差算法(Mean Absolute Differences，MAD)，这是模式识别中常用的方法，该算法的思想简单，具有较高的匹配精度，广泛用于图像匹配。其数学表达式为

$$D(x, y)=\frac{1}{M\times N}\sum_{s=1}^{M}\sum_{t=1}^{N}|G(x+s-1, y+t-1)-T(s, t)|$$

其中：$1\leqslant x\leqslant m-M+1$，$1\leqslant y\leqslant n-N+1$。

(2) 误差平方和算法(Sum of Squared Differences，SSD)，也叫差方和算法，计算的是子图与模板图的欧几里得距离。其数学表达式为

$$D(x, y)=\frac{1}{M\times N}\sum_{s=1}^{M}\sum_{t=1}^{N}[G(x+s-1, y+t-1)-T(s, t)]^2$$

(3) 归一化积相关算法(Normalized Cross Correlation，NCC)，通过归一化的相关性度量公式来计算二者之间的匹配程度。其数学表达式为

$$R(i, j)=\frac{\sum_{s=1}^{M}\sum_{t=1}^{N}|G^{x,y}(s, t)-E(S^{i,j})|\cdot|T(s, t)-E(T)|}{\sqrt{\sum_{s=1}^{M}\sum_{t=1}^{N}|G^{x,y}(s, t)-E(S^{i,j})|^2\cdot\sum_{s=1}^{M}\sum_{t=1}^{N}|T(s, t)-E(T)|^2}}$$

其中：$E(S^{i,j})$和$E(T)$分别为(x, y)处子图、模板的平均灰度值。

2. 基于互信息的图像配准算法

基于互信息的图像配准算法以其较高的配准精度和广泛的适用性成为图像配准领域研究的热点之一，而基于互信息的医学图像配准方法被认为是最好的配准方法之一。基于此，这里将介绍简单的基于互信息的图像配准算法。

对于一幅图像来说，它的熵的计算表达式如下：

$$p_i=\frac{n_i}{\sum_{i=1}^{N-1}n_i}$$

$$H(Y)=-\sum_{i=0}^{N-1}p_i\log p_i$$

其中：n_i表示图像Y中灰度值为r_k的像素点总数，N表示图像Y的灰度级数，p_i表示灰度i出现的概率。联合熵反映了随机变量X、Y的相关性，设两个随机变量为X和Y，则X和Y的联合信息熵可表示为

$$H(X, Y)=-\sum_{x, y}p_{xy}(x, y)\log p_{xy}(x, y)$$

对于两幅图像X、Y来说，利用联合直方图，显然可以计算出二者的联合熵。

互信息(Mutual Information，MI)是信息论中的重要概念，描述了两个系统之间的相关性，或互相包含信息的多少。在图像配准中，两幅图的互信息是通过它们的熵以及联合熵来反映它们之间信息的相互包含程度的。对于图像X、Y来说，其互信息表示为

$$\mathrm{MI}(X, Y)=H(X)+H(Y)-H(X, Y)$$

当两幅图像相似度越高或重合部分越大时，其相关性也越大，联合熵越小，也即互信息越大。

我们可以利用互信息概念，设计基于互信息的图像配准算法，通过寻找子图将模板与各子图之间互信息的最大者作为配准图像。

在实际应用中，常常会出现模板与目标图像中的多个子图具有相似的灰度分布式，互信息容易出现误匹配的情况；而且互信息对两幅图像之间的重叠区域比较敏感，如果两幅图像的重叠区太小，互信息就会很小，配准精度随之降低。基于以上问题，可进一步对互信息进行改进，如采用归一化互信息（Normalization Mutual Information，NMI）和熵相关系数（Entropy Correlation Coefficient，ECC）的方法，对应的数学表达式为

$$\mathrm{NMI}(X, Y)=\frac{H(X)+H(Y)}{H(X, Y)}$$

$$\mathrm{ECC}(X, Y)=\frac{2\mathrm{MI}(X, Y)}{H(X)+H(Y)}$$

通过寻找模板与子图之间的最大 NMI、ECC 值来将其对应子图作为配准图像，如图 6-5 所示。

(a) 模板

(b) MI配准图

(c) NMI配准图

(d) ECC配准图

图 6-5 MI、NMI、ECC 图像匹配

6.4 弱小目标检测

6.4.1 弱小目标检测的基本原理

当成像系统和目标的相对位置较远时，虽然目标本身可能有几米甚至十几米的直径，但是在成像平面内仅表示为一个或几个像素的面积，且目标灰度值与背景差别大。这类没有形状、大小、纹理等特征的目标称为小目标。小目标还有一个运动特征。通过观察图像序列发现，弱小运动目标在相邻两帧中的位置不会有突变，在空间和时间上有连续性，并贯穿于整个图像序列中。也就是，第 k 帧图像在 (x, y) 处存在弱小目标，则弱小目标会出现在第 $k+1$ 帧图像中 (x, y) 小邻域内。而噪声在图像中往往是随机分布的，上一帧中出现噪声的位置在当前帧中很可能消失。然而，前面提到的帧间差分法、高斯背景建模、光流法等静止背景下运动目标检测的方法对弱小目标检测的效果比较有限。帧间差分无法有效区分

噪声和运动目标，且对阈值十分敏感。

考虑到弱小目标强度较弱、信噪比低，缺乏形状和结构信息，因此弱小目标检测的核心就是如何有效地抑制杂波和背景对目标检测的影响。为了达到这一目的，需要利用弱小目标运动的特点，采用空间和时间滤波相结合的方法，通过空间滤波与处理增强目标和抑制背景，提高信噪比，再通过时间序列分析进行时间域滤波，检测并跟踪真正的目标。

根据上面两个有效特征使用顺序的不同，可以将弱小目标检测分成以下两类：

(1) 时间滤波器放在空间滤波器之后，即先检测后跟踪(Detect Before Track，DBT)。

先检测后跟踪方法是比较传统的弱小目标检测方法，将把目标检测与目标跟踪划分为两个独立的过程，检测过程首先对获取图像进行图像增强，达到抑制背景杂波、滤除噪声的目的；然后根据目标的灰度特征对单帧进行基于阈值的图像分割，将超过检测门限的像素作为下一步跟踪的量测值。在跟踪过程中，根据目标的短时运动速度特性，利用数据关联的方法来寻找可能的目标航迹，将每一次所测的航迹进行关联，从而实现航迹起始、确认与维持、航迹终结。

这个方法的检测环节既可以采用单帧目标检测方法，也可以采用多帧累积的序列目标检测方法。由于在进行灰度阈值判别时采用的是单帧灰度值，可能会导致包含在序列图像中的许多有用信息丢失，因此这个方法适合信噪比较高的情况，在信噪比较低时性能较差。

(2) 时间滤波器放在空间滤波器之前，即探测前跟踪(Track Before Detection，TBD)。

当图像序列中目标弱到难以检测时，可采用边检测边跟踪的方法。具体而言，首先对原始图像的高低频进行分离，抑制原始图像中的低频背景杂波干扰，注意此时对单帧图像中有无目标不进行判断；再利用连续几帧中目标的运动信息来分割目标，从背景抑制后的图像中分割少量候选目标进行跟踪；最后在连续帧累积所有可能的运动轨迹上的目标能量，并对可能的轨迹同时进行跟踪，利用累积统计量来判别各条轨迹是否为真实目标运动轨迹。通过逐步剔除有噪声构成的虚假轨迹，维持目标的真实轨迹，避免因信噪比过低而造成轨迹漏检。

这个方法通过边检测边跟踪提高了弱小目标在恒虚警率下的目标检测能力。目前，对低信噪比条件下的弱小目标检测方法来说，多采用该方法。

6.4.2　弱小目标检测的背景抑制

在上面介绍的两种方法中，弱小目标检测的第一步都是对目标图像进行预处理，主要是针对背景进行抑制，将背景杂波滤除而只保留目标信号和噪声，提高图像信噪比。

1. 高通滤波

在目标频域分析中，弱小目标一般为图像中孤立的点，与背景相关性弱，是图像中的高频部分，而背景大多是大面积变化缓慢的低频部分，因此采用高通滤波能抑制低频分量。对于离散图像，可采用卷积模板来表示滤波器的脉冲响应函数。常用的高通滤波模板有：

$$\boldsymbol{H}_1=\begin{pmatrix}-1 & -1 & -1 & -1 & -1\\ -1 & -1 & -1 & -1 & -1\\ -1 & -1 & 25 & -1 & -1\\ -1 & -1 & -1 & 1 & 1\\ -1 & -1 & -1 & -1 & -1\end{pmatrix},\quad \boldsymbol{H}_2=\begin{pmatrix}-1 & -1 & -1 & -1 & -1\\ -1 & -1 & 4 & -1 & -1\\ -1 & 4 & 4 & 4 & -1\\ -1 & -1 & 4 & -1 & -1\\ -1 & -1 & -1 & -1 & -1\end{pmatrix}$$

模板 $\boldsymbol{H}_1$ 和 $\boldsymbol{H}_2$ 针对的场景略有不同。模板 $\boldsymbol{H}_1$ 中心像素权值大，而周围部分权值均为 -1，因此，对于孤立目标点，信号强度高，可以通过；然而具有一定面积的背景则不易通过，从而达到了抑制背景的目的。模板 $\boldsymbol{H}_2$ 则中心高权值分散在十字区域内，权值分散，会使得滤波后的弱小目标发生膨胀，面积增大，而对应背景会更加均匀。

2. 形态学滤波

在前面章节的学习中，我们了解到形态学滤波是一种非线性的滤波技术。在背景抑制方面，数学形态学滤波不需要考虑时间上的关联性，比线性的方法有更好的性能。采用形态学滤波的大致步骤如下：

(1) 选择合适的结构元素。

(2) 用开运算去除比结构元素小的亮噪声。

(3) 用闭运算消除比结构元素大的暗噪声。

(4) 用目标图像与处理后的图进行差分，即可得到背景抑制的图像。

(5) 采用阈值分割法可以较为容易地检测到小目标。

3. 背景预测

若输入图像 X 大小为 $M\times N$，权重矩阵为 W_j，那么背景预测模型 Y 为

$$Y(m, n)=\sum_{l,\, k\in S_i}\sum W_j(l, k)X(m-l, n-k)$$

其中：$m=0, 1, \cdots, M-1$；$n=0, 1, \cdots, N-1$。

预测图像与输入图像之间的残差图像为

$$E(m, n)=X(m, n)-Y(m, n)$$

为了准确地检测出背景中的弱小目标，就应该最小化残差图像，即

$$\min\sum_{m=1}^{M}\sum_{n=1}^{N}E(m, n)=\min\sum_{m=1}^{M}\sum_{n=1}^{N}(X(m, n)-Y(m, n))$$

值得注意的是，最小化残差图像时需要权重 W_j 的选取会影响检测结果。可以考虑如下两类权重矩阵：

(1) 等权重 W_j。假如所有邻域点对其影响是相同的，等权重矩阵相当于将局部背景像素点的灰度值进行平均，作为中心点的预测点，即

$$W_j(j, k)=\frac{1}{L}$$

(2) 渐变权重。设 $r(l, k)$ 为局部背景点到观测点的几何距离，渐变权重 $W_j(j, k)$ 可以设置为

$$W_j(j, k)=\frac{r(l, k)}{\sum_{l,\, k\in S}\sum r(l, k)}$$

因为要预测的是背景，故离预测点距离越近，权重越小。这样可以从预测点的邻域开始取点，而且权重越靠近预测点越小，更适合点目标和弱小目标的检测与跟踪。

拓展与思考

与小组同学讨论，除了权重矩阵，还有什么会影响背景预测？

提示： 除了权重矩阵，背景点的选取也会影响背景预测。例如局部背景选的越多，效果

越好，但计算量会增大。那么在什么地方选呢？一般越靠近目标越好，但由于目标不一定仅仅是目标，有可能具有一定的尺寸，因此应该根据目标大小在目标外侧选取。除此之外，阈值也会影响结果。阈值过高，则检测概率下降；阈值过低，则检测概率升高，但虚警率也会升高。因此，合理的阈值才能准确地检测弱小目标。

6.4.3 基于单帧的弱小目标检测

1. 阈值检测法

当背景存在强对比度的弱小目标时，可利用图像中要提取的弱小目标与背景在灰度特性上的差异，采用全局阈值分割法进行弱小目标检测。具体来说，对于给定的图像 $f(x, y)$，选择合适的阈值 T。对 $f(x, y)$ 与阈值 T 比较的结果定义如下：

$$g(x, y)=\begin{cases}1, & f(x, y)\geqslant T \\ 0, & f(x, y)<T\end{cases}$$

其中：1 表示目标像素，0 表示背景像素。全局阈值法的方法比较简单，其关键是如何选择合适的阈值，将目标从背景中分割出来。

2. 基于局部图像灰度梯度的检测方法

由于图像背景具有空间相关性，即使在图像边缘部分也仅有一个或两个方向的灰度。而弱小目标虽然在灰度值上可能与背景差别不大，但沿各方向的梯度均较高。因此，可以利用这一特点，通过目标点与背景边缘之间的差异将它们区分开来，进一步剔除虚假目标点，提高单帧图像的目标检测概率。

假设像素元素 (x, y) 位置沿水平方向的梯度定义为

$$\Delta X_{+(x, y)}=\begin{cases}1, & |X_{(x+l, y)}-X_{(x, y)}|\geqslant T \\ 0, & |X_{(x+l, y)}-X_{(x, y)}|<T\end{cases}$$

其中：T 为梯度检测阈值，它与背景的梯度特性及目标信号强度有关；l 与目标大小有关，对于点目标，$l=1$。若目标大小较大，其在图像中的梯度变化更加明显，因此需要一个较大的 T 来确保这些变化能够被检测到，从而正确地将目标从背景中分离出来。同样，我们可以给出沿水平正方向、垂直正方向和垂直负方向上梯度的定义。

由此可以得到梯度检测函数，即

$$\Delta_{(x, y)}=\Delta X_{+(x, y)}\Delta X_{-(x, y)}\Delta Y_{+(x, y)}\Delta Y_{-(x, y)}$$

从上式可以看到，只有当某一位置处沿四个方向上的梯度均较高时，梯度检测函数才认为该点是目标点，否则为背景。

3. SUSAN 算子

SUSAN(Small Univalue Segment Assimilating Nucleus)算子是一种基于灰度的特征点获取方法，适用于图像中边缘和角点的检测，可以去除图像中的噪声，它具有简单、有效、抗噪声能力强、计算速度快的特点。

1) USAN(核值相似区)

对于图像中非纹理区域的任一点，在以它为中心的模板窗中存在一块亮度与其相同的区域，这块区域即为 USAN(Uniformity Assimilating Nucleus，均匀相似核)区域。

在图像上移动一个圆形模板，若模板内的像素灰度与模板中的像素差值小于给定的门限，则认为该点与中心点是同值的，那么满足这样条件的像素组成的区域叫作核值相似区。其中图像某一点的 USAN 区大小可以表示为

$$n(r_0)=\sum_{r\in C(r_0)}C(r_0,\ r)$$

其中：$C(r_0)$是以 r_0 为圆心的模板。$C(r_0,\ r)$为模板内属于 USAN 区的像素判别函数，其数学表达式为

$$C(r_0,\ r)=\begin{cases}1, & |I(r)-I(r_0)|\leqslant t\\ 0, & |I(r)-I(r_0)|>t\end{cases}$$

在属于圆模板中的任何一点的灰度值与圆心的灰度值的灰度差值小于等于某个常数 t，则说明该点属于 USAN 区域，其中 t 称为门限阈值。

$n(r_0)$越大，即 USAN 区域越大，表示在圆模板内的点与圆心的像素值差值很小的点比较多，故可以看出其圆心的特征点属于内部区域。反之当 $n(r_0)$越小，则表示在圆模板内的点与圆心的像素值差值很小的点比较少，其特征可能是边缘区域或者角点区域。

2）特征提取响应函数

当计算完图像的每个点的 USAN 面积之后，通过响应函数 $R(x,\ y)$进行特征提取，其函数表达式为

$$R(x,\ y)=\begin{cases}g-n(x,\ y), & n(x,\ y)<g\\ 0, & \text{其他}\end{cases}$$

其中：$n(x,\ y)$为当前像素点的 USAN 区大小；g 称为几何门限，它决定了输出角点的 USAN 区域的最大值。一般取 $3N/4$，其中 N 为 $n(x,\ y)$所能取的最大值。USAN 值越小，边缘的响应就越强。

通过对图 6-6 中 a、b、c、d、e 等几个不同圆形模板中心位于角点处的 USAN 值的分析可知，当模板的中心位于角点处时，USAN 的值最小。

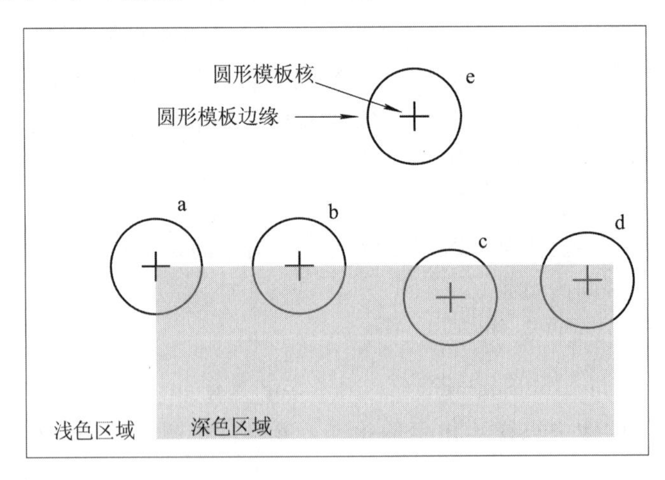

图 6-6　USAN 示意图

下面简单介绍利用 SUSAN 算子检测角点的步骤：

(1) 利用圆形模板遍历图像，计算每点处的 USAN 值。

(2) 设置一个阈值 g，一般取值为 $1/(2\max(n))$，即取值为 USAN 最大值的一半，进行阈值化，得到角点响应。一般来说，内部区域的 USAN 面积大于圆模板的一半；边缘的 USAN 区域面积等于圆模板面积的一半；角点的 USAN 区域面积小于圆模板面积的一半。

(3) 使用非极大值抑制来寻找角点。

通过上面的方式得到的角点，存在很大伪角点。为了去除伪角点，SUSAN 算子可以由以下方法实现：

(1) 计算 USAN 区域的重心，然后计算重心和模板中心的距离，如果距离较小则不是正确的角点。

(2) 判断 USAN 区域的重心和模板中心的连线所经过的像素是否都属于 USAN 区域的像素，如果属于则这个模板中心的点就是角点。

SUSAN 算子是一个原理简单、易于了解的算子。它是通过对图像中每个点周围的像素灰度值进行比较来工作的，以此来确定一个像素是否属于一个均匀区域，因此其抗噪声能力很强，运算量也比较小；同时，SUSAN 算子还是一个各向同性的算子；最后，通过控制参数 t 和 g，可以根据具体情况很容易地对不同对比度、不同形状的图像通过设置恰当的 t 和 g 进行控制。比如图像的对比度较大，则可选取较大的 t 值，而图像的对比度较小，则可选取较小的 t 值。总之，SUSAN 算子不仅具有很好的边缘检测性能；而且对角点检测也具有很好的效果。

6.5 目标检测的性能评价

6.5.1 通用性能指标评价

1. 目标对比度

在目标检测的性能指标中，一般都用对比度和信噪比来描述目标信号的强弱，而对比度主要描述的是目标与周围背景之间灰度或亮度的差异。对比度是亮度的局部变化，也就是物体亮度的平均值与背景亮度的比值。常用定义有：

$$C_1=\frac{G_T-G_B}{G_T+G_B};\ C_2=\frac{G_T-G_B}{G_B};\ C_3=\frac{G_T-G_B}{G_{\max}-G_{\min}}$$

其中：G_T 代表目标的灰度平均值，G_B 代表背景的灰度平均值，$G_{\max}$ 为图像的最大灰度值，$G_{\min}$ 为图像的最小灰度值，C_1 和 C_2 被称为相对对比度，C_3 为绝对对比度。

考虑到小目标的成像特性，使用全局范围内的对比度计算公式很难直接反映小目标与背景的差异，因此可以使用在局部窗口区域内的对比度，即

$$C_{\text{small}}=\frac{G_t-G_b}{G_b}$$

其中：G_t 为窗口处理区域内目标像素的灰度平均值，G_b 为窗口局部邻域内背景的灰度平均值。

2. 目标信噪比

目标信噪比描述目标与噪声之间的灰度或亮度的比值，反应目标和背景之间的相关

性。信噪比越高，说明目标与背景相关性越小，目标受到背景干扰越严重。其数学表达式为

$$\mathrm{SNR}=\frac{G_T-G_B}{\sigma}$$

其中：G_T-G_B 表示目标的强度，σ 为背景噪声的方差估计值。同样，考虑小目标的成像特性，采用局部窗口定义弱小目标的信噪比，即

$$\mathrm{SNR}=\frac{(G_t-G_b)^2}{\sigma_t^2}$$

其中 σ_t 窗口内的背景噪声方差估计值的计算方法如下：

$$\sigma_t=\sqrt{\sum_{k=1}^{L}\frac{[x_k-\mu]^2 n_k}{n_L}}$$

其中：L 为目标/背景的灰度级，x_k 为目标像素的灰度值，n_k 为灰度值 x_k 的像素个数，n_L 为窗口内背景的像素个数。

3. 目标信杂比

由于检测弱小目标前的预处理是为了去掉背景中的杂波，因此滤波前后的对比也是弱小目标检测中的重要衡量指标。信杂比的数学公式为

$$\mathrm{SCR}=\frac{f_{\max}-f_{\mathrm{bmean}}}{\sigma_t}$$

其中：$f_{\max}$ 表示目标最大灰度值，f_{bmean} 表示目标所在局部窗口的像素灰度均值，σ_t 表示局口内的像素灰度标准差。

6.5.2 其他指标评价

在介绍查准率、查全率和精确率前，需要先定义以下几个名词。

(1) 真正例(True Positives，TP)：图像中的目标被正确地检测为目标。

(2) 假正例(True Negatives，TN)：图像中的背景被正确地检测为背景。

(3) 真负例(False Positives，FP)：图像中的背景被错误地检测为目标。

(4) 假负例(False Negatives，FN)：图像中的目标被错误地判断为背景。

1. 交并比(Intersection over Union，IoU)

交并比计算的是“预测的边框”A 和“真实的边框”B 的交集和并集的比值。通过衡量两个边界框重叠的相对大小，评价对象定位算法是否精准。其数学表达式为

$$\mathrm{IoU}=\frac{A\cap B}{A\cup B}=\frac{\mathrm{TP}}{\mathrm{TP}+\mathrm{FP}+\mathrm{FN}}$$

一般约定，如果 $\mathrm{IoU}\geqslant 0.5$，则预测是可以被接受的。当 $\mathrm{IoU}=1$ 时，代表检测框和实际框完美重合。

2. 查准率(Precision)、查全率(Recall)和准确率(Accuracy)

由图 6-7 可知，图像序列中实际目标为 TP+FN，检测到的目标为 TP+FP，背景为 TN+FP，则查准率(Precision)、查全率(Recall)和准确率(Accuracy)分别为

$$\mathrm{Precision}=\frac{\mathrm{TP}}{\mathrm{TP}+\mathrm{FP}}$$

$$\text{Recall}=\frac{\text{TP}}{\text{TP}+\text{FN}}$$

$$\text{Accuracy}=\frac{\text{TP}+\text{TN}}{\text{TP}+\text{FP}+\text{TN}+\text{FN}}$$

其中：Precision 为检测出的所有正样本中真正的正样本的比例；Recall 为实际目标中被判断为负样本但其实是正样本的比例；Accuracy 为模型正确预测，即将样本分为正类样本或负类样本占总样本数量的比例。换句话说，Accuracy 是所有正确预测的样本数量除以所有样本的总数，是评价分类模型整体性能的一个指标。

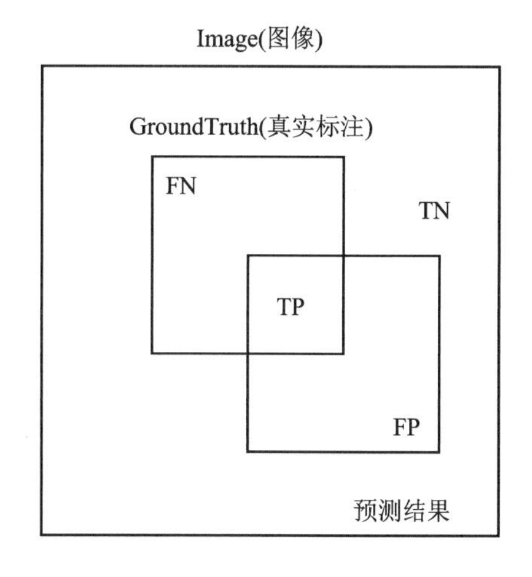

图 6-7　目标检测的四个指标

查准率、查全率、准确率三者之间的关系可以这样理解：准确率给出了模型整体的预测准确性，但它在类别不平衡的情况下可能不太有用。查准率专注于正类的预测质量，即在所有被预测为正类的样本中，有多少是正确的。查全率也专注于正类，但它衡量的是在所有实际为正类的样本中，有多少被正确地识别出来。

在实际应用中，根据问题的具体需求，可能会更关注查准率或查全率中的一个。例如，医疗数字影像在检测早期或微小病变的情况下，需要确保尽可能多的真实病例被识别出来，即使这可能导致一些假阳性，此时查全率可能更重要，因为希望尽可能多地识别出所有的病例，即使这可能会导致一些真负例(FP)。然而对 X 射线、CT 扫描或 MRI 图像进行分析，以识别可能的肿瘤时，查准率尤其重要，它可以确保诊断的准确性和减少不必要的医疗干预。

3. P-R 曲线与平均查准率(Average Precision, AP)

根据查准率和查全率定义，可知两者之间是相互矛盾的，通过设置一组从高到低的阈值可以判断得到的目标，由此计算查准率和查全率。随着阈值的增大，查准率可能会降低，查全率可能会升高。根据计算所得的这组(查准率，查全率)，以查全率为 x 轴、以查准率为 y 轴，可以绘制一条 P-R 曲线，该曲线表示两个指标之间的关联。

通过设置阈值，可以计算得到多组查准率和查全率数值，那么平均查准率 AP 为 P-R 曲线在 x、y 轴上围成的面积，即

$$\mathrm{AP}=\int_0^1 P(r)\mathrm{d}r$$

值得注意的是，这里的 AP 不是一个具体的函数，而是根据样本计算得到的数值，在 P-R 曲线中可以表示为一个折线图所围成的面积。它反映了分类器对正例的识别准确程度和对正例的覆盖能力之间的权衡。模型的查准率和查全率越高，其性能就越好。也就是说，P-R 曲线下面的面积越大，模型的性能就越好。

对于离散的 P-R 曲线，则使用近似方式来计算平均查准率，公式如下：

$$\mathrm{AP}=\sum_{n=1}^{n} p(r_{n+1})(r_{n+1}-r_n)$$

其中：$p(r_n)$和 r_n 分别是第 n 个阈值下对应的查准率和查全率。

【例 6-1】 已知在 IoU 为 0.5 时，一个检测网络检测苹果、橘子、桃子三种目标，其中苹果的 TP、FP、TP+FP 和 TP+FN 的数值如表 6-1 所示。试画出检测苹果的 P-R 曲线。

表 6-1　苹果的 TP、FP、TP+FP 和 TP+FN 的数值

IoU=0.5			
苹果(假设有 10 个苹果)			
TP	FP	TP+FP	TP+FN
1	0	1	10
2	0	2	10
2	1	3	10
3	1	4	10
4	1	5	10
4	2	6	10
5	2	7	10
6	2	8	10
6	3	9	10
7	3	10	10
8	3	11	10
8	4	12	10
8	5	13	10
8	6	14	10

解　首先根据表 6-1 中的 TP、FP、TP+FP 和 TP+FN 的数值，计算出每组对应的查准率(Precision)和查全率(Recall)，如表 6-2 所示。

表 6-2　查准率(Precision)和查全率(Recall)

IoU＝0.5					
苹果(假设有 10 个苹果)					
TP	FP	TP＋FP	TP＋FN	Precision	Recall
1	0	1	10	1	0.1
2	0	2	10	1	0.2
2	1	3	10	0.666 667	0.2
3	1	4	10	0.75	0.3
4	1	5	10	0.8	0.4
4	2	6	10	0.666 667	0.4
5	2	7	10	0.714 286	0.5
6	2	8	10	0.75	0.6
6	3	9	10	0.666 667	0.6
7	3	10	10	0.7	0.7
8	3	11	10	0.727 273	0.8
8	4	12	10	0.666 667	0.8
8	5	13	10	0.615 385	0.8
8	6	14	10	0.571 429	0.8

将查全率作为横坐标，查准率作为纵坐标，根据表 6-2 中的数据可画出如图 6-8(a)所示的曲线，平均查准率可以通过分段积分求得。一般而言，为了方便计算，通常将 P-R 曲线图进行近似(见图 6-8(b))，求得平均查准率。

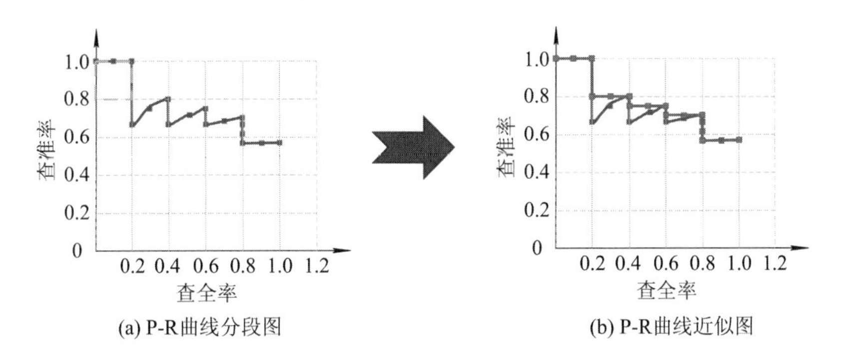

图 6-8　P-R 曲线

在多类别的情况下，则使用平均查准率均值(mean Average Precision，mAP)来衡量模型性能。平均查准率均值的计算方法为将多个 AP 值相加后求平均，公式如下：

$$\text{mAP}=\frac{1}{K}\sum_{k=1}^{K}\text{AP}$$

其中：k 为类别数量。如果 $k=1$，则 AP＝mAP。

本章小结

本章详细介绍了图像目标检测的方法和技术。首先，了解了目标检测的基本概念和分类。学习了运动图像序列背景建模的方法，用于对静止和运动背景下的运动目标进行检测。这些方法可以通过对图像序列中的像素进行建模和比较，来检测目标的出现和运动。接下来，研究了基于图像分割和基于模板匹配的两种有形目标检测方法。基于图像分割的方法通过对图像进行分割，提取出目标区域，实现目标的检测。基于模板匹配的方法则是将预先定义的模板与图像进行匹配，寻找目标的位置和特征。这些方法可以在具备一定先验知识的情况下，对目标进行准确的检测。此外，还了解了弱小目标检测的基本原理。弱小目标检测是指对于在图像中相对较小、不明显的目标进行检测。这需要采用一些特殊的方法和技术，如图像增强、特征提取及分类器设计等。最后，为了更好地衡量各种算法的有效性，进一步了解了目标检测的性能评价。性能评价可以通过计算查准率、查全率、准确率等指标来评估目标检测算法的性能和效果。

第 7 章

图像复原

图像是我们日常生活中不可或缺的一部分，它们承载着大量的信息和视觉内容。然而，由于不可预见因素的影响，如光线条件、传感器噪声以及图像采集设备的限制等，图像往往会受到不同程度的退化。为了提高图像的质量和可视性，图像复原技术应运而生。

图像复原是一项研究如何还原退化图像的技术，通过图像退化的机制和过程等先验知识，并找出一种相应的逆处理方法，从而得到图像的原貌。本章将深入介绍图像复原的原理、方法和应用，帮助读者全面了解和掌握这一重要的图像处理领域。

在本章的学习中，我们将逐步了解图像退化的基本概念和常见模型，学习如何利用这些模型来描述和分析图像的退化过程，并了解如何通过参数估计等方法来还原退化图像。除了传统的图像复原方法，本章还将介绍最近提出的图像去雾算法。这些算法专注于去除图像中的雾霾和模糊，以提高图像的清晰度和质量。通过了解这些最新的图像去雾方法，读者将能够应对各种环境中的模糊和雾霾问题，使图像更加真实、清晰和可辨认。为了客观评价图像复原方法的优劣，本章还将学习图像复原的质量客观评价指标。这些指标可以帮助我们量化图像复原的性能和效果，从而选择合适的方法和算法。

通过本章的学习，读者不仅将深入理解图像复原的原理和方法，还能够应用所学知识解决实际图像处理问题。图像复原技术在许多领域中具有广泛应用，包括医学影像处理、安防监控等。期望本章的内容能够为读者提供全面而深入的图像复原知识，促使其在相关领域中取得更好的成果和应用。

7.1 图像退化

与图像增强不同，图像复原是以客观标准为基础，利用图像本身的先验知识来改善图像质量过程的，通过将退化过程模型化，以客观定量标准作为衡量，最大程度还原图像本身。

7.1.1 图像退化与复原的过程

图像退化通常是成像系统受到各种因素，例如传感器噪声、聚焦不佳、物体与摄像机之间的相对移动、大气湍流、成像光源和射线散射等问题，导致图像质量降低。根据已知退化过程信息，可以将图像复原大致分为以下两种方法：

(1) 针对原始图像有足够的先验知识的情况，对原始图像建立一个数学模型并根据它对退化图像进行拟合，获得更好的复原效果。

(2) 当缺乏图像先验知识时，可通过估计的方法对退化过程(如模糊和噪声)建立模型，进而寻找一种去除或削弱其影响的过程。

如图 7-1 所示，一般将图像的退化过程描述成一个退化函数和一个加性噪声。

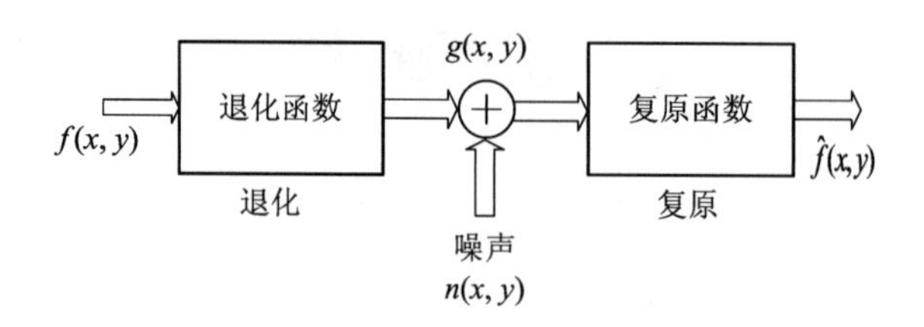

图 7-1　图像的退化和复原过程

输入图像 $f(x, y)$ 在退化函数 $h(x, y)$ 下，由于受到了噪声影响，得到了一个退化图像 $g(x, y)$，复原滤波后重建的复原图像为 $\hat{f}(x, y)$。如果 $h(x, y)$ 是一个线性移不变系统，那么空间域中给出的退化图像可以表示为

$$g(x, y)=h(x, y) * f(x, y)+n(x, y) \tag{7-1}$$

其中：$*$ 表示空间卷积。那么，图像退化过程可以看成 $f(x, y)$ 与 $h(x, y)$ 的卷积，并与 $n(x, y)$ 联合作用产生 $g(x, y)$。对应空间域的卷积可以表示为频域上相乘，即

$$G(u, v)=H(u, v)F(u, v)+N(u, v) \tag{7-2}$$

那么在不考虑噪声时，图像退化可以看成一个变换 H，即 $H[f(x, y)]\to g(x, y)$。那么由 $g(x, y)$ 求 $f(x, y)$，也就是找逆变换 H^{-1} 的过程，使得 $H^{-1}[g(x, y)]\to f(x, y)$。变换 H 可以分为线性系统和非线性系统，或者时变系统和非时变系统，或者几种参数系统和分布参数系统、连续系统和离散系统等。

在图像复原处理中，非线性和空间变换虽然具有普遍性和准确性，但是导致处理的计算复杂度高。在实际应用中，在一定条件下可以将系统近似为线性和空间不变的系统。

对于线性系统，一般假设噪声为加性噪声，为了简化问题，设噪声 $n(x, y)=0$，则

$$H[af_1(x, y)+bf_2(x, y)]=aH[f_1(x, y)]+bH[f_2(x, y)]$$

其中：a 和 b 是比例常数，$f_1(x, y)$ 和 $f_2(x, y)$ 是相互独立的任意两幅图像。当 $a=b=1$ 时，则有 $H[f_1(x, y)+f_2(x, y)]=H[f_1(x, y)]+H[f_2(x, y)]$，这就是加性。若 $f_2(x, y)=0$，则 $H[af_1(x, y)]=aH[f_1(x, y)]$。线性特性为求解多输出响应带来了很大的方便。

此外，在空间不变系统中，系统参数不随时间变化。那么对于一个二维函数来说，满足：

$$H[f(x-\alpha, y-\beta)]=g(x-\alpha, y-\beta)$$

其中：α 和 β 分别是空间位置的位移量。这个公式也表示，图像中的任一点通过该系统的响应只取决于在该点的输入值，与该点的位置无关。

在第 3 章和第 5 章中介绍了许多空域滤波去除噪声的方法，如均值滤波、统计排序滤波、形态学滤波等方法，这些方法假设目标图像仅仅受到加性噪声的影响。而本章讨论的是线性时不变系统发生改变带来的图像劣变，或者图像同时受到劣变和噪声的双重影响。

那么，图像复原的过程就是利用退化模型和原图像的一些先验知识，设计一个图像复原系统$p(x, y)$，使得

$$\hat{f}(x, y)=p(x, y) * g(x, y)$$

从而恢复原图像的。

7.1.2　离散退化模型

大小为$A\times B$和$C\times D$的两幅图像$f(x, y)$和$h(x, y)$，将其周期性地拓展成大小为$M\times N$的图像，即

$$f_e(x, y)=\begin{cases}f(x, y), & 0\leqslant x\leqslant A-1 \text{ 且 } 0\leqslant y\leqslant B-1\\0, & A-1<x\leqslant M-1 \text{ 或 } B-1\leqslant y<N-1\end{cases}$$

$$h_e(x, y)=\begin{cases}h(x, y), & 0\leqslant x\leqslant C-1 \text{ 且 } 0\leqslant y\leqslant D-1\\0, & C-1<x\leqslant M-1 \text{ 或 } D-1\leqslant y<N-1\end{cases}$$

如果把延伸函数$f_e(x, y)$和$h_e(x, y)$作为x和y方向上周期分别为M和N的二维周期函数来处理，那么$f_e(x, y)$和$h_e(x, y)$的二维离散卷积为

$$g_e(x, y)=\sum_{m=0}^{M-1}\sum_{n=0}^{N-1}f_e(m, n)h_e(x-m, y-n)$$

其中：$x=0, 1, \cdots, M-1$；$y=0, 1, \cdots, N-1$。若将噪声也进行离散化，并拓展成周期性$M\times N$，则离散退化模型可表示为

$$g_e(x, y)=\sum_{m=0}^{M-1}\sum_{n=0}^{N-1}f_e(m, n)h_e(x-m, y-n)+n_e(x, y)$$

将上述图像退化模型用矩阵来表示，即可得：

$$\boldsymbol{g}=\boldsymbol{H}\boldsymbol{f}+\boldsymbol{n}$$

其中：$\boldsymbol{g}$、$\boldsymbol{f}$、$\boldsymbol{n}$均为$M\times N$维列向量，这些列向量是由$M\times N$维的函数矩阵$f_e(m, n)$、$g_e(x, y)$和$n_e(x, y)$的各行组成。$\boldsymbol{H}$为$MN\times MN$维分块循环矩阵，即为

$$\boldsymbol{H}=\begin{bmatrix}\boldsymbol{H}_0 & \boldsymbol{H}_{M-1} & \cdots & \boldsymbol{H}_1\\\boldsymbol{H}_1 & \boldsymbol{H}_0 & \cdots & \boldsymbol{H}_2\\\vdots & \vdots & & \vdots\\\boldsymbol{H}_{M-1} & \boldsymbol{H}_{M-2} & \cdots & \boldsymbol{H}_0\end{bmatrix}$$

其中每个$\boldsymbol{H}_j$都是$N\times N$的循环矩阵，是由延拓函数的第j行构成的，即为

$$\boldsymbol{H}_j=\begin{bmatrix}\boldsymbol{h}_e(j, 0) & \boldsymbol{h}_e(j, M-1) & \cdots & \boldsymbol{h}_e(j, 1)\\\boldsymbol{h}_e(j, 1) & \boldsymbol{h}_e(j, 0) & \cdots & \boldsymbol{h}_e(j, 2)\\\vdots & \vdots & & \vdots\\\boldsymbol{h}_e(j, N-1) & \boldsymbol{h}_e(j, N-2) & \cdots & \boldsymbol{h}_e(j, 0)\end{bmatrix}$$

上述推导都是基于线性空间不变性的，在给定$g(x, y)$，已知$h(x, y)$和$n(x, y)$的情况下，估计出理想原图像$f(x, y)$。但在实际应用中，对于一张$M=N=512$的图像，$\boldsymbol{H}$的大小为$MN\times MN=512^2\times512^2$，求解$\boldsymbol{f}$的计算复杂度非常高。为了简化运算，需利用$\boldsymbol{H}$的循环性。

7.1.3 循环矩阵对角化

由于 $\boldsymbol{H}$ 为分块矩阵，因此 $\boldsymbol{H}$ 可以对角化，即

$$\boldsymbol{H}=\boldsymbol{W}\boldsymbol{D}\boldsymbol{W}^{-1}$$

其为变换矩阵，它由 M^2 个大小为 $N\times N$ 的子块组成，即

$$\boldsymbol{W}=\begin{bmatrix} \boldsymbol{w}(0, 0) & \boldsymbol{w}(0, 1) & \cdots & \boldsymbol{w}(0, M-1)) \\ \boldsymbol{w}(1, 0) & \boldsymbol{w}(1, 1) & \cdots & \boldsymbol{w}(1, M-1) \\ \vdots & \vdots & & \vdots \\ \boldsymbol{w}(M-1, 0) & \boldsymbol{w}(M-1, 1) & \cdots & \boldsymbol{w}(M-1, M-1) \end{bmatrix}$$

其中：

$$\boldsymbol{w}(i, i)=\exp\left[\mathrm{j}\,\frac{2\pi}{M}im\right]\boldsymbol{w}_N \quad i, m=0, 1, \cdots, M-1$$

其中 $\boldsymbol{w}_N$ 为 $N\times N$ 的矩阵，其元素为

$$\boldsymbol{w}_N(k, n)=\exp\left[\mathrm{j}\,\frac{2\pi}{M}km\right] \quad k, n=0, 1, \cdots, N-1$$

借助上述循环矩阵可以类似地得到 $\boldsymbol{H}=\boldsymbol{W}\boldsymbol{D}\boldsymbol{W}^{-1}$。

根据表达式 $\boldsymbol{g}=\boldsymbol{H}\boldsymbol{f}+\boldsymbol{n}$，在引入噪声项时可以得到 $\boldsymbol{W}^{-1}\boldsymbol{g}=\boldsymbol{H}\boldsymbol{W}^{-1}\boldsymbol{f}+\boldsymbol{W}^{-1}\boldsymbol{n}$，其中 $\boldsymbol{W}^{-1}\boldsymbol{g}$、$\boldsymbol{W}^{-1}\boldsymbol{f}$ 和 $\boldsymbol{W}^{-1}\boldsymbol{n}$ 都是 M 维列向量，其元素可以记为 $G(u, v)$、$F(u, v)$ 和 $N(u, v)$，$u=0, 1, \cdots, M-1$，$v=0, 1, \cdots, N-1$，即

$$G(u, v)=\frac{1}{MN}\sum_{x=0}^{M-1}\sum_{y=0}^{N-1}g_{\mathrm{e}}(x, y)\exp\left[-\mathrm{j}2\pi\left(\frac{ux}{M}+\frac{vy}{N}\right)\right]$$

$$F(u, v)=\frac{1}{MN}\sum_{x=0}^{M-1}\sum_{y=0}^{N-1}f_{\mathrm{e}}(x, y)\exp\left[-\mathrm{j}2\pi\left(\frac{ux}{M}+\frac{vy}{N}\right)\right]$$

$$N(u, v)=\frac{1}{MN}\sum_{x=0}^{M-1}\sum_{y=0}^{N-1}n_{\mathrm{e}}(x, y)\exp\left[-\mathrm{j}2\pi\left(\frac{ux}{M}+\frac{vy}{N}\right)\right]$$

值得注意的是，上述三个式子是扩展序列 $g_{\mathrm{e}}(x, y)$、$f_{\mathrm{e}}(x, y)$ 和 $n_{\mathrm{e}}(x, y)$ 的二维傅里叶变换。而对角阵 D 的 $M\times N$ 个对角元素 $D(k, i)$ 和 $h_{\mathrm{e}}(x, y)$ 的二维傅里叶变换 $H(u, v)$ 相关，即

$$H(u, v)=\sum_{m=0}^{M-1}\sum_{n=0}^{N-1}h_{\mathrm{e}}(x, y)\exp\left[-\mathrm{j}2\pi\left(\frac{ux}{M}+\frac{vy}{N}\right)\right]$$

$$D(k, i)=\begin{cases} MN * H\left(\left[\dfrac{k}{N}\right], k \bmod N\right), & i=k \\ 0, & i\neq k \end{cases}$$

其中：$[k/N]$ 表示不超过 k/N 的最大整数，$k \bmod N$ 代表用 N 除 k 得到的余数。

由此可得：

$$G(u, v)=H(u, v)F(u, v)+N(u, v)$$

这样求 $f(x, y)$ 的过程转换为求解 $F(u, v)$ 的过程，只需要几个很少的 $M\times N$ 的傅里叶计算，从而大大简化了计算过程。

7.1.4 图像复原的基本步骤

图像复原是要将图像退化的过程模型化，从而采取相反的过程得到原始图像。根据前面的分析，复原退化图像大致可以分成三步：

（1）建立图像退化模型，即确定图像退化的点扩散函数模型。

（2）估计点扩散函数模型中的未知参数。

（3）选择合适的图像复原方法复原原始图像。

7.2 常用图像退化模型

点扩散函数是对图像退化的一种建模，它可以决定图像复原结果的好坏。本节将介绍几种常用的点扩散函数。

1. 运动模糊的退化函数

运动模糊与运动速度、大小和运动方向都有关系。物体在快门曝光时间的相对运动会引起物体在图像总平滑。假设 V 是沿 x 轴方向的恒定速度，时间内点扩散函数的傅里叶变换 $H(u, v)$可表示为

$$H(u, v)=\frac{\sin(\pi VTu)}{\pi Vu}$$

2. 匀速线性运动退化函数

线性运动模糊是指成像系统和目标之间的相对运动为匀速直线运动时产生的图像退化，对应系统的点扩散函数可表示为

$$h(x, y)=\begin{cases}\dfrac{1}{L}, & 0\leqslant x\leqslant L-1,\ y=0\\ 0, & \text{其他}\end{cases}$$

其中：L 是退化函数的模糊长度。当噪声较小时，这种退化函数可以通过 $h(x, y)$傅里叶变换的带状调制在频域中识别。

3. 大气湍流退化函数

大气的随机运动造成了大气湍流，导致大气折射率发生随机变化，从而在湍流大气中传输光束的波前也发生畸变，引起波束抖动造成。大气湍流对应的退化模型的傅里叶变换为

$$H(u, v)=\exp\left[-c(u^2+v^2)^{\frac{5}{6}}\right]$$

其中：c 是与湍流性质有关的常数。

4. 高斯退化函数

高斯退化函数，是光学成像系统最常见的退化函数。根据大数定理，众多因素综合作用的结果会使点扩散函数趋于高斯型。高斯点扩散函数的表达式为

$$h(x, y)=\begin{cases}K\mathrm{e}^{-\frac{a(x^2+y^2)}{2\sigma^2}}, & (x, y)\in C\\ 0, & 其他\end{cases}$$

其中：K 是归一化常数，a 是一个正常数，σ^2 为模糊程度方差，C 是 $h(x, y)$ 的圆形或方形支撑域。由于高斯函数的傅里叶仍然是高斯函数，并且没有过零点，因此高斯退化函数的辨识不能利用频域过零点进行。

5. 光学系统散焦模糊退化函数

由于成像区域中存在不同深度的目标造成的图像退化称为散焦模糊。几何光学表明光学系统散焦造成的图像退化相对应的点扩散函数是一个均匀分布的圆形光斑，可以表示为

$$h(x, y)=\begin{cases}\dfrac{1}{\pi R^2}, & (x, y)\in C\\ 0, & 其他\end{cases}$$

其中：R 为散焦半径。

6. 二维模糊的退化函数

二维模糊也是散焦造成图像退化的一个近似模型，其点扩散函数可以表示为

$$h(x, y)=\begin{cases}\dfrac{1}{L^2}, & -\dfrac{L}{2}\leqslant (x, y)\leqslant \dfrac{L}{2}\\ 0, & 其他\end{cases}$$

其中：L 假定为奇数。与散焦模型相比，二维模糊表示更严重的退化形式。

7.3 退化模型的参数估计

上一节介绍了几种经典的图像退化模型及相应的点扩散函数，本节主要介绍模糊图像形成的过程、退化模型及点扩散函数的参数估计方法。

在用设备获取图像时，若曝光期间设备与景物之间存在足够大的相对运动，就会造成图像模糊，这种由于相对运动造成的图像模糊称为运动模糊。例如，用相机拍摄高速运动物体、在飞机或卫星上拍摄的地面图像都存在这种现象。

解决运动模糊问题的两种方法：一是减少曝光时间，二是建立运动模糊图像复原模型。然而，减少曝光时间相对应的信噪比降低，图像质量也降低，仅靠减少曝光时间来得到清晰图像是难以实现的。因此，图像复原的关键问题在于建立正确图像退化模型。对于匀速直线运动造成的图像退化来讲，运动方向和模糊长度决定了该退化模型的点扩散函数。在运动模糊复原中，点扩散函数的参数估计只能从模糊图像的具体特征，即从空域或者频率着手进行分析。

7.3.1 基于频域特征的参数估计

一般来说，复杂景物的图像频谱相对比较平滑。如果引起退化的传递函数具有零点，则这些零点就会迫使退化图像在某些特定的频率上的幅值变为零。下面通过研究零点的分

布规律来估计退化函数参数。

假设在成像过程中，景物在水平方向由左到右匀速直线运动了 L 个像素，则变为

$$h(x,\ y)=\frac{1}{L},\quad 0\leqslant x\leqslant L-1,\ y=0$$

对 $h(x,\ y)$进行傅里叶变换，即

$$H(u,\ v)=\iint h(x,\ y)\mathrm{e}^{-2\pi(ux+vy)}\mathrm{d}x\mathrm{d}y=\int_0^{L-1}\frac{1}{L}\mathrm{e}^{-2\pi ux}\mathrm{d}x=\frac{\sin(\pi uL)}{\pi uL}\mathrm{e}^{-\mathrm{j}\pi uL}$$

假设 $f(x,\ y)$是 $M\times N$ 大小，那么 $F(u,\ v)$也是 $M\times N$ 大小。$H(u,\ v)$要能和 $F(u,\ v)$进行点乘，则也必须是 $M\times N$ 大小。但是，由匀速运动的点扩散函数可知，$h(x,\ y)$是 $1\times L$ 大小，那么必须对 $h(x,\ y)$进行补零拓展，然后再进行离散傅里叶变换，即

$$h(x,\ y)=\begin{cases}\dfrac{1}{L}, & 0\leqslant x\leqslant L-1,\ y=0\\ 0, & L\leqslant x\leqslant N-1\\ 0, & 0\leqslant x\leqslant N-1,\ 1\leqslant y\leqslant M-1\end{cases}$$

上式可以写成矩阵形式，即

$$h(x,\ y)=\begin{bmatrix}\dfrac{1}{L} & \dfrac{1}{L} & 0 & 0\\ \vdots & \vdots & \vdots & \vdots\\ 0 & 0 & \cdots & 0\end{bmatrix}$$

其中：第一行一共有 L 个 $1/L$，其他位置均补零。对以上矩阵进行二维离散傅里叶变换，得：

$$\begin{aligned}H(u,\ v)&=\sum_{x=0}^{N-1}\sum_{y=0}^{M-1}h(x,\ y)\mathrm{e}^{-2\pi\left(\frac{ux}{N}+\frac{vy}{M}\right)}\\&=\sum_{y=0}^{M-1}\mathrm{e}^{-2\pi\left(\frac{vy}{M}\right)}\sum_{x=0}^{N-1}h(x,\ y)\mathrm{e}^{-2\pi\left(\frac{ux}{N}\right)}\\&=\sum_{x=0}^{L-1}\frac{1}{L}\mathrm{e}^{-2\pi\left(\frac{ux}{N}\right)}\end{aligned}$$

上式说明 $H(u,\ v)$与 v 无关，仅与 u 有关，也就是说 $H(u,\ v)$在每一列中的值都是相等的。在 $u=0$ 时，$H(0)=1$，在 $u\neq 0$ 时，则

$$H(u,\ v)=\sum_{x=0}^{L-1}\frac{1}{L}\mathrm{e}^{-2\pi\left(\frac{ux}{N}\right)}=\frac{1}{L}\times\frac{1-\mathrm{e}^{-\frac{\mathrm{j}2\pi uL}{N}}}{1-\mathrm{e}^{-\frac{\mathrm{j}2\pi u}{N}}}$$

其中：$u\in[0,\ N-1]$。已知 $H(u)=1$，所以 $H(u)$没有极点。如果$\dfrac{uL}{N}$为整数时，$\mathrm{e}^{-\frac{\mathrm{j}2\pi uL}{N}}=1$，则 $H(u)=0$。所以当 u 等于 N/L 的整数值时，$H(u)=0$，故每隔 N/L 个点就会出现一个零点，共 $L-1$ 个零点，且各零点是等间距的。那么在幅度谱上表现为有 $L-1$ 个值为 0 的列。在灰度图中，为 $L-1$ 条平行的黑色条纹，并且条纹的间隔相等。如果相对运动方向非水平方向，则根据傅里叶变换的时频特性可知暗线条纹与运动方向相互垂直。因此，对于运动模糊图像的频谱图，可以根据检测出的暗线方向计算出相对运动的方向。

图 7-2 表现了运动模糊图像序列在不同模糊方向上的频谱变化特点。其中模糊长度 L 为 20 像素，模糊方向 θ 分别为 30°和 −100°。通过对图像进行傅里叶变换可以得到对应的频谱图。从图 7-2 中可以发现，随着相对运动模糊的方向变化，模糊图像频谱的条纹也随之变化，条纹方向与模糊方向垂直。

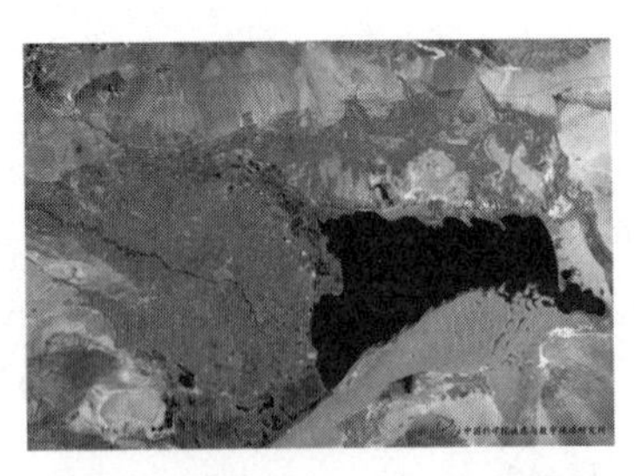

(a) 输入图像及其频谱

(b) 运动模糊图像及其频谱(θ=30°)

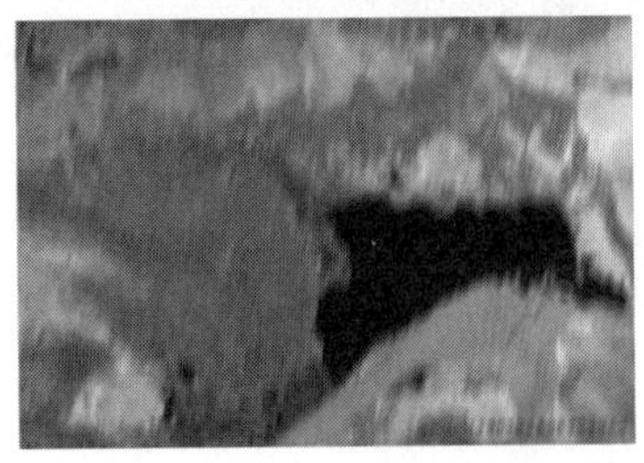

(c) 运动模糊图像及其频谱(θ=−100°)

图 7-2 不同模糊角度的运动模糊图像及其频谱图

图 7-3 表现了运动模糊图像序列在不同模糊方向上的频谱变化特点。其中模糊方向 θ 为 0°，模糊方向 L 分别为 10 和 50 像素。通过傅里叶变换得到运动模糊的频谱图。从频谱图中可以看到，随着相对运动模糊的长度变化，条纹的数量也随之产生变化，图像频谱条纹个数为模糊长度。但在实际应用中，如果模糊图像含有较大噪声干扰，那么频谱中的条纹也会受到影响，导致难以获得准确的估计结果。

对于匀速运动引起的图像模糊，学者们已经推导出了点扩散函数公式。这些研究揭示了图像频谱中暗条纹间距与退化图像中模糊长度之间的关系，为从频谱特征中估计退化图像的模糊长度提供了理论依据。水平方向匀速直线运动退化图像的频谱 $G(u, v)$ 上每间隔 N/L 个点就会出现一个零点，因此频谱图上两条暗线条纹的距离 $d=N/L$。而当运动方向与水平方向成 θ 角时，根据散焦集合关系，可以计算得出 $N/(L\cos\theta)$ 个点必然存在一个零值点。那么，退化图像模糊长度 L 与频谱图像中暗条纹间距 d 成反比关系，可以通过暗线之间间隔计算图像模糊长度 L。

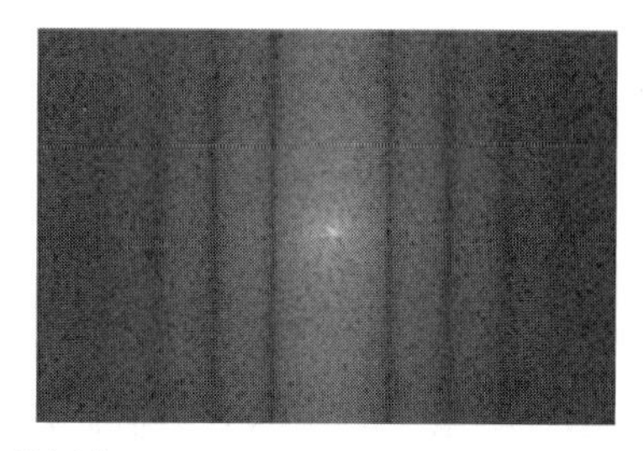

(a) 输入图像及其频谱

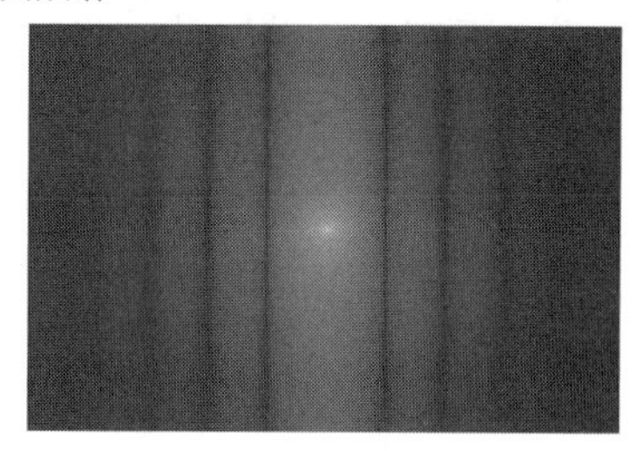

(b) 运动模糊图像及其频谱($L=10$)

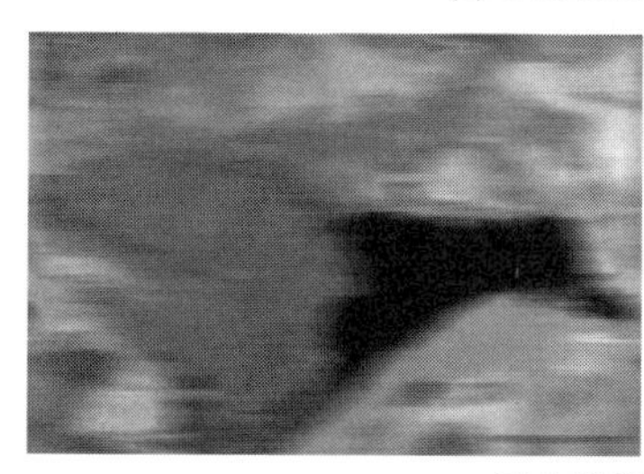

(c) 运动模糊图像及其频谱($L=50$)

图 7-3　不同模糊长度的运动模糊图像序列及其频谱图

在实际应用中，本应该出现零值点的位置出现了一个极小值点，且两个极小值点之间存在一个极大值，到极大值的距离相等且都为 $N/(L\cos\theta)$，假设两个极小值点之间的距离为 d，那么它们之间存在的关系为

$$d=\frac{2\pi}{L\cos\theta}$$

因此，只要判断出运动方向，就可以计算出运动模糊的模糊长度，从而求出运动模糊退化的点扩展函数。

拓展思考

在运动模糊图像受到较大噪声干扰时，无法从所得频谱条纹中估计运动模糊方向。请与小组同学一起回顾以往学习的知识，找到合理的方案来解决这一问题。

提示：根据运动模糊图像的频谱特性可知，通过确定频谱条纹方向可以求出实际的模糊方向，从而求出运动模糊长度。对运动模糊的图像，其频谱条纹以暗条纹形式出现。如果把暗条纹看成直线，那么就可以通过霍夫变换来检测直线。具体而言，对运动模糊图像进行傅里叶变换；对其频谱图进行二值化；进行霍夫变换检测暗条纹方向，以条纹方向 ϕ 为参数，计算 θ 的极值，所求运动方向为 $\theta-\phi_{max}-90°$；将频谱图在 θ 方向进行灰度值积分投影，求出两个极小值之间的距离 d 与模糊长度 L，即 $L=2N/(d\cos\theta_{max})$，可得到图像模糊的长度。

7.3.2 基于空域特征的参数估计

在空域中，运动模糊最大程度抑制了沿运动方向上的图像分辨率，主要降低了运动方向上的高频成分，对于其他方向上图像的高频成分影响不大，而对垂直于运动方向的高频成分不产生影响。运动模糊在运动方向上会增强低频分量，降低高频分量。

1. 基于最小方向微分的模糊方向估计法

运动模糊降低了运动方向的高频分量，偏离运动方向越远受到的影响越小。因此，可以对模糊图像进行各个方向上的高通滤波，当滤波方向与运动方向一致时，此方向上的高频分量最小，得到微分图像灰度值绝对值之和也最小。这样，可以通过寻找方向微分后图像灰度值(绝对值)之和的最小值，来确定模糊图像的运动方向。

图像方向微分定义为沿规定方向上相邻像素灰度值之差。假设运动模糊图像为 $g(i, j)$，α 方向上的亚像素可以表示为 $g_{[\alpha]}(i', j')$，其中 i' 和 j' 是像素 i 和 j 在 α 方向上的相邻像素坐标，则 α 方向的微分图像可以表示为

$$\Delta g(i, j)_{[\alpha]} = g_{[\alpha]}(i', j') - g(i, j)$$

其中：$g_{[\alpha]}(i', j')$ 的值需要通过模糊图像插值获得。常用的差值为双线性插值法。当 $0° \leqslant \alpha \leqslant 90°$ 时，由 $g(i, j)$ 和 $g(i, j+1)$ 可得：

$$g_1 = g(i, j)(1-\sin\alpha) + g(i, j+1)\sin\alpha$$

由 $g(i-1, j)$ 和 $g(i-1, j+1)$ 可得：

$$g_2 = g(i-1, j)(1-\sin\alpha) + g(i-1, j+1)\sin\alpha$$

$g_{[\alpha]}(i', j')$ 由 g_1 和 g_2 线性插值求得，即

$$g_{[\alpha]}(i', j') = g_1(1-\cos\alpha) + g_2\cos\alpha$$

同理，当 $90° \leqslant \alpha \leqslant 180°$ 时，有：

$$g_1 = g(i, j)(1-\sin\alpha) + g(i, j-1)\sin\alpha$$

$$g_2 = g(i, j-1)(1-\sin\alpha) + g(i-1, j-1)\sin\alpha$$

$$g_{[\alpha]}(i', j') = g_1(1-\cos\alpha) + g_2\cos\alpha$$

当计算每个像素的方向微分后，可以计算得到整幅图像的方向微分。图像 α 角度的方向微分定义为图像中各个像素 α 角度的方向微分的绝对值之和，即

$$I(\Delta g(i, j)_{[\alpha]}) = \sum_{i=0}^{N-1}\sum_{j=0}^{M-1} |\Delta g(i, j)_{[\alpha]}|$$

其中：α 在[$-90°$, $90°$]范围内按照一定步长取值。通过计算 α 角度的方向微分，寻找最小的方向微分绝对值之和可以估计运动方向，即 $\hat{\alpha} = \operatorname{argmin}_{\alpha \in [-90°, 90°]} I(\Delta g(i, j)_{[\alpha]})$。

2. 基于微分自相关的运动模糊长度估计法

当图像运动模糊方向估计出来后，可以将退化图像顺时针转到水平轴上。那么，估计模糊长度只需考虑运动方向为水平向右的匀速直线运动情况。其次，考虑到图像像素之间的相关性，可以在水平方向上进行微分图像的自相关运算，并将自相关图像的各列加起来，得到一条曲线。其中零频尖峰两侧会对称出现一对共轭负相关峰，两个负相关峰间距离等于运动模糊点扩散函数尺度的两倍。具体步骤如下：

(1) 根据估计出的运动方向，将图像进行旋转，转回水平方向。

(2) 对旋转后的模糊图像进行水平方向一阶微分 $\Delta g(i, j)_{[0]}$，得到微分图像 L_k。

(3) 对微分图像在水平方向进行自相关运算，即 $R_{Li}=\sum_{p=-N}^{N} L_i(p+q)L_i(p)$。

(4) 把行像素自相关的结果在列的方向求和，从而得到整个图像的方向微分自相关，即 $R=\sum_{i=1}^{M} R_{Li}$。

(5) 由自相关函数的性质可知 R 关于轴对称，并在零点取得最大值。由于运动模糊的影响，方向微分自相关曲线与零点已定距离的位置会出现极小值，该距离可以用来估计运动模糊长度。

7.4 图像复原的典型方法

对于退化图像，如果能够确定其点扩散函数，并对退化模型的参数进行准确估计，那么接下来就是要选择一种合适的复原方法对退化图像进行复原。在实际应用中，需要根据降质图像的特点来选择合适的复原方法。下面将介绍几种经典的复原方案。

7.4.1 逆滤波法

逆滤波法是根据图像退化模型提出的。由7.2节的图像退化模型可知，图像退化是由原始图像 $f(x, y)$ 通过系统 H 并与加性噪声 $n(x, y)$ 叠加而形成退化图像的，即为

$$g(x, y)=f(x, y)*h(x, y)+n(x, y)$$

由傅里叶卷积可得：

$$G(u, v)=F(u, v)H(u, v)+N(u, v)$$

逆滤波法就是直接将退化过程的逆变换直接与退化图像进行反卷积。在考虑噪声的情况下，可得：

$$\hat{F}(u,v)=\frac{G(u, v)-N(u, v)}{H(u, v)}$$

但在复原处理中，$u-v$ 平面有些点或区域可能存在或者非常小的情况，那么即使在没有噪声的情况下，也无法准确地恢复出原始图像。一般情况下，$H(u, v)$ 的幅度随着离 $u-v$ 平面原点距离的增加而迅速下降，而 $N(u, v)$ 的幅度变化比较平缓。因此 $H(u, v)$ 在远离平面的原点时，$N(u, v)/(H(u, v))$ 的值就会变得很大。为了解决这一问题，通常采用一个折中方法来处理，即

$$M(u, v)=\begin{cases}\dfrac{1}{H(u, v)}, & u^2+v^2\leqslant w^2\\ 1, & u^2+v^2>w^2\end{cases}$$

其中：w 的选择应该将 $H(u, v)$ 的零点排除在此邻域之外。这个方法的缺点就是会产生与理想滤波器一样的振铃效应。另一种改进方案取 $M(u, v)$ 函数，即

$$M(u, v)=\begin{cases}\dfrac{1}{H(u, v)}, & H(u, v)>d\\ k, & H(u, v)\leqslant d\end{cases}$$

其中：k 和 d 均为小于 1 的常数，而且 d 选的较小为好。

如图 7－4 所示，对于标准图像棋盘格而言，当运动模糊尺度为 $L=7$，$\theta=45°$时，采用逆滤波法可以较好地复原数字图像。

(a) 模糊运动图像

(b) 直接逆滤波复原图像

图 7－4　逆滤波图像复原

然而对于实际图像，逆滤波法的性能可能有所下降。图 7－5 展示的是不带噪声的模糊图像采用逆滤波法恢复的实验结果，其中模糊尺度分别为($L=1$，$\theta=1°$)、($L=1$，$\theta=5°$)和($L=5$，$\theta=1°$)。可以看到，逆滤波法仅在模糊尺度很小的时候可以复原原图像；当模糊尺度 L 增大时，逆滤波法则无法复原原始图像。

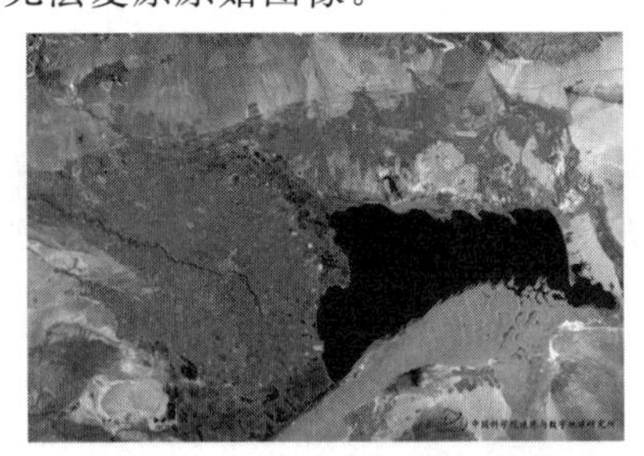

(a) 原始图像

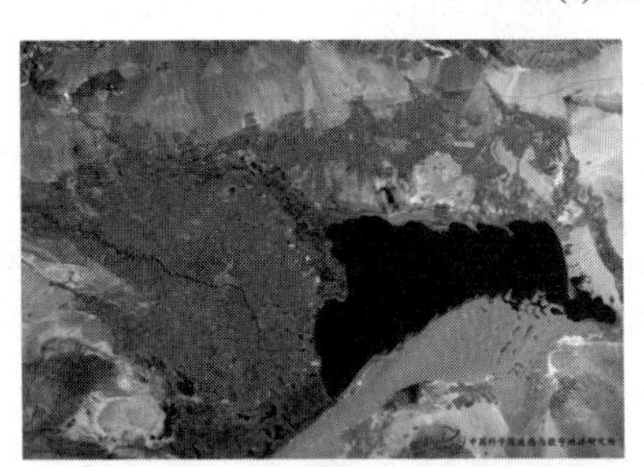

(b) 模糊图像以及复原图像($L=1$，$\theta=1°$)

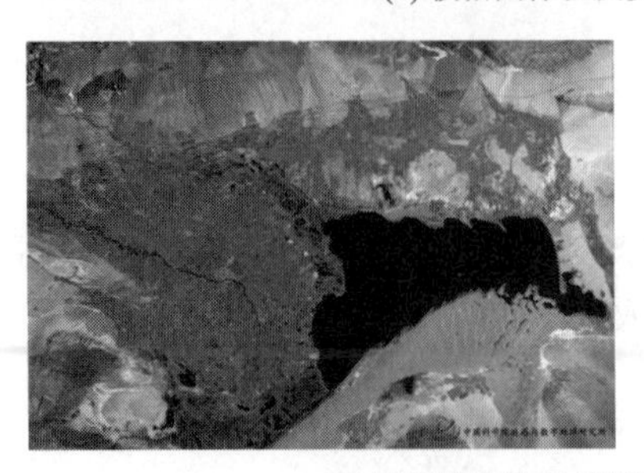

(c) 模糊图像以及复原图像($L=1$，$\theta=5°$)

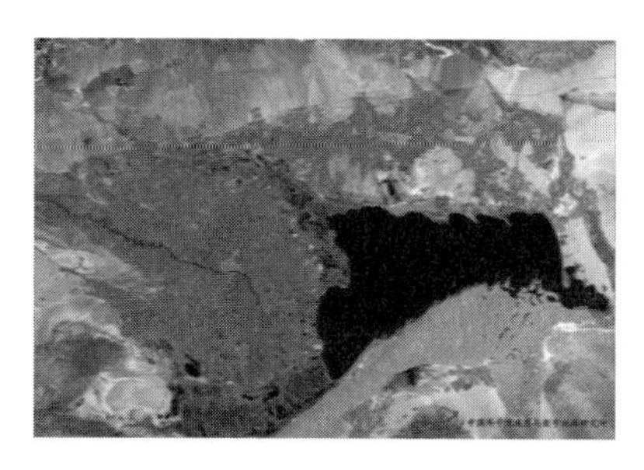
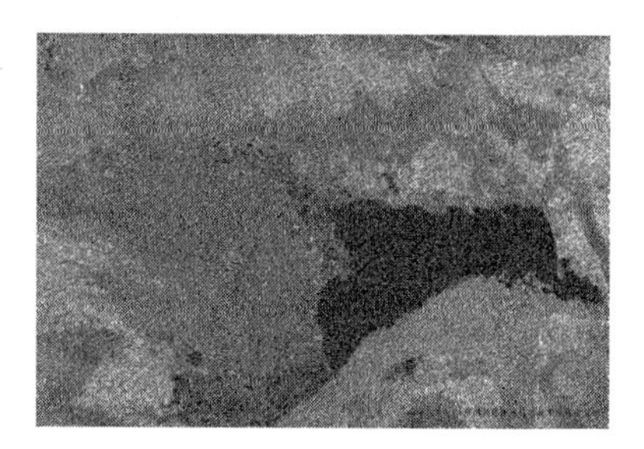

(d) 模糊图像以及复原图像($L=5$，$\theta=1°$)

图7-5 不带噪声的模糊图像采用逆滤波法恢复的实验结果

图7-6是对含有噪声的图像采用逆滤波法进行恢复。由于逆滤波法具有放大噪声的特性，因此当图像中存在均值为0、方差为0.01的高斯噪声时，复原的图像会被噪声淹没，导致无法有效复原原图像。由此可见，逆滤波算法不适合用来恢复含有噪声的图像。

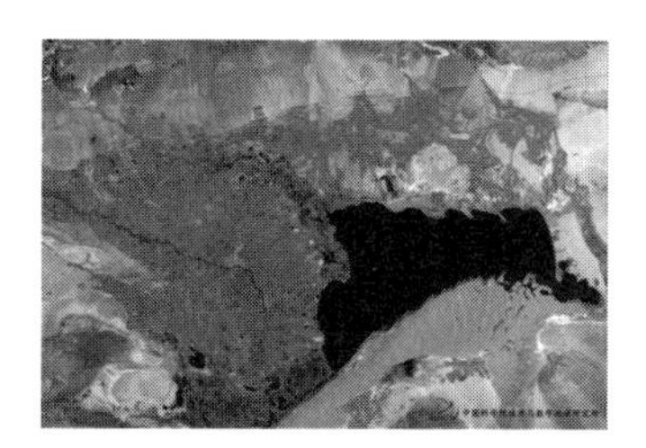
(a) 模糊图像

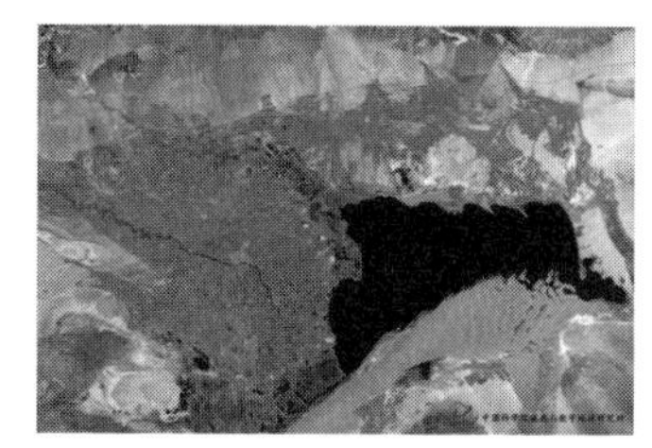
(b) 含高斯噪声的模糊图像

(c) 复原图像

图7-6 带噪声的模糊图像的恢复效果($L=1$，$\theta=1°$)

7.4.2 维纳滤波

在逆滤波法中，幅值随着频率的升高而升高，因此会增强高频部分的噪声。为了解决这个问题，维纳滤波采用最小二乘法进行滤波，使原图像与其恢复图像之间的均方误差最小。这种方案需要提前知道降质模型的传递函数，还需要知道噪声的统计特性和噪声与图像的相关情况。

根据图像退化模型，希望找到一个复原滤波器，使得输出的复原后的图像为

$$\hat{f}(x, y)=g(x, y)*m(x, y)$$

且满足 $\min E[|f-\hat{f}|^2]$。那么，根据线性均方估计中的正交原理，最小化复原后图像和原图像的均方误差最小的充要条件是估计误差 $f-\hat{f}$ 正交于 g，则有 $E[(f-\hat{f})g]=0$。

令 $M(u, v)$ 为 $m(x, y)$ 傅里叶变换，$S_{fg}(u, v)$ 和 $S_{gg}(u, v)$ 分别为互功率谱和自功率谱。维纳滤波器可以表示为

$$M(u, v)=\frac{S_{fg}(u, v)}{S_{gg}(u, v)}$$

其中：

$$S_{gg}(u, v)=|H(u, v)|^2 S_{ff}(u, v)+S_{nn}(u, v)$$

$$S_{fg}(u,v)=|H(u,v)|^{*}S_{ff}(u,v)$$

由此可得到维纳滤波器表达式为

$$M(u,v)=\frac{\overline{H(u,v)}}{|H(u,v)|^{2}S_{ff}(u,v)+\dfrac{S_{nn}(u,v)}{S_{ff}(u,v)}}$$

其中：$\overline{(\cdot)}$为复数的共轭，$S_{nn}(u,v)$和$S_{ff}(u,v)$分别是噪声和图像的功率谱。

根据卷机定理和谱密度定义，可以推导得出维纳滤波的复原公式：

$$\hat{F}(u,v)=\frac{1}{H(u,v)}\cdot\frac{|H(u,v)|^{2}}{|H(u,v)|^{2}S_{ff}(u,v)+\dfrac{S_{nn}(u,v)}{S_{ff}(u,v)}}\cdot G(u,v)$$

由于$S_{nn}(u,v)$和$S_{ff}(u,v)$在实际中难以求得，因此用一个比值k替代，简化后的维纳滤波为

$$\hat{F}(u,v)=\frac{1}{H(u,v)}\cdot\frac{|H(u,v)|^{2}}{|H(u,v)|^{2}S_{ff}(u,v)+k}\cdot G(u,v)$$

可以看到$S_{nn}(u,v)/S_{ff}(u,v)$或k起到了正则化的作用，它们消除了频率奇异性造成的病态问题。有效抑制复原过程中的噪声放大。但维纳滤波也有明显缺点，维纳滤波以均方误差最小化为准则，因此考虑的是平均结果上的最优，但这一个最优并不符合人眼对图像的要求。为了进一步改善复原结果，采用参数对正则项进一步调整，即

$$\hat{F}(u,v)=\frac{1}{H(u,v)}\cdot\frac{|H(u,v)|^{2}}{|H(u,v)|^{2}S_{ff}(u,v)+\gamma\dfrac{S_{nn}(u,v)}{S_{ff}(u,v)}}\cdot G(u,v)$$

在信噪比的倒数前加一个参数γ。在实际中可调节γ以满足复原要求，一般γ取值在0～0.3之间，从而达到修正该项、平滑滤波效果，并改善滤波器抗噪性能。

同样，如图7-7所示，对标准图像棋盘格进行维纳滤波，可以看到与逆滤波法相比，维纳滤波可以更好地复原图像。

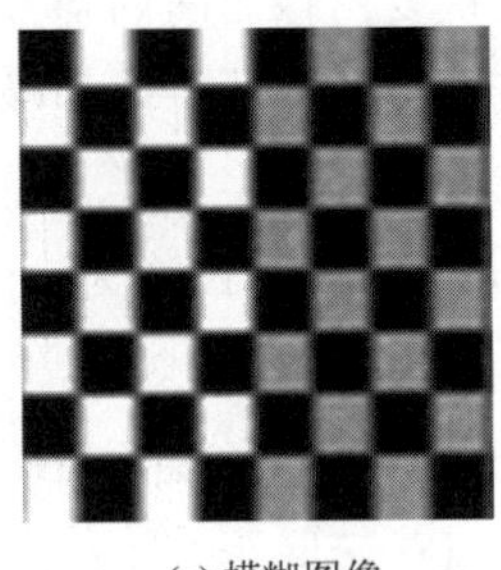

(a) 模糊图像

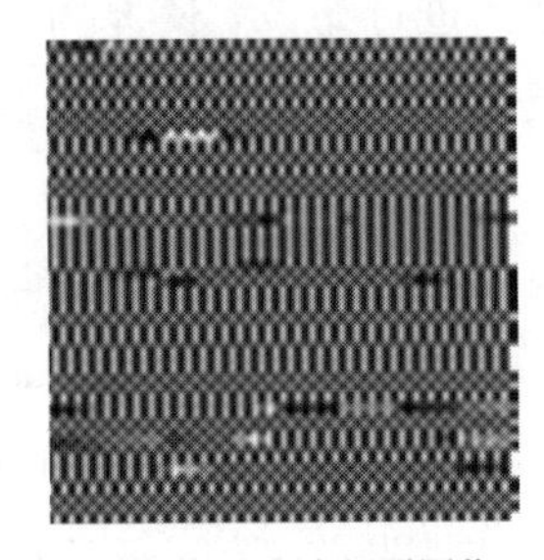

(b) 直接逆滤波复原图像

(c) 维纳滤波复原图像

图7-7　维纳滤波图像复原

图7-8与图7-5和图7-6比较，对于实际图像，在相同运动模糊条件下，采用维纳滤波方法对模糊图像复原的效果最好。特别是图7-8(c)表明，维纳滤波方法对噪声有一定的鲁棒性，可以在模糊尺度一定且受到噪声影响的情况下，仍可以更好地复原图像。

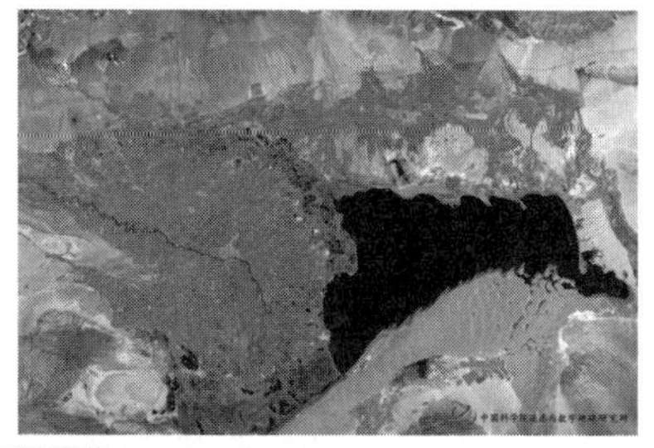

(a) 模糊图像以及复原图像($L=1$，$\theta=1°$)

(b) 含高斯噪声模糊图像及复原图像($L=1$，$\theta=1°$，$m=0$，$\delta=0.01$)

(c) 含高斯噪声模糊图像及复原图像($L=10$，$\theta=10°$，$m=0$，$\delta=0.1$)

图 7－8　不同模糊尺度下维纳滤波恢复效果

7.4.3　露西-理查德森算法

露西-理查德森(Lucy-Ricahardson，RL)算法是目前应用比较广泛的一种图像复原方法。在实际应用中，图像需要用泊松随机场来建模，如照相底片的光学强度具有泊松分布性质。因此，常用泊松分布来对图像进行建模。露西-理查德森方法是假设原始图像是满足泊松分布的数据模型，通过最大化图像模型的似然函数得到估计原始图像信息的迭代表达式，即

$$\hat{f}=\arg\max_{f}(P(f\mid g))$$

$\hat{f}$ 的迭代公式为

$$\hat{f}_{k+1}(x, y)=\hat{f}_{k}(x, y)\left[h(-x, -y)*\frac{g(x, y)}{h(x, y)*\hat{f}_{k}(x, y)}\right]$$

其中：$\hat{f}_{k+1}(x, y)$是 k 次迭代后复原图像的估计值，$g(x, y)$为退化图像，$h(x, y)$为退化图像点扩散函数。值得注意的是，该方法不提供结束迭代的条件阈值，需要人工根据图像复原效果决定需要的迭代次数，而且在多次迭代后可能出现失真现象。

7.5 暗通道优先的图像去雾算法

图像去雾是图像增强和图像修复这两种技术彼此交叉的典型代表。在第 3 章中，通过线性变换的方式，可将雾霾带来的对比度下降进行增强，达到去雾霾的目的。如果将雾霾看作一种噪声，那么去除雾霾的标准就是恢复到没有雾霾时所获取的情况。但如果拍摄的照片就是雾霾的，那么这样的处理则是图像增强。图像去雾算法中最新颖的是何恺明博士等人提出的基于暗通道优先的图像去雾算法。这一算法相关的论文也获得 2009 年 IEEE 国际计算机视觉与模式识别会议最佳论文。

7.5.1 暗通道的概念与意义

何恺明博士大约分析了 5000 幅图像，发现在绝大多数非天空的局部区域里，某些像素总是会有至少一个颜色具有最低的灰度值。也就是说，该区域光强度的最小值是一个很小的数。如果把这样的数按照原来的位置重新组合成一幅与原图像大小相同的灰度图，就形成了输入图像 J 的暗通道。暗通道 J^{dark} 定义可以由数学表达式表示为

$$J^{\text{dark}}(x)=\min_{y\in\Omega(x)}\left[\min_{c\in\{r,g,b\}}J^{c}(y)\right]$$

其中：J^{c} 表示彩色图像的每个通道，$\Omega(x)$表示以像素 x 为中心的一个窗口。通过大量的图片分析，发现景物图像的暗原色总是表示为灰暗的状态，印证暗通道先验理论的普遍性，即 $J^{\text{dark}}\to 0$。根据这一个先验，可以通过暗通道来去除雾霾。

7.5.2 暗通道去雾霾的原理

在计算机视觉和计算机图形中，一般使用以下数学表达式来描述雾图形成模型：

$$I(x)=J(x)t(x)+A[1-t(x)]$$

其中：$I(x)$就是待去除雾霾图像，$J(x)$为要恢复的无雾图像，参数 A 是大气光成分，$t(x)$为透射率。在去除雾霾时，目前已知 $I(x)$和 A，由雾图形成模型公式可以知道，该方程是个无数解的方程。

先对上式进行变形，即

$$\frac{I^{c}(x)}{A^{c}}=\frac{t(x)J^{c}(x)}{A^{c}}+1-t(x)$$

其中：上标 c 表示 R、G、B 三个通道的意思。

假设在每一个窗口内透射率 $t(x)$为常数，将其定义为 $\tilde{t}(x)$，根据给定的 A，对上式两边进行求两次最小运算，可得：

$$\min_{y\in\Omega(x)}\left[\min_{c}\frac{I^{c}(x)}{A^{c}}\right]=\tilde{t}(x)\min_{y\in\Omega(x)}\left[\min_{c}\frac{J^{c}(x)}{A^{c}}\right]+1-\tilde{t}(x)$$

根据暗通道先验理论：

$$J^{\text{dark}}(x)=\min_{y\in\Omega(x)}\left[\min_{c\in\{r,g,b\}}J^{c}(y)\right]=0$$

可以推导出：

$$\min_{y\in\Omega(x)}\left[\min_{c}\frac{J^{c}(x)}{A^{c}}\right]=0$$

从而估计出透射率 $\tilde{t}(x)$：

$$\tilde{t}(x)=1-\min_{y\in\Omega(x)}\left[\min_{c}\frac{I^{c}(x)}{A^{c}}\right]$$

在现实中，由于空气中存在一些颗粒，因此，看远处的物体还是能感觉到雾的影响。有雾的存在可以让人感受到景深，因此，在去雾的同时还需要保留一定程度的雾。为了达到这一目的，可以通过引入一个[0，1]之间的修正因子来实现，那么估计投射率 $\tilde{t}(x)$ 可调整为

$$\tilde{t}(x)=1-\omega\min_{y\in\Omega(x)}\left[\min_{c}\frac{I^{c}(x)}{A^{c}}\right]$$

值得注意的是，上述推倒中大气折射率是假设已知的。在实际应用中，可以借助有雾图像去除该值。大致步骤：首先从暗通道图中按照亮度大小提取最亮的前0.1%像素，然后在原始有雾图像中寻找对应位置上的最高亮度的点的值，作为 A 的值。这样就可以在仅有有雾图像 $I(x)$ 的基础上，对图像进行去雾处理。

在实际处理当中，考虑到投射率 $t(x)$ 如果很小，会导致的值偏大，从而使图像整体偏白，所以一般可以设置一个阈值 t_0，当 t 值小于 t_0 时，令 $t=t_0$。因此最终的图像恢复公式如下：

$$J(x)=\frac{I(x)-A}{\max[t(x),t_0]}+A$$

基于上述共识对图像进行去雾处理，可得如图7-9所示的结果。可以看到，原雾霾图像在暗通道优先的图像处理算法下可以很好地去除图片中的雾霾。同时也发现，如果原雾霾图像中的绿色植物的边缘部分存在明显的不协调，则是由于整张图片采用了同一个投射率导致的。因此，在2011年，何恺明博士又提出了导向滤波方法来进行改进，具体可以参考推荐阅读材料，网址为 https：//kaiminghe.github.io/publications/eccv10guidedfilter.pdf。

(a) 有雾图像

(b) 去雾后图像

图7-9 去雾图像

 拓展思考与讨论

在解决工程问题时，除了用严密的逻辑推理来验证正确性外，还需要具有归纳总结的能力。何恺明博士的去雾算法就是一个很好的例子。在对5000幅图像各点像素在R、G、B三个通道进行观察、分析后，发现对于任意图像存在一个暗通道，归纳总结出暗通道的先

验理论。归纳总结能力是发现智慧、开拓创新的重要能力之一。

7.6 图像复原的质量评价

当一个退化图像经过一种复原方法进行复原后，如果比复原前具有较高的图像质量，则说明该方法比较优秀。因此，图像复原的质量评价不但是衡量图像质量的测度，也是衡量图像好坏的测度。一般图像复原的质量评价可以分为客观评价和主观评价两种。由于主观质量评价随意性太大，每个人的看法和评价不同，甚至同一个人在不同情况的分值也不同，因此不太具备实际意义，所以本节主要讨论客观评价指标。

7.6.1 有参考的图像质量评价

有参考的图像质量评价主要是对图像相似度的测量。通过对比原图像和复原图像之间的统计误差来衡量复原图像的质量。误差越小，则从统计意义上来说被评价图像与原图像的差异越小，图像的相似度就越高，获得图像质量评价也越高。这类方法主要包括均方误差、归一化均方误差、平均绝对误差、信噪比和峰值信噪比、信噪比改善因子等。

1. 均方误差与归一化均方误差

均方误差(Mean Square Error，MSE)与归一化均方误差(Normalized Mean Square Error，NMSE)是判断图像质量最常用的算法之一，它的值越小，代表图像复原质量越好。其表达式可表示为

$$\mathrm{MSE}=\frac{\sum_{x=1}^{M}\sum_{y=1}^{N}[f(x,y)-\hat{f}(x,y)]^2}{M\times N}$$

$$\mathrm{NMSE}=\frac{\sum_{x=1}^{M}\sum_{y=1}^{N}[f(x,y)-\hat{f}(x,y)]^2}{\sum_{x=1}^{M}\sum_{y=1}^{N}[f(x,y)]^2}$$

其中：M 和 N 分别是图像长度和宽度上的像素个数，$f(x,y)$和 $\hat{f}(x,y)$分别是原始图像和被恢复的图像在点(x,y)处的灰度值。

2. 平均绝对误差

平均绝对误差(Mean Absolute Error，MAE)是将被评价图像与原始图像各点灰度差的绝对值之和除以图像的大小，其值越小表示与原始图像的偏差越小，图像质量越好。其表达式为

$$\mathrm{MAE}=\frac{\sum_{x=1}^{M}\sum_{y=1}^{N}|f(x,y)-\hat{f}(x,y)|}{M\times N}$$

3. 信噪比与峰值信噪比

信噪比(Signal to Noise Ratio，SNR)与峰值信噪比(Peak Signal to Noise Ratio，PSNR)都

是用来测量图像质量的。图像质量越好，信噪比或者是峰值信噪比的值就越大。它们的表达式分别为

$$\mathrm{SNR}=10\ \lg\left[\frac{\sum_{x=1}^{M}\sum_{y=1}^{N}[f(x,\ y)]^{2}}{\sum_{x=1}^{M}\sum_{y=1}^{N}[f(x,\ y)-\hat{f}(x,\ y)]^{2}}\right]$$

$$\mathrm{PSNR}=10\ \lg\left[\frac{255^{2}\times M\times N}{\sum_{x=1}^{M}\sum_{y=1}^{N}[f(x,\ y)-\hat{f}(x,\ y)]^{2}}\right]$$

4. 信噪比改善因子

上面几种评价因子主要考虑与原图像的相似程度，没有表明其改善程度，而信噪比改善因子(Improvement Signal to Noise Ratio，ISNR)对图像复原算法是非常重要的评价指标。其可表示为

$$\mathrm{ISNR}=10\ \lg\left[\frac{\sum_{x=1}^{M}\sum_{y=1}^{N}[g(x,\ y)-\hat{f}(x,\ y)]^{2}}{\sum_{x=1}^{M}\sum_{y=1}^{N}[f(x,\ y)-\hat{f}(x,\ y)]^{2}}\right]$$

其中：$g(x,\ y)$为退化图像。由此可见，当 ISNR>0 时，ISNR 越大表明图像复原改善程度越大，复原算法性能越好；而当 ISNR<0 时，则表明图像相对于退化图像更加远离原始图像，复原算法效果较差。

7.6.2　无参考的图像质量评价

相对于前一小节的有参考的图像质量评价来说，无参考的图像质量评价是不需要以原始图像作为参照的。但在实际应用中，存在没有原始清晰图像的情况，如在航空拍摄的运动模糊图像就没有原始的清晰图像。那么，在这种情况下无法用有参考的图像质量指标对复原图像进行评价。为了从客观上评价图像的复原效果，学者们提出利用图像的梯度信息、边缘特征及图像灰度差等方法来构造评价函数作为无参考的图像质量评价指标。

图像的模糊退化会导致原始图像的边缘特征和梯度信息丢失，那么图像的复原也就是需要恢复原始图像的边缘特征和梯度信息，因此利用边缘特征或梯度信息作为图像清晰度评价方法是可行的。也就是说，图像清晰度越高边缘特征信息就越丰富，图像边缘梯度就越大。

1. 灰度平均梯度评价指标

灰度平均梯度值(Gray Mean Grads，GMG)是分别将图像长度和宽度方向上的相邻像素灰度值作差后求平方和再求均方根，其值越大表示图像越清晰，图像质量越好。其数学表达式为

$$\begin{aligned}\mathrm{GMG}&=\frac{1}{(M-1)(N-1)}\sum_{i=1}^{M-1}\sum_{j=1}^{N-1}\sqrt{\frac{\Delta I_{x}^{2}+\Delta I_{y}^{2}}{2}}\\&=\frac{1}{(M-1)(N-1)}\sum_{i=1}^{M-1}\sum_{j=1}^{N-1}\sqrt{\frac{[g(i,\ j+1)-g(i,\ j)]^{2}+[g(i+1,\ j)-g(i,\ j)]^{2}}{2}}\end{aligned}$$

其中：$g(i, j)$表示复原后的图像，ΔI_x 和 ΔI_y 是 x 和 y 方向上的边缘检测模板。

2. 基于边缘检测算子的评价指标

基于边缘特征提取的清晰度评价法的实质就是比较图像的梯度。当边缘算子不同时，清晰度的评价函数有所不同。但算法原理与基于梯度的方法是类似的。评价函数的数学表达式为

$$S = \sum_x \sum_y \sqrt{\Delta I_x^2 + \Delta I_y^2}$$

其中：ΔI_x 和 ΔI_y 是 x 和 y 方向上的边缘检测模板。

3. 基于邻域灰度差的评价指标

运动模糊图像中，运动方向上的像素相互重叠，导致相邻点之间的灰度差异(绝对值)变小。因此，可以将检测图像中相邻像素的灰度差异作为评价图像清晰度的一个依据。由于运动具有方向性，在不同方向上灰度差随着不同模糊的变化趋势是不同的，但基本原理基本相同。设 $g(i, j)$为复原后的图像，用三个函数 P_{1k}、P_{2k}、P_{3k} 分别表示 x 方向、y 方向、45°方向灰度差的和(绝对值)，则它们的表达式为

$$P_{1k} = \sum_i \sum_j |g(i, j) - g(i-1, j)|$$

$$P_{2k} = \sum_i \sum_j |g(i, j) - g(i, j-1)|$$

$$P_{3k} = \sum_i \sum_j |g(i, j) - g(i-1, j-1)|$$

这一组公式还可以根据 4-邻域、8-邻域调整，同时还可以根据梯度算子进行调整。

综上所述，图像清晰度评价方法可以不用参照原始图像进行计算。由于每个图像的背景、对比度、纹理结构等都不一样，这些评价函数的值差别也非常大，不具有可比性，因此这些评价只能用于对相同目标图像质量的比较。

本 章 小 结

本章主要介绍了图像复原的方法和技术。首先学习了图像退化的概念，了解了图像在传感器噪声、模糊和失真等方面所面临的问题。在此基础上，学习了常用的图像退化模型，并学习了如何进行退化模型参数的估计。通过这些知识，可以更好地理解图像退化的过程和原因。接着，学习了图像复原的典型方法。这些方法包括逆滤波法、维纳滤波、露西-理查德森算法等。通过这些方法，可以尝试恢复图像的细节和清晰度，以提高图像的质量和可视性。此外，还学习了最近提出的图像去雾算法。图像去雾是一种特殊的图像复原方法，其主要目标是降低或去除雾霾对图像的影响，使图像恢复清晰度和细节。为了客观评价图像复原方法的优劣，还学习了图像复原的质量客观评价指标。

第 8 章

数 字 水 印

数字水印技术是当今数字媒体领域中一项备受关注和重要的技术。随着数字内容的普及和传播，保护知识产权和信息安全已成为亟待解决的问题。数字水印技术作为一种隐蔽、不可见的信息隐藏方法，为解决这一问题提供了一种可行的解决方案。

本章主要介绍数字水印技术的原理、分类、应用以及评价方法等方面的知识。我们将重点讨论图像水印、音频水印和视频水印等领域的核心技术和方法，并深入探讨数字水印技术所面临的安全性和鲁棒性问题。在数字水印技术的发展过程中，不可避免地会遇到各种挑战和问题。比如，如何在保持水印不可见性的同时提高水印嵌入容量和鲁棒性，以及如何抵抗各种攻击手段对水印的破坏等。本章将对这些问题进行深入探讨，并介绍近年来的研究成果和应用案例，以帮助读者更好地理解和应用数字水印技术。

通过本章的学习，读者将了解到数字水印技术在版权保护、信息认证和安全传输等方面的重要性和应用价值。同时，读者也能够掌握数字水印技术的基本概念、原理和方法，并了解到数字水印技术所面临的挑战和发展趋势。本章内容将为读者提供一个全面、深入地了解数字水印技术的视角，并激发其对数字媒体安全保护的兴趣和探索精神。

8.1 数字水印概述

8.1.1 数字水印技术的产生背景和应用

随着计算机通信网络技术的发展，以网络为载体的媒体信息的传播和交易极大地推动了信息化社会的前进。然而，文字、图形图像、音视频等信息可以通过数字媒体广泛地传播。数字化技术精确、廉价、大规模的复制功能和互联网的全球传播能力给人们带来信息共享的同时也带来了许多负面的影响，盗版问题、恶意篡改、伪造、非法用作商业用途等信息的安全问题日渐严重，不仅严重侵犯了作者及版权所有者的利益，甚至危害社会。因此，有效地解决信息安全和版权等问题已成为现今亟待解决的问题之一。近年来出现了密码学、数字签名、数字指纹、数字水印技术。其中，数字水印技术弥补了数字签名不能在原始数据中一次性嵌入大量信息的弱点，弥补了数字指纹仅能给出版权破坏者信息的局限，而且弥补了加密解密技术不能对解密后的数据提供进一步保护的不足，对多媒体内容提供全周期保护。因此，数字水印技术受到广泛关注。

“数字水印”这一名词的首次出现可以追溯到1992年的12月，是由Andrew Tirkel和Charles Osborne共同提出的。随后，在1993年，Andrew Tirkel、Charles Osborne和Gerard Rankin三人成功完成了图像扩频水印的嵌入与提取。随后在国际学术界中，研究者们对于数字水印的探索热度持续升温，并陆续发表相关的研究成果，且相关论文数量的增长程度迅速加大。而1996年在欧洲成功举办的首届International Information Hiding Workshop正式宣告了信息隐藏技术学科的诞生。此后，该研讨会陆续在其他国家举办了多届。世界各地的相关研究机构、国际会议等也都对数字水印进行了各种各样的研讨和探究。随着研究的不断深入，在20世纪即将结束之际，国际上已经开始推出一些这方面的研究成果，比如IBM公司为推出的可在其旗下数字化图书馆使用的数字水印，日本电气股份有限公司解决了如何在DVD系统的复制保护功能中加入数字水印这一问题等。近年来，我国在数字水印技术上取得极大进步，并取得了重大突破。2020年8月，我国根据《对外贸易法》和《技术进出口管理条例》相关规定，商务部会同科技部等部门对《中国禁止出口限制出口技术目录》(包括商务部、科技部2008年第12号令和商务部、科技部2020年第38号公告)中，针对信息隐藏技术有专门的说明：48.新增“信息防御技术(编号：186105X)，控制要点：1.信息隐藏与发现技术，2.信息分析与监控技术，3.系统和数据快速恢复技术，4.可信计算技术”。由此可见，我国的信息隐藏技术已步入世界先进水平。

8.1.2 数字水印的概念、原理及基本特征

数字水印是永久镶嵌在宿主数据中具有可鉴别性的数字信号或模式，而且并不影响宿主数据的可用性。它利用数字媒体内容普遍存在的冗余性，在数字化多媒体数据中嵌入含有某些数字秘密信息的水印图案，即通过一定的算法将水印信息嵌入图像、文本、视频及音频等数字媒体中，但不影响原内容的价值和使用，也不被人的知觉系统感知或察觉。即使截获者知道秘密信息的存在，未经授权也难以将其提取出来，从而保证了秘密信息的机密性和安全性。在需要时，能够通过一定的技术检测方法提取出水印，以此作为判断媒体版权归属和跟踪起诉非法侵权的证据。

不同的应用对数字水印的要求不尽相同，一般认为数字水印有如下特征：

(1) 不可感知性。数字作品中嵌入的数字水印，是利用人类视觉或听觉系统的特征，经过一系列隐藏处理而形成的。嵌入的数字水印不会使得原始数据发生可感知的改变，也不能使嵌入的水印引起人的感知。

(2) 水印容量。水印容量也称嵌入率、加载率或者有效载荷，是指在单位时间内一个作品最多可以嵌入水印的比特数。一般要求水印容量尽量大，这样一方面可以嵌入尽量多的水印信息，另一方面当预嵌入的水印信息较少时，可以采用纠错编码技术来减少水印提取的误码率。

(3) 鲁棒性。鲁棒性也叫稳健性，是指在经历多种无意或有意的信号处理过程后，数字水印仍能保持完整性或仍能被准确鉴别。与鲁棒性相反的特征是脆弱性，它要求水印系统尽量不具有鲁棒性，对作品的人和改动都可以通过检测水印来发现并准确定位。此外，一

般来说，鲁棒性、不可感知性和水印容量三者是相互制约的。在实际设计中，只能根据实际情况在三者之间进行折中。

(4) 可证明性。数字水印技术能为受版权保护的信息产品归属者提供完全可靠的证据。数字水印使已经注册用户的号码、产品标志或有意的文字等嵌入到被保护的对象中，在需要时可以将其提取出来，判断数据是否受到保护，并能够监视被保护数据的传播以及非法复制，进行真伪鉴别等。

(5) 安全性。数字水印中的信息应该是安全的，难以被伪造的。数字水印系统通过一个或多个密钥来确保安全，防止修改和擦除水印。信息被隐藏在多媒体内容中，并不会因文件格式转换而丢失，且未经授权者不能检测出水印。

8.1.3　数字水印的通用模型

一般数字水印的通用模型包括两个基本模块，即水印嵌入、水印提取与检测，如图 8－1 所示。

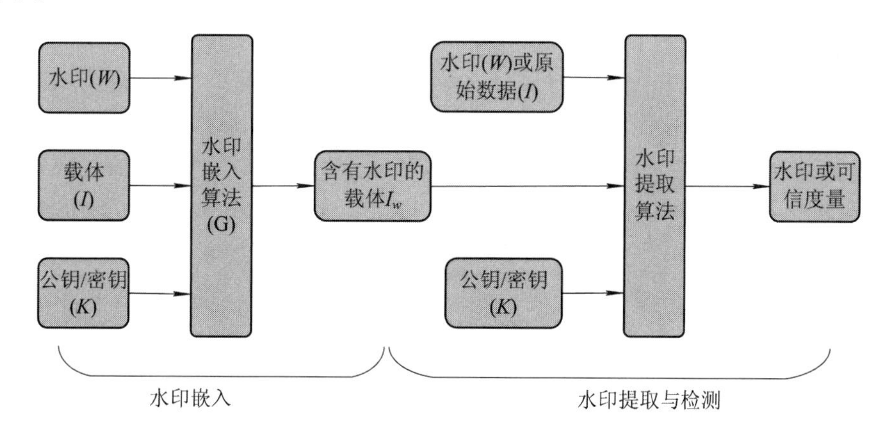

图 8－1　数字水印的通用模型

1. 水印嵌入

水印的嵌入是将水印信号嵌入到宿主图像中得到的图像。内嵌水印的图像与宿主图像从视觉上不能有明显差别。在水印嵌入过程中，输入数字水印信息、原始载体数据和一个可选的公钥/密钥。其中，数字水印信息可以是任何形式的数据，如随机序列或伪随机序列、字符或栅格、二值图像、3D 图像、灰度图像或者彩色图像等。水印嵌入算法(G)应保证水印的唯一性、有效性、不可逆性等属性。数字水印信息由伪随机数发生器生成，另外现在比较流行的混沌算法也应用到了数字水印技术，在该算法下水印可以具有良好的保密性。水印在嵌入时密钥可以用来加强安全性，以避免未授权的恢复和修复水印。在实际应用中，必须使用一个密钥，也可以是多个密钥的组合。

水印的嵌入是水印方案中的核心部分，它主要分为两个方面。

(1) 确定水印嵌入域。根据水印信号嵌入图像的区域，可将数字水印嵌入技术分为空域技术和变换域技术。空域技术是指直接在信号空间上内嵌水印信息。该算法实现简单，但其嵌入的信息量少、鲁棒性差。变换域技术则是在内嵌水印前先对图像进行某种可逆的数学变换，通过修改变换域的某些系数值来内嵌水印，然后进行逆变换得到内嵌水印的图像。在变换域中内嵌水印有利于突出水印的不可感知性，并且变换域水印比空域水印具有更好的稳健性。

此外，除了在信号的空间域或者频率域上的技术，目前生理模型也是数字水印研究领域中的主要技术。根据人类的感知系统特征，生理模型包括人类视觉系统模型(Human Visual System，HVS)和人类听觉系统模型(Human Auditory System，HAS)。利用生理模型可以确定在图像或声音等原始数据的各部分所能嵌入的最大水印强度，在此强度下水印信号不能被视觉系统或听觉系统感知。如依据人类视觉系统的研究，背景的亮度越高，纹理越复杂，人类视觉对其轻微的变化就越不敏感。应该尽可能地将水印嵌入到图像中人类视觉不敏感的部位。生理模型的引入提高了水印算法的透明性和鲁棒性，在研究鲁棒性水印中很有发展前景。

(2) 选择合适的嵌入模型。目前大多数数字水印嵌入模型多采用加法准则和乘法准则。一般来说，在变换域中内嵌水印的效果要比空间域好。

2. 水印提取与检测

水印提取是水印框架中最重要的部分，无论是水印生成算法，还是水印嵌入算法，最终要以能否正确可靠地提取水印为依据。根据数字水印提取时输入和输出的不同，水印提取划分为非盲水印、半盲水印和盲水印。非盲水印在检测时至少需要原始图像(有时还需原始水印)，它可以从待检测图像中提取水印，也可以利用概率统计的方法判断水印是否存在；半盲水印在检测时不需要原始图像，但需要原始水印，一般利用概率统计的方法判断水印是否存在；盲水印在检测时不需要原始图像和原始水印，它是从内嵌水印的图像中提取水印的。

水印的检测主要是通过设计与嵌入过程相对应的检测算法来实现的。通过判断水印是否存在，可以根据是不是原水印或基于统计原理的检验结果来进行判断。下面是常见的两种水印检测方法：

• 第一种方法是在有原始信息的情况下进行，可以提取或验证嵌入信号的相关性。通过提取并重建水印信号，可以直观地表达版权信息，从而判断版权的归属。这种方法主要适用于图像水印信号。

• 第二种方法是在无原始信息的情况下进行，需要对嵌入信息进行全搜索或分布假设验证，并采用概率统计的方法进行检测。伪随机信号无法直观地表达版权信息，因此只能通过概率统计的方法来检测水印。可以利用假设检验判断是否存在水印。利用统计学中的假设检测，构造假设检验统计量，通过计算该统计量的值，进而判断是否存在水印。

就水印检测方面而言，可以利用假设检验来判断水印是否存在。通过构造假设检验统计量，并计算该统计量的值，判断水印是否存在。另外，相关检验(相似性检测)也是目前水印检测中最常用的方法之一。通过对提取的水印信号与原始水印信号进行相关运算，或直接使用原始水印信号与待检验图像进行相关运算，可以判断待检测图像中是否存在与原始水印相关的内容。一般采用相似度 S 的检测，其数学表达式为

$$S=\frac{\langle W, \hat{W}\rangle}{\sqrt{\langle W, W\rangle}\sqrt{\langle \hat{W}, \hat{W}\rangle}}$$

其中：$\hat{W}$ 表示估计水印，W 表示原始水印，$\langle \cdot, \cdot \rangle$表示内积运算。

8.1.4　数字水印的分类

数字水印的分类有很多种，分类的出发点不同导致了分类方法的不同，它们之间既有联系又有区别，有的分类方法直接反映了水印嵌入算法的不同。常见的分类方法有：

(1) 按照数字水印的特性，可将其划分为鲁棒性数字水印和脆弱性数字水印。鲁棒性数字水印主要用于在数字作品中标识著作权信息，如作者、作品序号等，它要求嵌入的水印能够经受各种常用的编辑处理；脆弱性数字水印主要用于完整性保护，它必须对信号的改动很敏感，人们根据脆弱性水印的状态就可以判断数据是否被篡改过。

(2) 按照数字水印所依附的载体不同，可将其划分为图像水印、音频水印、文本水印及三维网格模型的网格水印。

(3) 按照检测过程的差异，可将数字水印划分为明文水印和盲文水印。明文水印在检测过程中需要原始数据，而盲文水印的检测只需要密钥，不需要原始数据。

(4) 按照水印内容的不同，可将数字水印划分为有意义水印和无意义水印。

(5) 按照水印用途来考虑，可将数字水印划分为票据防伪水印、版权保护水印、篡改检测水印和隐藏标识水印。

(6) 按照水印的可见性，可将数字水印划分为可见水印和不可见水印。可见水印嵌入到媒体后在媒体中留下明显印记，主要用于标识版权，防止非法使用。这样虽然降低了资料的商业价值，却不妨碍使用者的使用。不可见水印嵌入到数字作品中，人的感观不能明显察觉，不影响作品的质量，具有较高的使用价值。

(7) 按照数字水印隐藏的位置不同，可将数字水印分为时(空)域数字水印、频域数字水印、时/频域数字水印和时间/尺度域数字水印。时(空)域数字水印主要是通过直接修改媒体数据采样的强度来实现水印嵌入的。折中方法无需对原始媒体进行变换，计算复杂度低，实施效率高，有较好的不可感知性，但由于可修改的属性范围小，生成的水印具有局部性，因此鲁棒性较差。而且对于图像的噪声攻击、几何变形、图像压缩的抵抗能力比较弱，对载体图像的轻微变动都可能会造成全部嵌入信息的丢失。频域数字水印是先对原始媒体数据进行某种形式的正交变换，在变换得到的系数上嵌入水印，然后通过相应的逆变换得到含水印的媒体。图像水印中典型的频域变换是：离散余弦变换(DCT)、离散小波变换(DWT)、离散傅里叶变换(DFT)等。与时(空)域算法相比，该算法可以使水印的稳健性大大增强，以达到不受大多数攻击的影响的目的。

8.1.5　数字水印的应用

随着数字水印系统性能的不断提高，其应用领域也在不断扩展。现今，该技术已经被应用到数字图像、数字音频、数字视频、数字电视、电子书籍、三位图形及计算机软件产品等许多方面。从其功能上划分大致有以下六个方面：

（1）数字作品的版权保护。作为水印嵌入到图像中的信息可用于标志版权所有者，在版权纠纷中如果图像的版权所有者事先对数字作品加入了水印，则可利用掌握的密钥从图像中提取出水印，证明自己的版权，维护自己的权益。

（2）电子商务的发展。电子商务使互联网成为企业的生命线，保护企业网页安全不仅是对知识产权的保护，更是对商业利润的保护。在企业网页中嵌入数字水印后，可有效保证网页的安全性和完整性。

（3）商务交易中的票据防伪。在彩色打印机、复印机输出的每幅图像中加入唯一且不可见的数字水印，当需要时可以实时地从扫描的票据中判断水印的有无，快速辨识票据真伪。

（4）音像数据的隐藏标识和篡改提示。当提示数据的标识信息比数据本身更具有保密价值，如遥感图像的拍摄日期、经纬度等，没有标识信息的数据有时根本无法使用，但直接将这些重要信息标记在原始文件上又很危险时，数字水印技术提供了一种隐藏标识的方法，使标识信息在原始文件上看不到，只有通过特殊的阅读程序才能读取。

（5）数字指纹。为了避免未经授权的复制和分发可公开得到多媒体内容，作者可在其每个产品中分别嵌入不同的水印，即"数字指纹"。当发现未经授权的拷贝时，可通过检索"指纹"追踪其来源。在这类应用中，水印必须是不可见的，而且能抵抗恶意的检测、伪造及合谋攻击等。

（6）信息的安全通信。数字水印所依赖的信息隐藏技术不仅提供了非密码性的安全途径，更引发了信息战尤其是网络情报战的革命。可利用数字化声像信号相对于人的视觉、听觉冗余，进行各种时(空)域和变换域的信息隐藏，从而实现隐蔽通信。

8.2 图像数字水印技术

8.2.1 最低有效位法

最低有效位(Least Significant Bit，LSB)，意思是最不重要的比特位。最低有效位法是一种典型的空间域信息隐藏算法，它将水印信息直接在空间域上加载到图像的数据上，其原理是通过修改表示数字图像的颜色(或者颜色分量)的位平面，调整数字图像中对感知不重要的像素来表达水印信息，达到嵌入水印的目的。

对于数字图像数据而言，一幅图像的每个像素是以多比特的方式构成的。对于 Q 位的灰度图，每一个像素的数字 g 可用公式表示为

$$g=\sum_{i=0}^{Q-1} b_i 2^i$$

其中：i 表示像素的第几位；b_i 表示第 i 位的取值，$b_i \in \{0, 1\}$。这样可以把整个图像分解成 Q 个位平面，如图 8-2 所示。

十进制灰度值

3	5	2	4
4	2	3	1
3	2	1	0
1	3	2	1

二进制灰度值

011	101	010	100
100	010	011	001
011	010	001	000
001	011	010	001

0	0	1
最高有效位		最低有效位

位平面

1	1	0	0
0	0	1	1
1	0	1	0
1	1	0	1

1	0	1	0
0	1	1	0
1	1	0	0
0	1	1	0

0	1	0	1
1	0	0	0
0	0	0	0
0	0	0	0

图 8－2　3 位灰度图的位平面示例

对于 8 位灰度数字图像(见图 8－3)，其灰度数值范围为 0～255。根据位平面定义，可以将其分割为从低到高的 8 个比特平面(位平面)。值得注意的是，每一个位平面的作用是不一样的，越高位的位平面，包含的图像特征越复杂、细节越多，对图像的影响越大；反之

(a) 位平面1(最低位)　(b) 位平面2　(c) 位平面3　(d) 位平面4
(e) 位平面5　(f) 位平面6　(g) 位平面7　(h) 位平面8(最高位)

图 8－3　原始图像及其 8 个位平面

越低位的位平面细节越少，对图像的影响越小，甚至不能被人眼感知。因此，最低有效位法利用人眼这一特性，将水印信息嵌入在图像的最低有效位上。

结合图 8-2，如图 8-4 所示，基于最低有效位法的水印嵌入过程可以分为以下三步：

(1) 将原始图像的像素值由十进制转换为二进制。

(2) 用二进制水印信息中的每一比特信息替换与之相对应图像载体数据的最低有效位。

(3) 将得到的含水印的二进制数据转换为十进制像素值，从而获得含水印的图像。

011	101	010	100
100	010	011	001
011	010	001	000
001	011	010	001

原始图像

0	1
0	1

水印

0	1	0	1
0	1	0	1
0	1	0	1
0	1	0	1

嵌入水印后的最低位平面

1	0	1	0
0	1	1	0
1	1	0	0
0	1	1	0

次高位平面

0	1	0	1
1	0	0	0
0	0	0	0
0	0	0	0

最高位平面

010	101	010	101
100	011	010	001
010	011	000	001
000	011	010	001

嵌入水印图像
(二进制)

2	5	2	5
4	3	2	1
2	3	0	1
0	3	2	1

嵌入水印图像
(十进制)

图 8-4 最低有效位嵌入水印的步骤

在图 8-5 中采用最低有效位法，将“多媒体技术”二值图像嵌入水印数字图像。可以看到，将水印嵌入数字图像后，水印是不可见的。

(a) 原始图像

多媒体技术

(b) 数字水印

(c) 载有数字水印图像

图 8-5 最低有效位水印嵌入

根据最低有效位的嵌入原理，可以采用逆操作提取嵌入的水印信息，如图 8-6 所示。我们选取数字媒体文件的像素或采样值，并提取像素或采样值的最低有效位上的二进制位，以获取已嵌入的水印信息。在图 8-7 中可以看到，采用逆操作可以快速、有效地提取最低有效位水印信息。

值得注意的是，最低有效位水印嵌入的方法使接收端无需原图像信息就可以实现盲检测。但也正因为这样，水印信息很容易被恶意地提取出来。此外，由于最低有效位法嵌入水

2	5	2	5
4	3	2	1
2	3	0	1
0	3	2	1

载有水印的数字图像
(十进制)

010	101	010	101
100	011	010	001
010	011	000	001
000	011	010	001

载有水印的数字图像
(二进制)

0	1	0	1
0	1	0	1
0	1	0	1
0	1	0	1

最低位平面

1	0	1	0
0	1	1	0
1	1	0	0
0	1	1	0

次高位平面

0	1	0	1
1	0	0	0
0	0	0	0
0	0	0	0

最高位平面

2	5	2	5
4	3	2	1
2	3	0	1
0	3	2	1

原始图像

0	1	0	1
0	1	0	1
0	1	0	1
0	1	0	1

提取水印

图 8-6　最低有效位水印提取示例

(a) 载有数字水印图像

多媒体技术
多媒体技术
多媒体技术
多媒体技术

(b) 提取数字水印

图 8-7　最低有效位水印信息提取

印位置确定，且仅有1比特信息，因此在传输过程中极易受到攻击。由于最低有效位法所实现的水印是脆弱的，无法经受一些常见的信号处理操作，因此其实现的水印多用于验证原图像的完整性。

拓展与讨论 1

若使用本小节图 8-3 中的图片，尝试在该图片不同位平面嵌入相同的水印，看看在第几位平面水印会被人眼感知到；在该图片中采用不同灰度级的水印嵌入到原图像中的最低几位，看看水印的灰度级为多少时人的视觉可以感知到该水印。

提示：按照最低有效位法，将水印嵌入到不同的位平面中，观察输出结果。

拓展与讨论 2

在本小节中，最低有效位法使用的是 256 级灰度图像。与小组同学讨论并查阅资料，如何在 256 级彩色图像中采用最低有效位法嵌入水印到彩色图像中。

8.2.2　基于 DCT 的数字水印

在空间域中加入水印的算法只能嵌入少量的数据，并且很容易被低通滤波器、量化或者有损压缩等操作后去除，但在变换域嵌入水印却可以提高水印的鲁棒性。在变换域中，图像信号有如下三个特点：

(1) 视频图像在变换域里比在空间域里简单。

(2) 视频图像的相关性明显下降，信号的能量主要集中在少数几个变换系数上，采用量化和熵编码可有效压缩其数据。

(3) 具有较强的抗干扰能力，传输过程中的误码对图像质量的影响远小于预测编码。

因此，现有的水印研究多集中在变换域。常见的变换域为离散余弦变换(Discrete Cosine Transform，DCT)和离散小波变换(Discrete Wavelet Transform，DWT)。

1. 离散余弦变换原理

离散余弦变换(DCT)与傅里叶变换类似。二维 DCT 正变换公式为

$$F(\mu, v)=c(\mu)c(v)\sum_{x=0}^{M-1}\sum_{y=0}^{N-1}f(x, y)\cos\frac{\pi(2x+1)}{2M}\cos\frac{\pi(2y+1)}{2N}$$

其中：x、y 为空间采样值，μ、v 为频率采样值，$c(\mu)$和 $c(v)$则为

$$c(\mu)=\begin{cases}\sqrt{\dfrac{1}{M}}, & \mu=0\\ \sqrt{\dfrac{2}{M}}, & \mu=1, \cdots, M-1\end{cases}\qquad c(v)=\begin{cases}\sqrt{\dfrac{1}{N}}, & v=0\\ \sqrt{\dfrac{2}{N}}, & v=1, \cdots, N-1\end{cases}$$

二维 DCT 反变换公式可表示为

$$f(x, y)=\sum_{x=0}^{M-1}\sum_{y=0}^{N-1}c(\mu)c(v)F(\mu, v)\cos\left[\frac{\pi(2x+1)\mu}{2M}\right]\cos\left[\frac{\pi(2y+1)v}{2N}\right]$$

当 $M=N$ 时，二维 DCT 反变换可以写为

$$f(x, y)=\sum_{x=0}^{N-1}\sum_{y=0}^{N-1}c(\mu)c(v)F(\mu, v)\cos\left[\frac{\pi(2x+1)\mu}{2N}\right]\cos\left[\frac{\pi(2y+1)v}{2N}\right]$$

离散余弦变换可以看成为酉变换之一。而酉变换是线性变换的一种特殊形式，其线性运算是可逆的，且满足一定的正交条件。因此，图像的酉变换可以被理解成为分解图像数据为广义的二维频谱，变换域中每一个分量对应于原图像频谱函数的能量。设图像为 $M\times N$，该图像的二维 DCT 变换可以表示为

$$F_{\mathrm{DCT}}=\frac{2}{\sqrt{M\times N}}A_{M\times N}I_{M\times N}B_{N\times N}$$

其中：

$$A_{m\times i}=\begin{cases}\dfrac{1}{\sqrt{2}}, & m=0\\ \cos\dfrac{\delta}{2M}m(2i+1), & \text{其他}\end{cases}\quad(\text{其中 } 0\leqslant m, i<M)$$

$$B_{k\times n}=\begin{cases}\dfrac{1}{\sqrt{2}}, & n=0\\ \cos\dfrac{\delta}{2N}n(2k+1), & \text{其他}\end{cases}\quad(\text{其中 } 0\leqslant n, k<N)$$

经过二维 DCT 变换得到的 DCT 系数矩阵 GDCT，指示了一系列频率中每一个频率所

对应的变换程度，即频率的高低。图像的低频分量反映图像慢变化，即图像整体部分；图像的高频分量代表图像跳变的地方，即图像细节部分，如轮廓、边缘。

如图8-8所示，图像经过DCT后，得到的DCT图像有如下三个特点：

(1) 从直方图统计上来看，系数值全部集中到0值附近，动态范围很小，这说明用较小的量化比特数即可表示DCT系数。

(2) DCT变换后图像能量集中在图像的低频部分，即DCT图像中不为零的系数大部分集中在一起。其中，低频分量将集中在矩阵的左上角，高频分量则集中在右下角。

(3) 由于DCT的时频局域性，没有保留原图像块的精细结构，因此从中反映不了原图像块的边缘、轮廓等信息。

(a) 数字图像

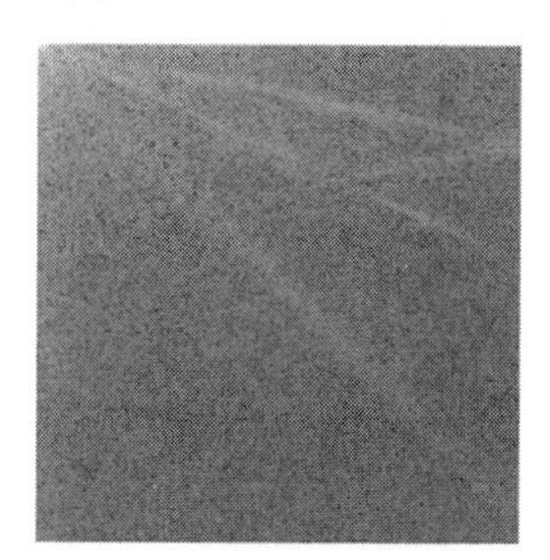

(b) 数字图像DCT系数

图8-8 图像及其DCT系数

2. DCT水印的嵌入

如图8-9所示，数字图像水印选择二值化灰度图像作为水印信息，根据水印图像的二值性不同选择不同的嵌入系数，并将载体图像进行8×8分块，将数字水印的灰度值直接植入到载体灰度图像的DCT变换域中，实现水印的嵌入。值得注意的是，选择8×8大小作为DCT子块的原因是计算量和像素之间关系的数量。许多研究表明，在15或20个像素之后，像素间的相关性开始下降。也就是说，一列相似的像素通常会持续15～20个像素那么长，在此之后，像素就会改变幅度水平(或反向)。

设I是$M \times N$大小的原始图像；J是水印图像，大小为$P \times Q$；M和N分别是P和Q的偶数倍。把水印J加载到图像I中，具体方法如下：

(1) 将原始载体图像I按照8×8大小进行分块，分割成为互不重叠的8×8子块B；同时，J也分解为$(M/8)\times(N/8)$个$(8P/M)\times(8Q/N)$大小的方块V。

(2) 分别对子块B和V，以8×8子块为单元进行DCT变换。

(3) 选择前n个方差值大的子块。为了实现载体图像嵌入水印后的不可感知性，应该将水印嵌入纹理较为复杂的子块中。这里采用方差作为衡量标准。方差大时，图像子块包含较为复杂的纹理或边缘。

(4) 选择水印信息的嵌入位置。一般来说，对图像进行DCT变换，图像的大多数能量都集中于低频，纹理信息一般集中在高频。如果想要一幅图像经过处理后其视觉改变不大，则其低频分量必定改变程度不大。然而，低频包含较多平滑的信息，人眼对平滑区域的变化较中高频的纹理信息更敏感，因此选择中频系数进行嵌入是最合适的。常见的DCT水印嵌入位置如图8-10所示。

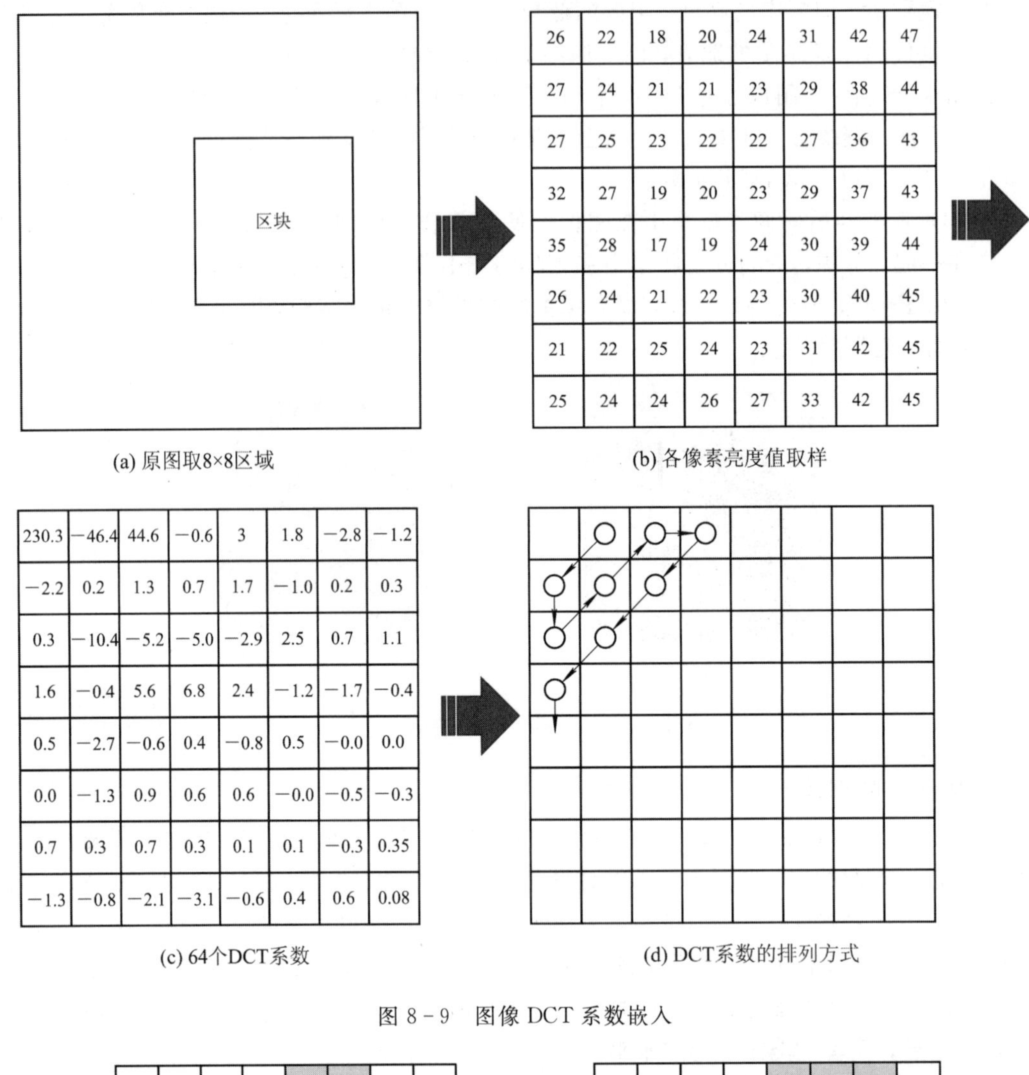

(a) 原图取8×8区域

26	22	18	20	24	31	42	47
27	24	21	21	23	29	38	44
27	25	23	22	22	27	36	43
32	27	19	20	23	29	37	43
35	28	17	19	24	30	39	44
26	24	21	22	23	30	40	45
21	22	25	24	23	31	42	45
25	24	24	26	27	33	42	45

(b) 各像素亮度值取样

230.3	−46.4	44.6	−0.6	3	1.8	−2.8	−1.2
−2.2	0.2	1.3	0.7	1.7	−1.0	0.2	0.3
0.3	−10.4	−5.2	−5.0	−2.9	2.5	0.7	1.1
1.6	−0.4	5.6	6.8	2.4	−1.2	−1.7	−0.4
0.5	−2.7	−0.6	0.4	−0.8	0.5	−0.0	0.0
0.0	−1.3	0.9	0.6	0.6	−0.0	−0.5	−0.3
0.7	0.3	0.7	0.3	0.1	0.1	−0.3	0.35
−1.3	−0.8	−2.1	−3.1	−0.6	0.4	0.6	0.08

(c) 64个DCT系数

(d) DCT系数的排列方式

图 8-9 图像 DCT 系数嵌入

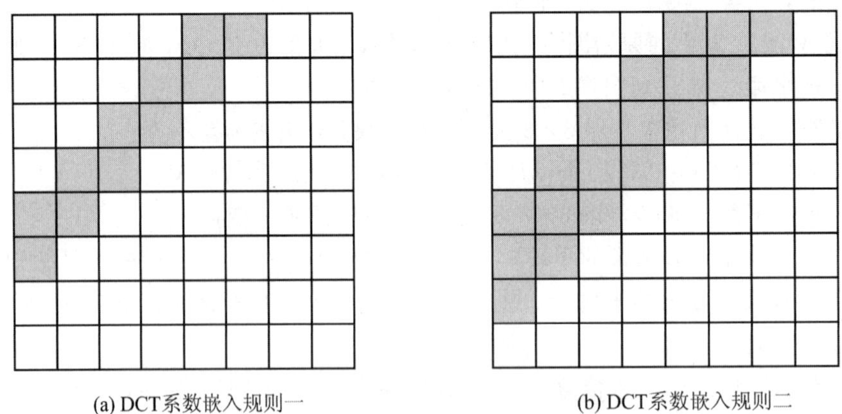

(a) DCT系数嵌入规则一　　(b) DCT系数嵌入规则二

图 8-10 DCT 水印嵌入位置

(5) 嵌入水印信息并进行分块 DCT，即得到嵌入了水印信息的小块。将所有小块拼接成一张图像，即得到嵌入了水印信息的图像。

3. DCT 水印的提取

基于 DCT 的水印的提取过程如下：

(1) 将含有水印的图像进行 DCT 变换，得到 DCT 系数矩阵。

(2) 根据预先设定的水印嵌入算法，提取出水印的位置和信息。

(3) 根据提取出的水印位置，在 DCT 系数矩阵中提取出水印信息。

(4) 将提取出的水印信息进行解密，得到原始水印信息。

(5) 根据解密后的水印信息进行验证和比对，确定水印是否被正确提取出来。

(6) 将正确提取出的水印信息用于后续的应用。

8.2.3 基于小波变换的数字水印

熟知的傅里叶变换是时(空)域到频域相互转换的工具，它在频域的定位是完全准确的，而在时域中没有任何的定位性或分辨能力。也就是说，对于傅里叶谱中的某一频率，不知道这个频率是什么时候产生的。为了能将时域和频域结合起来描述观察信号的时频联合特征，构成信号的时频谱，小波变换应运而生。小波变换法能有效地从信号中提取信息，通过伸缩及平移等运算功能可对函数或信号进行多尺度的细化分析，达到高频处时间细分和低频处频率细分的效果。将小波变换法引入数字水印中，可以有效地对载体图像进行细化分析，将水印嵌入合适的频率中。

1. DWT 原理

图像处理采用的小波变换是基于离散小波变换(Discrete Wavelet Transform，DWT)的变换。设二维尺度函数为 $\varphi(x, y)=\varphi(x)\varphi(y)$，是对应的小波，则 3 个二维基本小波构成了二维小波变换的基础，即

$$\psi^1(x, y)=\varphi(x)\psi(y)$$
$$\psi^2(x, y)=\psi(x)\varphi(y)$$
$$\psi^3(x, y)=\psi(x)\psi(y)$$

其中：$\varphi(x)$为一组正交基，$\psi(x)$为哈尔(Harr)小波函数。二维尺度函数和小波函数的尺度及平移基函数可表示为

$$\varphi_{j,m,n}(x, y)=2^j\varphi(2^jx-m, 2^iy-n)$$
$$\psi_{j,m,n}^l(x, y)=2^j\psi^l(2^jx-m, 2^iy-n)$$

其中：$l=\{1, 2, 3\}$，l 是上标索引。当 $l=1$ 时，表示小波函数是针对图像的水平方向；当 $l=2$ 时，表示小波函数是针对图像的垂直方向；当 $l=3$ 时，表示小波函数是针对图像的对角方向。那么，对于 $M\times N$ 的离散函数 $f(x, y)$的离散小波变换对的数学表达公式为

正变换：

$$W_\varphi(j_0, m, n)=\frac{1}{\sqrt{MN}}\sum_{x=0}^{M-1}\sum_{y=0}^{N-1}f(x, y)\varphi_{j_0,m,n}(x, y)$$

$$W_\psi^l(j, m, n)=\frac{1}{\sqrt{MN}}\sum_{x=0}^{M-1}\sum_{y=0}^{N-1}f(x, y)\psi_{j,m,n}(x, y),\ l=\{H, V, D\}$$

反变换：

$$f(x,y)=\frac{1}{\sqrt{MN}}\sum_{x=0}^{M-1}\sum_{y=0}^{N-1}W_{\varphi}(j_0,m,n)\varphi_{j_0,m,n}(x,y)+$$

$$\frac{1}{\sqrt{MN}}\sum_{l=H,V,D}^{3}\sum_{j=j_0}^{\infty}\sum_{x=0}^{M-1}\sum_{y=0}^{N-1}W_{\psi}^{l}(j,m,n)\psi_{j,m,n}(x,y)$$

其中：j_0 是任意开始尺度，通常取 $j_0=0$，且选择 $M=N=2^j$，$j=0,1,\cdots,J-1$，$m=n=0,1,\cdots,2^J-1$。W_{φ} 系数定义了在尺度 j_0 的近似，W_{ψ}^{l} 系数对于 $j\geqslant j_0$ 附加了垂直水平和对角方向的细节(见图 8-11)。

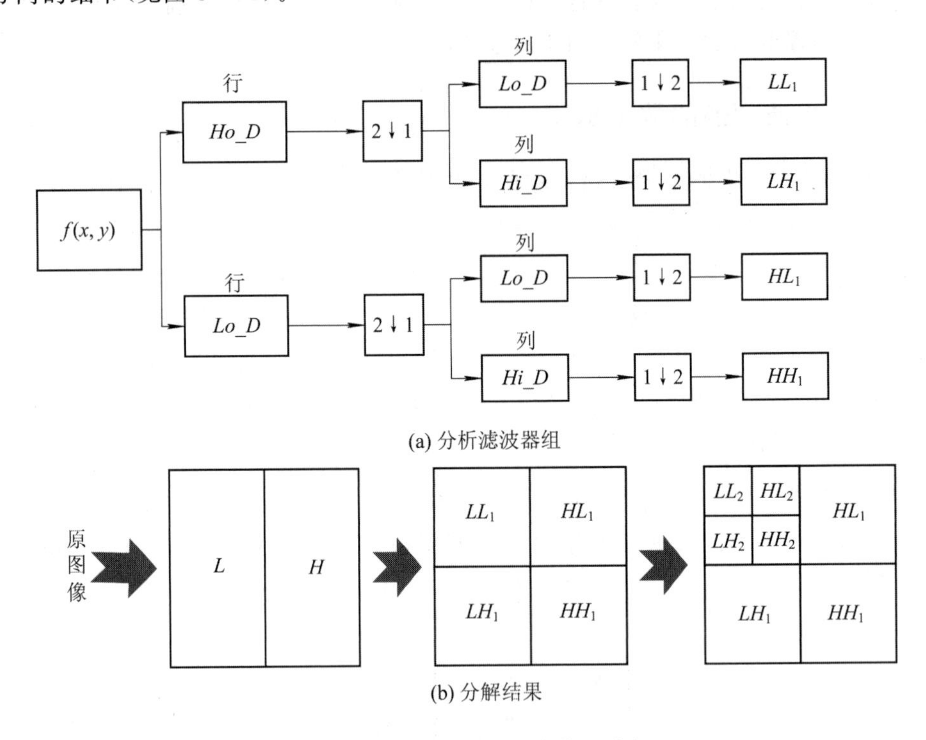

图 8-11 二维离散小波变换的分解

二维 DWT 的实现可以用数字滤波器和抽样来实现，如图 8-12 所示。对于每一层小波分解，先对 $f(x,y)$的行进行一维 DWT，若该层信号大小为 $M\times N$，则经过行 DWT 后得到 2 个 $M\times N/2$ 分别代表近似和细节的二维信号；然后对这 2 个信号的列进行一维

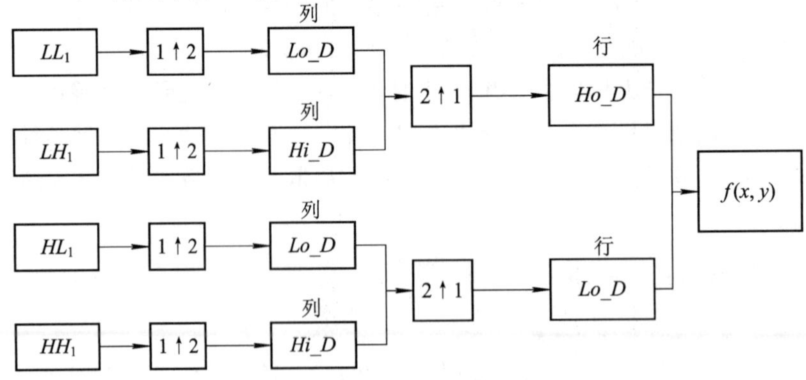

图 8-12 二维离散小波变换的综合滤波器组

DWT，就会得到4个大小为$N/2\times N/2$(上一层图像的1/4)的子图像W_{φ}、W_{ψ}^{1}、W_{ψ}^{2}和W_{ψ}^{3}，其中W_{φ}代表在尺度下的近似，W_{ψ}^{1}、W_{ψ}^{2}和W_{ψ}^{3}分别代表信号的垂直、水平和对角方向上的细节。针对每个行变换结果再进行一次垂直方向的一维DWT，就会得到下一次的4个小波分解。如此一直迭代下去，就可以实现二维DWT。

二维DWT的信号重构，是先将W_{φ}、W_{ψ}^{1}、W_{ψ}^{2}和W_{ψ}^{3}组合，分别进行DWT反变换，再对得到的两个输出结果再进行一次DWT反变换，如图8-12所示，即得重构信号。

2. DWT水印嵌入

如图8-13(a)所示，对一幅图像进行二维小波变换时，先对行进行一维小波变换，得到左右两张子图，然后再对左右两张子图进行列方向的一维小波变换，每张子图又被分成上下两张更小的子图。左侧子图L是图像的近似值，右侧子图H是细节，由于在变换过程中是行方向上的下采样，因此损失的是纵方向的边缘信息，因而在右侧子图H中将能看到纵向的边缘信息。而左侧子图L被进一步分解成为上下两个部分LL和LH，它们分别是子图L的近似和细节，同样道理，HL和HH是子图H的近似和细节。

LL_2　HL_2　HL_1
LH_2　HH_2
LH_1　HH_1

(a) 小波分解示例图

(b) 小波分解实例图

图8-13　图像的二维离散小波分解

假设256级载体灰度图像大小为256×256，则利用DWT算法嵌入水印的步骤可以分成如下四步：

(1) 读入载体图像，对其进行二层小波变换，得到LH_1、HL_1、HH_1三个128×128大小的矩阵和LL_2、LH_2、HL_2、HH_2四个64×64大小的矩阵。

(2) 读入水印图像，将水印图像转换为二值图像，要求水印图像的大小为载体图像的八分之一，对数字水印图像进行一级小波分解，将其存入一个二维数组中。

(3) 根据需求嵌入水印。如果将水印嵌入低频系数LL_2中，则水印的鲁棒性好，但水印的隐蔽性差；如果将水印嵌入高频系数HH_1中，则水印的隐蔽性好，但水印的鲁棒性差。同时考虑到水印的鲁棒性和隐蔽性，将这两种方案折中一下，可以将水印嵌入到小波变换的水平方向细节的中频系数HL_2中。HL_2是一个二维数组，将HL_2的数据分为像素对，比较每对像素值的大小，前者大于后者表示1，前者小于后者表示0，若二者相等，则将其中一个的值作微小调整，使得每一像素对的大小关系和水印二值图像的每一位相对应。对于不能对应的像素对，将像素对前后的位置互换。

(4) 重构并显示嵌入水印后的图像。

此外，通过观察图8-13(b)，可以看到每一层小波变换中，左上角表示对上一层图像的近似，而其他三个方向表示图像在不同方向上的细节信息。第一层小波变换中的左上角再次被分解为4个子块。在小波变换中，左上角的低频系数代表了对应小波块的图像区域的平均亮度，而其他三个高频系数则表示了图像的纹理和边缘部分。如果将每一层的近似图像从上到下叠放在一起，就形成了图像在不同分辨率下的表示。当左上角的低频区域再进一步进行小波变换时，按照上述原则，低频域将递归地生成更高一级的低频和高频区域。这种递归的过程使得小波变换能够对图像的不同频率成分进行分解和表示，从而揭示出图像的细节和特征。

8.3 音频数字水印技术

与图像水印技术相比，在数字音频信号中嵌入水印的技术难度较大。这是因为人的听觉系统与视觉系统相比，具有更高的灵敏度。人类的听觉系统对加性噪声特别敏感，如果采用加性法则在时域嵌入水印，则很难在水印的鲁棒性和不可感知性之间达到合理的折中。

对于音频信号来说，除了可以采用最低有效位、DCT以及DWT数字水印技术外，还可以利用人类听觉模型(Human Auditory System，HAS)，运用各种技术将水印嵌入到人耳所不能感知的位置，以达到隐藏水印数据的目的。

8.3.1 人类听觉特性

要在音频文件中嵌入水印就要利用人类听觉系统的某些特性，即人的听觉生理——心理特性，达到水印不可感知的目的。

首先，人的听觉具有掩蔽效应，即一个较弱但可以听到的声音由于另外一个较强声音的出现而变得无法听到的现象。具体来说，听觉掩蔽效应分为超前掩蔽和滞后掩蔽。

(1) 超前掩蔽：弱音出现在强音之前，会被强音掩蔽，时间范围一般是5～20 ms。

(2) 滞后掩蔽：弱音出现在强音之后，会被强音掩蔽，时间范围一般是50～200 ms，掩蔽的效果依赖于掩蔽音和被掩蔽音的时域与频域特性。

其次，人耳对声音信号的绝对相位不敏感，而只对其相对相位敏感。

此外，人类听觉系统对不同频率段声音的敏感度不同。通常可以听见20 Hz～20 kHz的信号，但人的听力最敏感的频率范围是在2～5 kHz这个中频段。

8.3.2 时域音频水印算法

1. 最低有效位法

与二维图像类似，最低有效位法将水印信息嵌入到音频采样数据二进制的最低位。该算法实现简单，信息嵌入和提取速度快，嵌入水印容量大，但对干扰和攻击较为敏感，例如噪声、压缩、滤波等。

2. 回声隐匿法

回声隐匿法通过引入回声将水印数据嵌入到载体数据中，它是利用听觉系统的掩蔽效应来进行设计的。音频信号的向后掩蔽效应使得弱信号出现在强信号之后，弱信号因为强信号的存在而变得无法被听见。

在回声隐藏的算法中，编码器将载体数据延迟一定的时间并叠加到原始的载体数据上以产生回声。因此，回声隐藏与其他数字语音隐藏信息方法不同，它不是将隐藏信息当作随机噪声嵌入到原始数字语音中的，而是将隐藏信息作为原始数字语音的环境条件隐藏起来的。隐藏信息根据回声延迟的不同延迟时间来嵌入0和1。隐藏信息通过回声隐藏算法嵌入到原始载体信号的过程可表示为

$$C_w[n]=C_0[n]+\alpha C[n-m_0]$$
$$C_w[n]=C_0[n]+\alpha C[n-m_1]$$

其中：$C_w[n]$表示嵌入隐藏信息后的信号，$C_0[n]$表示原始语音信号，α 表示嵌入强度，m_0 和 m_1 分别表示隐藏信息 $m=0$ 或 1 所对应的时间间隔。在实际的操作中，用代表0或1的回声内核与载体信号进行卷积来达到添加回声的效果。要想使嵌入后的隐秘数据不被怀疑，并且能使接收方以较高的正确率提取数据，关键在于回声内核的选取。每个回声内核具有四个可调整的参数：原始幅值、衰减率、1偏移量和0偏移量。

在检测水印时，可采用复倒谱来实现，即通过观察嵌入水印的音频信号的复倒谱，找到水印嵌入的位置。在回声延迟的时间位置峰值明显高于周围峰值。水印检测的结果是根据不同延迟处的峰值大小来判断嵌入的水印信息的。

8.3.3　变换域音频水印算法

基于变换域的音频水印技术是将时域音频信号通过某种变换得到其变换域的表达形式，通过修改变换域系数来隐藏水印。常见的变换域音频水印算法有相位水印、DWT数字水印、DFT数字水印、DCT数字水印和扩频算法。在前面已经介绍过DWT和DCT水印技术，本小节不再赘述。

1. 相位水印

相位水印算法是利用人耳听觉系统对绝对相位不敏感，而对相对相位敏感的特性，使用代表水印数据的参考相位替换原音频段的绝对相位，并对其他的音频段进行调整，以保持各段之间的相对相位不变的。具体来说，在相位编码中，隐藏的信息是用相位谱中特定的相位或相对相位来表示的，可将音频信号分段，然后每段作离散傅里叶变换，信息只隐藏在第1段中，用代表秘密信息的参考相位替换第1段的绝对相位，保证信号间的相对相位不变，所有随后信号的绝对相位也同时改变。虽然这种方法比较简单，但在参考相位急剧变化时会出现明显的相位离差，同时水印的隐蔽性将减弱且解码难度可能会增加。另外，当音频信号较为安静时，嵌入数据量较小。因此，必须在嵌入数据量与嵌入效果之间进行平衡。

下面简单介绍一种相位编码的方法，步骤如下：

(1) 对声音信号 $s[n]$进行分帧，对每帧数据应用DFT，建立一个相位向量 $\phi_n[\omega_k]$和幅度向量 $A_n[\omega_k]$。

(2) 根据公式计算并存储两个相邻语音片段间的相位差。按照如下公式修正首段相位值：

$$\phi'_0[\omega_k]=\begin{cases}\dfrac{\pi}{2}, & m=0\\ -\dfrac{\pi}{2}, & m=1\end{cases}$$

使用相位差建立相位向量，即

$$\phi'_n[\omega_k]=\phi'_{n-1}[\omega_k]+\Delta\phi_n[\omega_k]$$

然后使用新的相位 $\phi'_n[\omega_k]$ 和原幅度 $A_n[\omega_k]$ 进行 IDFT 变换，产生隐藏信息后的语音信号。

(3) 检测过程与嵌入过程相反，利用首段相位值进行判决。

2. DFT 数字水印

DFT 数字水印在嵌入前，先对音频信号进行离散傅里叶变换(DFT 变换)，再选择人耳听觉不敏感的中频段(如 2.4～6.4 kHz)的 DFT 系数进行水印的嵌入。具体做法是用表示水印序列的频谱分量来替换相应的 DFT 系数。选择中频段的目的是为了将数据保存在人耳最敏感的低频范围之外。如果嵌入水印数据量不大且幅度相对于当前音频比较小，则 DFT 水印技术对噪声、录音失真及磁带的颤动都具有一定的鲁棒性。

3. 扩频算法

扩频技术最早应用于军事通信系统中，它是一种将信号能量分布到更宽频带的技术，可用来增强水印的隐蔽性和抗干扰能力。扩频技术将原始音频信号与伪随机序列(扩频码)进行某形式的运算，从而将信号频谱扩展到更宽的范围。这使得水印信号在频域上分布更加均匀，不易察觉。常采用的嵌入方法有加性嵌入、乘性嵌入、指数嵌入，可分别表示为

$$C_\omega=\begin{cases}C_0+\alpha W_r\\ C_0(1+\alpha W_r)\\ C_0 e_r^{\alpha W_r}\end{cases}$$

其中：C_ω 表示嵌入隐藏信息后的语音信号，C_0 表示原始语音信号，α 代表隐藏信息的嵌入强度，W_r 表示扩频后的隐藏信息。

在检测语音信号是否含有水印时，可通过计算伪随机噪声和含水印的语音信号的相关值来进行判定。当相关值大于阈值时，认为检测到水印，否则认为没有水印。检测过程可以表示为

$$Z_{\mathrm{lc}}=\langle C_\omega, W_m\rangle=C_\omega^H W_m$$

$$f(x)=\begin{cases}1, & Z_{\mathrm{lc}}>\text{Threshold}\\ 0, & Z_{\mathrm{lc}}<\text{Threshold}\\ \text{无信息}, & \text{其他}\end{cases}$$

其中：Z_{lc} 代表检测相关值，W_m 表示隐藏信息的扩频模式，Threshold 表示判决阈值。

8.3.4 基于量化的隐藏算法

基于量化的隐藏算法是嵌入隐藏信息的一种有效手段。与叠加方法不同，量化隐藏算法不是将隐藏信息简单地加在原始信号上，而是根据不同的信息，用不同的量化器去量化原始信号。提取数据时，根据待检测数据与不同量化结果的距离恢复出嵌入的信息。量化隐藏算法具有许多优点，例如：在隐藏信息检测时多是盲检测，不需要知道原始的语音信

息；载体不影响隐藏信息的检测性能，在无噪声干扰的情况下可以完全恢复嵌入信息。因此，量化嵌入成为新流行的信息隐藏方法。根据信息嵌入位置的不同，基于量化方法的语音信息隐藏可以分为两类：时域算法和频域算法。时域算法通过在语音信号的时域（空域）直接修改样本的幅值来嵌入隐藏信息。由于可以把隐藏信息分到所有或部分信号样本上，所以频域算法的隐藏性好、稳健性较强。

量化隐藏方案可用公式表示为

$$y=\begin{cases}Q(x,\ d)+\dfrac{3d}{4}, & \omega=1\\ Q(x,\ d)+\dfrac{d}{4}, & \omega=0\end{cases}$$

其中：d 是量化步长，ω 是隐藏信息，x 是原始语音信号（时域或其他域），y 是量化值。量化函数可以表示为

$$Q(x,\ d)=\left\lfloor\frac{x}{d}\right\rfloor\cdot d$$

其中：$\lfloor\cdot\rfloor$表示向下取整。

信息提取过程通过计算待检测数据和不同量化结果之间的距离来恢复出隐藏信息，可以表示为

$$\omega=\begin{cases}1, & y-Q(y,\ d)\geqslant\dfrac{d}{2}\\ 0, & y-Q(y,\ d)<\dfrac{d}{2}\end{cases}$$

由上述公式可得，当攻击对 y 所造成的误差满足 $\Delta y\in(kd-d/4,\ kd+d/4)$时，则嵌入的信息比特可以正确提取。一般而言，基于量化的数字语音信息隐藏算法不易于实现，但是其对某些攻击的鲁棒性较差。

8.4　视频数字水印技术

虽然视频可以看成是由一系列连续静止图像组成的，但与图像又有很大的不同。如视频信息量很大，提取水印时需要实现盲检测；视频水印需要满足视频的实时要求，要求算法达到实时性；又需要水印技术可以抵抗视频特有的攻击，如帧平均、帧剪切、帧重组、丢帧、帧率改变等；还需要水印技术与视频特有的编码技术结合。这就意味着，需要设计符合视频特点的数字水印嵌入技术。

近年来，学术界对数字水印的研究主要集中在静止图像上，提出了各种图像水印的算法，使之日趋成熟。由于视频信号本身所具有的复杂性和特殊性，目前提出针对视频信号的水印方案还比较少，已有的视频水印仅将图像水印简单推广，在视频领域中的应用能力较差。根据水印嵌入的位置不同，可以将视频数字水印算法分为如下三种。

1. 基于未压缩的原始视频水印方案

将水印嵌入到原始视频码流中，形成含有水印信息的原始视频码流，然后再进行压缩，

形成带有水印信息的原始压缩码流。提取时需对压缩码流进行解码。这种方案可以充分利用静止图像的水印技术，且算法比较成熟，但会增加视频码流的数据比特率，影响视频速率的恒定性；对已压缩的视频，需要先进行解码，然后嵌入水印后再重新编码，增加了计算的复杂性并降低了视频的质量。

2. 基于视频编码的水印方案

将水印直接嵌入编码阶段，即在DCT编码压缩后的比特流中进行水印嵌入。这样的嵌入方案没有了解码和再编码的过程，不会造成视频质量的下降，同时计算复杂度较低。但由于压缩比特率的限制而限定了嵌入水印数据量的大小，嵌入水印的强度受视频解码误差的约束，嵌入后的效果可能出现可察觉的变化。

3. 基于MPEG压缩视频码流的水印方案

在编码压缩时嵌入水印，可以将水印处理算法与视频编码结合成一个整体。这个方案嵌入水印和提取水印都比较简单，能够实现实时处理。由于在编码压缩时嵌入水印，水印嵌入在变换域的量化系数中，因此不会增加视频流的数据比特率。但需要对MPEG编码器和解码器进行修改，而且存在误差积累，会导致视频质量下降。

8.5 常见攻击类型

1. 简单攻击

简单攻击是指试图对整个水印化数据进行操作来削弱嵌入水印的幅度(而不是试图识别水印或者分离水印)，以此来导致数字水印提取发生错误，甚至根本提取不出来水印信号。常见的简单攻击有图像压缩(JPEG)、视频压缩(MPEG)、噪声等。无论是图像压缩还是视频压缩，压缩算法是去掉图像中的冗余信息；而水印的不可见性要求水印信息加载在图像不重要的分量上。经过图像压缩后，图像中的高频分量被当作冗余信息清除掉，同时被清理掉的还有加载在高频分量上的水印信息。

2. 同步攻击

同步攻击通过几何变换法，试图破坏载体数据和水印的同步性，被攻击的数字作品中水印仍然存在，而且幅度没有变化，但是水印信号已经发生错位，不能维持正常的水印提取过程所需要的同步性。同步攻击通常采用几何变换方法，常见的同步攻击有缩放、裁剪、旋转等。

3. 削去攻击

削去攻击试图通过分析水印化数据，估计图像中的水印，将水印化的数据分离成为载体数据和水印信号，然后抛弃水印，得到没有水印的载体数据。常见的削去攻击有合谋攻击。合谋攻击是指攻击者在完全不知道该作品所含水印种类、嵌入方法，且不具有任何与水印系统相关的具体工具(如水印检测器)时，通过有意识地收集大量含有某种水印的作品，利用手中的大样本优势去除水印，或者使水印嵌入者无法检测出自己的水印，从而达到攻击的目的，一般可以分为第一类合谋攻击和第二类合谋攻击两种类型。

第一类合谋攻击是指攻击者设法获得包含统一水印的不同作品，并尝试对这些作品进行平均处理。如果加到所有作品的水印模板是相同的，则这一平均处理就可以得到非常接近于该水印模板的结果。攻击者只需从作品中减去该模板，即可达到去除水印的目的。

第二类合谋攻击是指攻击者获得了同一作品不同水印的副本。在这种情况下，攻击者可以通过结合几个独立的副本，从而得到原始作品的近似。最简单的方法是平均所有副本，从而将不同的水印混合在一起并且减小它们各自的幅度，使得水印各自嵌入者无法检测到自己的水印。

4. 混淆攻击

混淆攻击是试图生成一个伪源数据、伪水印化数据来混淆含有真正水印的数字作品的版权。常见的混淆攻击有 IBM 攻击。IBM 攻击是指针对可逆、非盲水印算法而进行的攻击。具体来说，假设原始图像为 I，加入水印 W_A 后的图像为 I_A，$I_A=I+W_A$。攻击者通过生成自己水印 W_B，创建一个伪造原图 $I_F=I_A-W_B$，即 $I_A=I_F+W_B$。此后，攻击者可以生成他拥有的版权。由于攻击者可以利用其伪造的原图从原图中检测出其水印，而版权拥有者也可以利用原图从伪造原图中检测其水印，导致产生无法分辨和解释的情况。

以上就是数字水印常见的一些攻击，具体在数字水印当中的应用，就是用这些攻击方法对嵌入水印后的图像进行攻击，保存受攻击后的图，再进行水印提取。若能提取出水印，则说明此水印算法能够抵抗这种攻击，若提取不出水印，则说明此算法鲁棒性有待提高。

8.6　数字水印性能评估方法

图像质量评估通常从两个方面进行，分别是主观评价和客观评价。主观评价反映的是人对图像质量的直观感受，而客观评价通常借由一些特定的指标进行评估。

8.6.1　主观评价

图像质量的主观评价是指采用目测观察和主观感觉来评价图像的质量。主观评价反映的是人对图像质量的直观感受，对最终质量评估是有意义的。然而，在实际应用中，不同的人对水印图像的主观评价会产生很大差异，并不适用。主观评价包括两个步骤：

（1）划分数据等级。

（2）测试者根据失真程度进行打分。一般依据 ITU-R Rec. 500 质量等级进行打分，如表 8－1 所示。

表 8－1　ITU-R Rec. 500 质量等级

等级级别	损伤	质量	比较
5	不可察觉	优	＋2 好得多
4	可察觉	良	＋1 好
3	有些厌烦	中	0 相同
2	很厌烦	次	－1 坏
1	不能用	劣	－2 坏得多

8.6.2 客观评价

本小节结合图像质量评价参数峰值信噪比(PSNR)分析前面介绍的三种图像水印算法的优缺点。

1. 容量

衡量通信性能的一个关键指标是信道容量。信道容量是指单位时间内信道所能传输的最大信息量，它给出了通信系统传输信息的理论极限。数字水印作为通信系统，自然具有信道容量。假设发送端功率受限，对于长度为 L 的码字 X，则可以得到水印信道容量的表达式

$$C=\frac{1}{2}\,\mathrm{lb}\left(1+\frac{P}{\sigma_n^2}\right)$$

2. 保真度

在信号处理系统中，保真度是衡量信号在处理前后相似度的度量。高保真的复制品与原作品极其相似，低保真的复制品与原作品是不同的。目前主要有 5 种基于人类试卷模型的图像质量客观评价标准：均方误差(Mean Square Error，MSE)、信噪比 (Signal-to-Noise Ratio，SNR) 、峰值信噪比(Peak Signal-to-Noise Ratio，PSNR)。

信噪比是信号处理中常用的指标。假设原始图像为 $I_{m\times n}$，输出图像为 $D_{m\times n}$，则一般信噪比定义为

$$\mathrm{SNR}=10\lg\frac{\sum_{i=0}^{m-1}\sum_{j=0}^{n-1}I(i,\ j)^2}{\sum_{i=0}^{m-1}\sum_{j=0}^{n-1}(I(i,\ j)-D(i,\ j))^2}$$

当信噪比趋于无穷大时，原始图像与输出图像完全相同。

峰值信噪比是衡量图像质量的指标之一。PSNR 是基于均方误差定义的，对给定一个大小为 $m\times n$ 的原始图像 $I_{m\times n}$ 和对其添加噪声后的噪声图像 $K_{m\times n}$，其 MSE 可定义为

$$\mathrm{MSE}=\frac{1}{mn}\sum_{i=0}^{m-1}\sum_{j=0}^{n-1}(I(i,\ j)-K(i,\ j))^2$$

则 PSNR 定义公式为

$$\mathrm{PSNR}=10\lg\frac{\sum_{i=0}^{m-1}\sum_{j=0}^{n-1}I_{\max}^2}{\mathrm{MSE}}=20\lg\frac{\sum_{i=0}^{m-1}\sum_{j=0}^{n-1}I_{\max}}{\sqrt{\mathrm{MSE}}}$$

其中：$I_{\max}$ 表示图像灰度最大值。对于一幅 8 位灰度图像，$I_{\max}$ 为 255。对于一般的水印图像，PSNR 值越大，表示图像的质量越好。一般来说，PSNR 高于 40 dB，说明图像质量极好，即非常接近原始图像；30～40 dB 通常表示图像质量是好的，即失真可以察觉但可以接受；20～30 dB 说明图像质量差；低于 20 dB 则图像质量不可接受。

3. 归一化相关系数

一般可以通过归一化相关系数(Normalized Correlation，NC)来估计待检测图像中提取的水印和原始水印之间的相似程度。若 $W(i,\ j)$为原始水印，$W1(i,\ j)$为提取出的水印，

则 NC 的计算公式为

$$NC=\frac{\sum_{i=0}^{m-1}\sum_{j=0}^{n-1}W(i,j)*W1(i,j)}{\sqrt{\sum_{m}\sum_{n}W(i,j)^2*\sum_{m}\sum_{n}W1(i,j)^2}}$$

NC 系数取值介于 0 和 1 之间。大量实验结果表明，当 NC 系数大于或等于阈值 0.75 时，提取出的数字水印大多数可以被人眼直接辨识，可视为有效水印。当所得系数 NC 值小于 0.75 时，可视为无效数字水印。NC 系数值越大，说明提取出的水印和原始水印越相似。

本章小结

本章主要介绍了数字水印技术的相关内容。首先简单介绍了数字水印技术的发展历史、基本概念、原理和特征，以及数字水印系统的组成和水印的分类及其应用。通过这些知识，读者能够深入理解数字水印技术的核心要点。本章重点学习了图像水印技术，包括最低有效位水印技术、基于 DCT 域的水印技术以及基于小波变换的水印技术。这些方法能够在图像中嵌入水印信息，并确保水印在图像传输和处理过程中的稳定性和鲁棒性。此外，还介绍了音频数字水印技术和视频数字水印技术，这些方法在音频和视频领域中被广泛应用，用于保护知识产权和信息安全。另外，还介绍了数字水印技术中常见的攻击类型，如简单攻击、同步攻击、削去攻击、混淆攻击等。了解这些攻击类型有助于评估数字水印技术的安全性和鲁棒性，从而为选择合适的数字水印方案提供依据。最后，介绍了数字水印技术性能的评价指标。

参考文献

［1］ GONZALEZ R C. Digital image processing［M］. 3 版. 北京：电子工业出版社，2016.

［2］ 赵丹培. 数字图像处理及应用［M］. 北京：电子工业出版社，2014.

［3］ TSAI W H. A threshold selection method from gray-level histograms［J］. IEEE Transactions on Systems，Man，and Cybernetics，1979，9(1)：62－66.

［4］ 左飞. 数字图像处理：原理与实践［M］. 北京：电子工业出版社，2014.

［5］ PREWITT J M. Object enhancement and extraction［J］. Picture Processing and Psychopictorics，1970，10(1)：15－19.

［6］ CUI S X，WANG Y H，QIAN X Q，DENG Z T. Image processing techniques in shockwave detection and modeling［J］. Journal of Signal and Information Processing，2013，4(3B)：1－5.